21世纪高职高专规划教材

高等职业教育规划教材编委会专家审定

实用物理教程

主　编　卞传海
副主编　李文君　马维渠
主　审　潘　群

北京邮电大学出版社
www.buptpress.com

内 容 简 介

　　本书是作者在多年教学经验的基础上，依据教育部"中等职业学校物理教学大纲"、江苏省教育厅"江苏省五年制高等职业教育教学课程标准"和相关成人高考复习考试大纲编写的一部实用物理教程。本书遵守"重基础、活板块"的原则，对内容的选择注重强化基础，兼顾与专业课的衔接，同时考虑方便学生参加成人高考。全书可作为机电一体化、电气仪表、计算机、化工工艺及分析、电子商务及物流等专业及岗位对物理知识需求的教学用书；也可作为成人高考以及对口单招的备考用书。

图书在版编目（CIP）数据

实用物理教程 / 卞传海主编. -- 北京：北京邮电大学出版社，2018.2（2024.9重印）
ISBN 978-7-5635-5375-4

Ⅰ. ①实… Ⅱ. ①卞… Ⅲ. ①物理学－成人高等教育－教材 Ⅳ. ①O4

中国版本图书馆 CIP 数据核字（2018）第 020708 号

书　　　　名	实用物理教程
著作责任者	卞传海　主编
责 任 编 辑	满志文
出 版 发 行	北京邮电大学出版社
社　　　址	北京市海淀区西土城路 10 号（邮编：100876）
发 行 部	电话：010-62282185　传真：010-62283578
E-mail	publish@bupt.edu.cn
经　　　销	各地新华书店
印　　　刷	河北虎彩印刷有限公司
开　　　本	787 mm×1 092 mm　1/16
印　　　张	15.5
字　　　数	406 千字
版　　　次	2018 年 2 月第 1 版　2024 年 9 月第 7 次印刷

ISBN 978-7-5635-5375-4　　　　　　　　　　　　　　　定　价：37.00 元

前　言

物理学是研究物质运动最一般规律和物质基本结构的学科。作为自然科学的带头学科，物理学研究大至宇宙，小至基本粒子等一切物质最基本的运动形式和规律，因此成为其他各自然科学学科的研究基础。它的理论结构充分地运用数学作为自己的工作语言，以实验作为检验理论正确性的唯一标准，它是当今最精密的一门自然科学学科。物理学作为自然科学的基础。在过去的 100 年间，从物理学中分化出了大量的学科，如无线电、激光、微电子、等离子、原子能等。物理学对今天乃至未来的人类生活和科技发展都有着重要、紧密的联系，上至"嫦娥"奔月，下至"蛟龙"深海探秘，大到探索宇宙奥秘，小到微细血管的疏通，都离不开物理学的基础作用。甚至过去看似和自然科学无关的经济、政治等领域，也有人用物理学的方法进行研究，并取得令人赞许的成就。因此，物理学必然成为职业教育普适性、基础性的课程。物理学在工科类职业院校中是一门必不可少的基础学科，作者通过多年的教学实践，根据中等职业学校物理教学大纲并结合成人高考复习大纲，同时为了落实课程改革的精神，不断学习，大胆实践，积极探索，从理论与实践两个层面的考虑编写本书。作为中等职业类院校的教学用书，作者针对职业类院校的特点，深入浅出，在维持学科系统性的同时，注重学科的基础性、实践性、实用性、以及与其他学科的衔接性。例题与习题的选择也注意高低搭配，难度适中。目的是为了培养学生具有严谨的科学态度；掌握科学的学习方法；提高综合运用多学科的知识解决问题能力；良好的学习品质。

本教材充分考虑学生特点，以很低的起点开始讲述物理的内容。教材编排上注意引导性，弱化理论性和严密性。比如，教材的每节节首，都安排有与本节核心内容相一致的学习目标和问题引入，这些内容都是与日常生活、工程应用或传说故事相关，起承上启下、引起兴趣、点明重点的作用，这个做法在同类教材中并不多见；例题中也选择以应用性广、趣味性强的实例来引领教学内容，理论内容上往往选择归纳法、类比法来引出概念和公式，减少了严密的论证过程，以减轻阅读的枯燥乏味性，同时也能够适当地表达出科学方法的作用。此外，本教材还在学习的难度上做了大量的舍繁取简的选择，保障了教学时数与教材内容的匹配。

学好物理学是对工科类职业院校每一位学生的必然要求。物理作为不同专业的学生都是一门必不可少的基础课。平时要注意观察自然现象，注意培养兴趣，注意理解规律。而对于这门学科的产生，有着悠久的历史。自人类诞生起，他们都一直在通过不断地研究和探索来尝试理解这个世界。从远古的茹毛饮血到如今的煎炒烹炸；从早期的洞居巢卧到现今的高楼林立；从以前的衣不遮体到而今的绫罗绸缎，从开始的徒步前行到后来的一日千里，从以前的日出而作日落而息到现在的灯火通明灯红酒绿……人类社会的物质文明从匮乏到丰富，离不开科学技术的进步。

由于物理学具有系统内在的逻辑性，理论部分比较抽象，但日常现象和具体的例子降低了这种抽象性。"物理天地"列出了读者阅读该章后可望学到的内容。可让学生在学习时保持专注性和条理性。并提出了一些问题,可以指导学生需要具备哪些知识来理解该章的重要概念。我们希望学习这本教材的同学们,当你打开教材阅读的时候既不要被熟悉的内容名称所迷惑——这么多内容初中是不是已经学过?其实,比如同样是初中学习过的牛顿第一定律,现在要用新的思维考虑解决相应问题;又不要被全新的公式所吓倒,因为这些公式背后是物理现象、物理过程,重要的是要弄清物理意义、物理图像,而不要去死记硬背这些公式;而需要学生们多思考生活中所遇到的各种事物和现象中有哪些是可以运用物理知识得以解决——所谓学以致用,还有哪些物理基础知识可以与你们学习的专业知识相衬托。这样做,你会发现:物理很有趣,物理很有用,学好物理的你,将与众不同。

本书作为职业技术教育各专业的物理教材,可根据各专业特点与需要,内容适当删减。

本书由卞传海主编,并负责第一章到第九章的编写。李文君、马维渠副主编,李文君负责第十三章到第十五章的编写;马维渠负责第十章到第十二章的编写。全书由潘群主审。

本书在编写过程中得到了相关领导的关心与指导,也得到了众多同仁的大力支持与帮助,在此表示由衷的感谢!

由于编者水平有限,加之时间较紧,难免有不妥之处,恳请读者批评指正。发送邮箱至 njbch@sina.com.

编　者

目　　录

绪　　论

学习物理，首先应该系统的知道什么是物理以及学习物理的重要性。

什么是物理呢？简单的从字面上讲"物理"，就是格物致理。格物致理的意思就是考察事物的形态和变化，总结研究它们的规律。大千世界是由物质组成的，大到日月星辰，小到分子、原子，包括我们常见的水、空气、各种动植物、山川、河流、光线等。所有这些物质都是运动着的。物理学是研究物质最普遍的运动形式和物质的基本结构的一门科学。它包括：力学、热学、电磁学、光学、原子物理学以及一些分支与交叉学科，如电工学、物理化学等。

学好物理学是对工科类职业院校每一位学生的基本要求。物理也是理工科专业学生必不可少的一门基础课。我们平时要注意观察自然现象，注意培养兴趣，注意理解规律。物理学的产生，有着悠久的历史。自人类诞生起，人们一直都在通过不断地研究和探索来尝试理解这个世界。从远古的茹毛饮血到如今的煎炒烹炸；从早期的洞居巢卧到现今的高楼林立；从以前的衣不遮体到而今的绫罗绸缎；从开始的徒步前行到后来的一日千里；从历史的日出而作日落而息到现在的灯火通明灯红酒绿……人类社会的物质文明从匮乏到丰富，离不开科学技术的进步。

物理学作为科学技术的重要组成部分；作为除数学之外一切自然科学的基础；作为一切工程手段和技术手段的主要支柱，对人类历史的发展有着决定性的作用。它对我们生活的影响内容之深刻，影响范围之广袤，令人惊叹。

物理来源于我们生活中的点点滴滴，从衣食住行到吃喝玩乐，各个方面都有物理的身影，小到纳米技术、分子原子，大到航天科技，宇宙起源，物理和我们的生活密不可分。现在不懂得物理，就可以说这个人的生存能力难以恭维。作为新时代的学生，不学和学不会以及不会用物理知识，都将是一件让人难以启齿的事儿。

那么学习物理的重要性是什么呢？首先，学习物理可以提高我们的科学素养，这是我国科教兴国的重要一步。其次，通过学习物理，了解伟大物理学家的故事，我们会懂得，要成就一份事业，不仅需要掌握科学的思维方式，更需要有坚韧不拔的品质；通过学习物理，了解物理的发展进程，我们会明白，追求真理，不仅需要雄厚的知识基础，更需要勇于创新，敢于挑战的勇气；通过学习物理，我们会掌握发现问题、分析问题、研究问题、解决问题能力。

物理对我们个人究竟有何重要性？物理可以培养我们正确的唯物主义辩证观，懂得"耳目之察不足以明物理，心意之论不足以辨是非"的真正含义，能提高我们逻辑思维能力，告诉我们思考问题的方法。这是其他学科不可以替代的。

既然物理这么重要，那么我们应该怎样学习它呢？在学习之前我们要坚定一个信念，物理的学习，并不像社会上流传的那么恐怖，那么难，说什么"物理难，化学烦，数学习题做不完"，这都是浮云，对于我们年轻人来说都是小意思。学习物理的关键在于掌握一个好的学习方法。具体的学习方法是：

（1）阅读预习。阅读是第一步，不会阅读的人，学习就像听天书。刚开始学习时还能够勉强听懂，还愿意听下去，久而久之就成了身在曹营心在汉，伴随而来的就是对物理学习失去兴趣，这是我们大家应该竭力避免的情况。预习对于学习更是必不可少的部分，"凡事预则立不预则废"，这是对预习的最好解释。

（2）认真听讲，认真思考。子曰："学而不思则罔，思而不学则殆。"这句话深刻阐明了思与学相结合的重要性。"吾尝终日而思矣，不如须臾之所学也；吾尝跂而望矣，不如登高之博见也。"荀子的《劝学》告诉我们了学思结合对我们求学的意义。

（3）感悟物理与生活的联系，增强学习兴趣。物理来源与生活，但又高于生活。所以，我们大家在学习物理的时候更要与生活紧密联系起来，将所学的知识运用到现实生活中去，这是我们学习物理的最终目的，也是我们学习所有知识的最终目的。只有将学习和生活相联系，我们才能知道学为所用的含义，才能真正体会到学习的乐趣，才能增强对所学科目的兴趣，才能更好地学习物理。

今天，我们开启了物理学的大门，物理将会给我们带来怎样的惊喜，将会给我们怎样的精彩，我们共同拭目以待！

第一章 力

第一节 力、三种常见的力

学习目标

(1) 理解力的概念及性质。

(2) 了解三种常见的力的定义、特点;掌握相关计算。

问题引入

自然界的物体都不是孤立存在的,它们之间具有多种多样的相互作用。正是这些相互作用才使得物体具有各种形状,使得物体具有各种运动状态,以及看见和看不见的各种变化。自然界中最基本的相互作用有引力相互作用、电磁相互作用、强相互作用和弱相互作用四种。

力学中的三类常见的力:重力、弹力、摩擦力。重力属于引力相互作用;弹力和摩擦力属于电磁相互作用。

主要知识

(一) 力的概念:力是物体对物体的作用

(1) 力的物质性:力不能脱离物体而独立存在。举例:空中击拳。

(2) 力的相互性:力的作用是相互的(作用力和反作用力概念及牛顿第三定律)。

(3) 力的矢量性:力是矢量,既有大小,又有方向。

(4) 力的独立性:力具有独立作用性,用牛顿第二定律表示时,则有合力产生的加速度等于几个分力产生的加速度的矢量和。

(5) 力的作用效果:① 使物体发生形变;

② 改变物体的运动状态。

力的作用效果由力的三个方面因素决定,这三个因素在物理学中称为力的三要素。分别是:力的大小、力的方向、力的作用点。

(6) 力的单位:在国际标准单位制中为牛顿,用 N 表示。

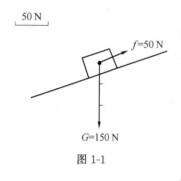

图 1-1

（7）力的图示：我们常用一条有向线段来表示力。用有向线段的长短表示力的大小；用线段的方向表示力的方向；用线段的起点或终点表示力的作用点，如图 1-1 所示。

（二）常见的三种力

1. 重力

（1）重力的定义：重力是由于地球的吸引而使物体受到的力。但是要弄清重力到底是什么要从万有引力说起：万有引力有两个分量，一个是物体随地球自转所需的向心力，另一分量则为重力。

（2）重力的大小：$G=mg$。

重力随纬度增大而增大，随高度增加而减小，只是不专门讨论这个问题时通常认为物体在地球各纬度重力相同。

举例：将一物体从上海搬到拉萨，物体的重力是否发生变化？如何变化？

（3）重力的方向：竖直向下或垂直水平面向下。典型的错误说法有：垂直向下和指向地心。物体只有在两种情况下重力才指向地心：赤道和两极。

（4）重力的作用点：重心是一个等效概念，指物体各部分所受重力等效集中于一点。

物体重心的位置由两个因素决定：物体的形状和质量分布看出的：形状规则；质量分布均匀的物体重心可通过几何中心算出。薄板类的物体可通过悬挂法测出。

2. 弹力

（1）弹力的定义：发生弹性形变的物体，由于要恢复原状，对跟它接触的物体会产力的作用，这种力称为弹力。

弹力产生的条件：①物体直接相互接触；②物体发生弹性形变。

例 1 如图 1-2 所示，已知小球静止，甲中的细线竖直，乙中的细线倾斜，试判断图中小球所受弹力的方向。

分析 小球除受重力外，还受其他力的作用，甲、乙两图中均可采用"假设法"分析：在两图中，若去掉细线，则小球将下滑，故两细线中均有沿线方向的拉力；在甲图中若去掉斜面体，小球仍能在原位置保持静止状态；在乙图中若去掉斜面体，则小球不会在原位置静止。

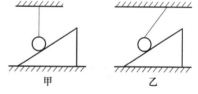

图 1-2

答：甲图中小球受细绳向上的拉力；乙图中小球受细线斜向上的拉力和垂直斜面的弹力。

（2）弹力的大小：对有明显形变的弹簧、橡皮条等物体，弹力的大小可以由胡克定律计算。对没有明显形变的物体，如桌面、绳子等物体，弹力大小由物体的受力情况和运动情况共同决定。

胡克定律可表示为（在弹性限度内）：$F=kx$。

还可以表示成 $\Delta F=k\Delta x$，即弹簧弹力的改变量和弹簧形变量的改变量成正比。

"硬"弹簧，是指弹簧的 k 值大（同样的力 F 作用下形变量 Δx 小）。

（3）弹力的方向

压力、支持力的方向总是垂直于接触面。

绳对物体的拉力总是沿着绳收缩的方向。

杆对物体的弹力不一定沿杆的方向。如果轻直杆只有两个端点受力而处于平衡状态,则轻杆两端对物体的弹力的方向一定沿杆的方向。

例 2　如图 1-3 所示,两物体重分别为 G_1、G_2,两弹簧劲度系数分别为 k_1、k_2,弹簧两端与物体和地面相连。用竖直向上的力缓慢向上拉 G_2,最后平衡时拉力 $F=G_1+2G_2$,求该过程系统重力势能的增量。

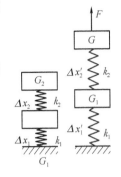

图 1-3

分析　关键是搞清两个物体高度的增量 Δh_1 和 Δh_2 跟初、末状态两根弹簧的形变量 Δx_1、Δx_2、$\Delta x_1'$、$\Delta x_2'$ 间的关系。

无拉力 F 时　$\Delta x_1=(G_1+G_2)/k_1$,$\Delta x_2=G_2/k_2$,(Δx_1、Δx_2 为压缩量)

加拉力 F 时,$\Delta x_1'=G_2/k_1$,$\Delta x_2'=(G_1+G_2)/k_2$,($\Delta x_1'$、$\Delta x_2'$ 为伸长量)

而 $\Delta h_1=\Delta x_1+\Delta x_1'$,$\Delta h_2=(\Delta x_1'+\Delta x_2')+(\Delta x_1+\Delta x_2)$

系统重力势能的增量 $\Delta E_\mathrm{p}=G_1\cdot\Delta h_1+G_2\cdot\Delta h_2$

整理后可得:$\Delta E_\mathrm{p}=(G_1+2G_2)\left(\dfrac{G_1+G_2}{k_1}+\dfrac{G_2}{k_2}\right)$

例 3　如图 1-4 所示,原长分别为 L_1 和 L_2,劲度系数分别为 k_1 和 k_2 的轻质弹簧竖直地悬挂在天花板上,两弹簧之间有一质量为 m_1 的物体,最下端挂着质量为 m_2 的另一物体,整个装置处于静止状态。现用一个质量为 m 的平板把下面的物体竖直地缓慢地向上托起,直到两个弹簧的总长度等于两弹簧原长之和,这时托起平板竖直向上的力是多少? m_2 上升的高度是多少?

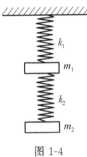

图 1-4

解　当两个弹簧的总长度等于两弹簧原长之和时,下面弹簧的压缩量应等于上面弹簧的伸长量,设为 x。

对 m_1 受力分析得:$m_1g=k_1x+k_2x$

对平板和 m_1 整体受力分析得:

$F=(m_2+m)g+k_2x$

①②联解得托起平板竖直向上的力 $F=mg+m_2g+\dfrac{k_2m_1g}{k_1+k_2}$

未托 m_2 时,上面弹簧伸长量为 $x_1=\dfrac{(m_1+m_2)g}{k_1}$

下面弹簧伸长量为 $x_2=\dfrac{m_2g}{k_2}$

托起 m_2 时:m_1 上升高度为:$h_1=x_1-x$

m_2 相对 m_1 上升高度为:$h_2=x_2+x$

m_2 上升高度为:$h=h_1+h_2$

③④⑤⑥⑦联解得 $h=\dfrac{m_2g}{k_2}+\dfrac{(m_1+m_2)g}{k_1}$

例 4　如图 1-5 所示,光滑但质量分布不均的小球的球心在 O,重心在 P,静止在竖直墙和桌边之间。试画出小球所受弹力。

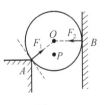

图 1-5

解　由于弹力的方向总是垂直于接触面,在 A 点,弹力 F_1 应该垂直于球面所以沿半径方向指向球心 O;在 B 点弹力 F_2 垂直于墙面,因此也沿半径指向球心 O。

注意弹力必须指向球心,而不一定指向重心。又由于 F_1、F_2、G 为共点力,重力的作用线必须经过 O 点,因此 P 和 O 必在同一竖直线上,P 点可能在 O 的正上方(不稳定平衡),也可能在 O 的正下方(稳定平衡)。

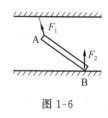

图 1-6

例 5 如图 1-6 所示,重力不可忽略的均匀杆被细绳拉住而静止,试画出杆所受的弹力。

解 A 端所受绳的拉力 F_1 沿绳收缩的方向,因此沿绳向斜上方;B 端所受的弹力 F_2 垂直于水平面竖直向上。

由于此直杆的重力不可忽略,其两端受的力可能不沿杆的方向。

杆受的水平方向合力应该为零。由于杆的重力 G 竖直向下,因此杆的下端一定还受到向右的摩擦力 f 作用。

3. 摩擦力

(1) 摩擦力的定义

滑动摩擦力:当一个物体在另一个物体表面上相对运动时,所受到的另一个物体对它的力,称为滑动摩擦力。

静摩擦力:当一个物体在另一个物体表面上有相对运动趋势时,所受到的另一个物体对它的力,称为静摩擦力。

(2) 产生条件:①接触面是粗糙;②两物体接触面上有压力;③两物体间有相对运动或有相对运动趋势。

例 6 如图 1-7 所示,物体 A、B 在力 F 作用下一起以相同速度沿 F 方向匀速运动,关于物体 A 所受的摩擦力,下列说法正确的是(　　)。

A. 甲、乙两图中 A 均受摩擦力,且方向均与 F 相同

B. 甲、乙两图中 A 均受摩擦力,且方向无均与 F 相反

C. 甲、乙两图中 A 物体均不受摩擦力

D. 甲图中 A 不受摩擦力,乙图中 A 受摩擦力,方向和 F 相同

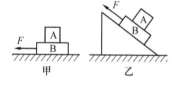

图 1-7

分析 用假设法分析:甲图中,假设 A 受摩擦力,与 A 做匀速运动在水平方向受力为零不符,所以 A 不受摩擦力,乙图中,假设 A 不受摩擦力,A 将相对 B 沿斜面向下运动,从而 A 受沿 F 方向的摩擦力,正确答案应选 D。

答案 D。

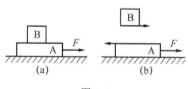

图 1-8

例 7 如图 1-8(a) 中,物体 B 叠放在物体 A 上,水平地面光滑,外力 F 作用于物体 A 上,使它们一起运动,试分析两物体受到的静摩擦力的方向。

分析 假设没有摩擦力,当 F 使物体 A 向右加速时,物体 B 将保持原来的运动状态(静止),经一小段时间后它们的相对位置将发生变化,如图(b)所示,所以物体 B 相对

A 发生了向左的运动,即物体 B 相对 A 有向左运动的趋势,所以 A 对 B 的静摩擦向右(与 B 的实际运动方向相同)。同理 A 相对于 B 有向右运动的趋势,A 受到 B 对它的摩擦力应是向左(与 A 的实际运动反向)。

摩擦力阻碍相对运动而不是阻碍运动,所以摩擦力可以充当动力也可充当阻力。

(3) 滑动摩擦力大小

① 在接触力中,必须先分析弹力,再分析摩擦力。

② 只有滑动摩擦力才能用公式 $F=\mu F_N$,其中的 F_N 表示正压力,不一定等于重力 G。

例 8　如图 1-9 所示,用跟水平方向成 α 角的推力 F 推重量为 G 的木块沿天花板向右运动,木块和天花板间的动摩擦因数为 μ,求木块所受的摩擦力大小。

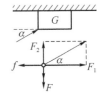

图 1-9

解　由竖直方向合力为零可得 $F_N=F\sin\alpha-G$,因此有:

$$f=\mu(F\sin\alpha-G)$$

摩擦力大小:

必须明确,静摩擦力大小不能用滑动摩擦定律 $F=\mu F_N$ 计算,只有当静摩擦力达到最大值时,其最大值一般可认为等于滑动摩擦,既 $F_m=\mu F_N$。

静摩擦力的大小要根据物体的受力情况和运动情况共同确定,其可能的取值范围是:

$$0<F_f\leqslant F_m$$

摩擦力方向:

摩擦力方向和物体间相对运动(或相对运动趋势)的方向相反。摩擦力的方向和物体的运动方向可能成任意角度。通常情况下摩擦力方向可能和物体运动方向相同(作为动力),可能和物体运动方向相反(作为阻力),可能和物体速度方向垂直(作为匀速圆周运动的向心力)。在特殊情况下,可能成任意角度。

图 1-10

例 9　如图 1-10 所示,A、B 为两个相同木块,A、B 间最大静摩擦力 $F_m=5$ N,水平面光滑。拉力 F 至少多大,A、B 才会相对滑动?

解　A、B 间刚好发生相对滑动时,A、B 间的相对运动状态处于一个临界状态,既可以认为发生了相对滑动,摩擦力是滑动摩擦力,其大小等于最大静摩擦 5 N,也可以认为还没有发生相对滑动,因此 A、B 的加速度仍然相等。分别以 A 和整体为对象,运用牛顿第二定律,可得拉力大小至少为 $F=10$ N。(研究物理问题经常会遇到临界状态。物体处于临界状态时,可以认为同时具有两个状态下的所有性质)。

例 10　如图 1-11 所示,小车向右做初速为零的匀加速运动,物体恰好沿车后壁匀速下滑。试分析下滑过程中物体所受摩擦力的方向和物体速度方向的关系。

解　物体受的滑动摩擦力的始终和小车的后壁平行,方向竖直向上,而物体的运动轨迹为抛物线,相对于地面的速度方向不断改变(竖直分速度大小保持不变,水平分速度逐渐增大),所以摩擦力方向和运动方向间的夹角可能取 90° 和 180° 间的任意值。

例 11　如图 1-12 所示,已知重为 G 的木块放在倾角 θ 的斜面上静止不动,现用平行于斜面底边、沿水平方向的外力 F 拉木块时,可使木块沿斜面匀速滑下,求木块与斜面间动摩擦因数 μ 的表达式。

解　物体在斜面上的受力如图 1-13 所示,滑动摩擦力 $f=\sqrt{F^2+(G\sin\theta)^2}$

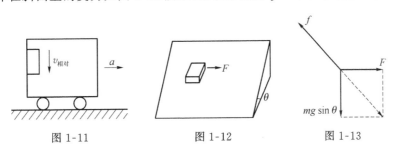

图 1-11　　　　图 1-12　　　　图 1-13

物体所受斜面支持力 $N = G\cos\theta$

$$\therefore \mu = \frac{f}{N} = \frac{\sqrt{F^2 + (G\sin\theta)^2}}{G\cos\theta}$$

分析可知：无明显形变的弹力和静摩擦力都是被动力。就是说：弹力、静摩擦力的大小和方向都无法由公式直接计算得出，而是由物体的受力情况和运动情况共同决定的。

第二节　物体的受力分析

学习目标

（1）理解受力分析的概念。

（2）能够正确的对物体进行受力分析。

问题引入

力学问题的研究离不开物体的受力分析。物体的受力影响着它的运动状态及其形状。

主要知识

口诀：分析对象先隔离，已知各力画上面。接触点、面要找全，推拉挤压弹力显。糙面滑动动摩擦，欲动未动静摩现。隔离体上力画全，不多不少展笑颜。

（一）受力分析

物体之所以处于不同的运动状态，是由于它们的受力情况不同。要研究物体的运动，必须分析物体的受力情况。正确分析物体的受力情况，是研究力学问题的关键，是必须掌握的基本功。

如何分析物体的受力情况呢？主要依据力的概念、从物体所处的环境（有多少个物体接触）和运动状态着手，分析它与所处环境的其他物体的相互联系；一般采取以下的步骤分析：

1. 确定所研究的物体，然后找出周围有哪些物体对它产生作用

采用隔离法分析其他物体对研究对象的作用力，不要找该物体施于其他物体的力，譬如所研究的物体是 A，那么就应该找出"甲对 A"和"乙对 A"及"丙对 A"的力……而"A 对甲"或"A 对乙"等的力就不是 A 所受的力。也不要把作用在其他物体上的力错误地认为通过"力的传递"作用在研究对象上。

2. 要养成按步骤分析的习惯

先画重力：作用点画在物体的重心。

次画接触力（弹力和摩擦力）：绕研究对象逆时针（或顺时针）观察一周，看对象跟其他物体有几个接触点（面），对每个接触点（面）若有挤压，则画出弹力，若还有相对运动或趋势，则画出摩擦力。要熟记：弹力的方向一定与接触面或接触点的切面垂直，摩擦力的方向一定沿着接触面与物体相对运动（或趋势）方向相反。分析完一个接触点（面）后再依次分析其他的接触点（面）。

再画其他场力：看是否有电、磁场力作用，如有则画出场力。

口诀：一重，二弹，三摩擦，再其他。

3. 受力分析的注意事项

初学者对物体进行受力分析时,往往不是"少力"就是"多力",因此在进行受力分析时应注意以下几点:

(1) 只分析研究对象所受的力,不分析研究对象对其他物体所施加的力。

(2) 每分析一个力,都应找到施力物体,若没有施力物体,则该力一定不存在。这是防止"多力"的有效措施之一。检查一下画出的每个力能否找出它的施力物体,特别是检查一下分析的结果,能否使对象与题目所给的运动状态(静止或加速)相一致,否则,必然发生了多力或漏力现象。

(3) 合力和分力不能同时作为物体受到的力。

(4) 只分析根据力的性质命名的力(如重力、弹力、摩擦力),不分析根据效果命名的力(如下滑力、上升力等)。

(二) 受力分析课堂练习

(1) 画出物体 A 及细杆受到的弹力(并指出弹力的施力物):

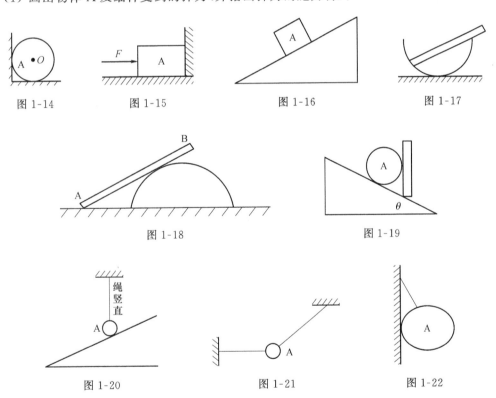

图 1-14　　　　图 1-15　　　　图 1-16　　　　图 1-17

图 1-18　　　　图 1-19

图 1-20　　　　图 1-21　　　　图 1-22

(2) 画出以下图中物体 A 及细杆受到的摩擦力,并写出施力物(表面不光滑):

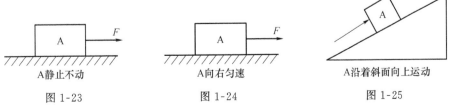

A静止不动　　　　A向右匀速　　　　A沿着斜面向上运动

图 1-23　　　　图 1-24　　　　图 1-25

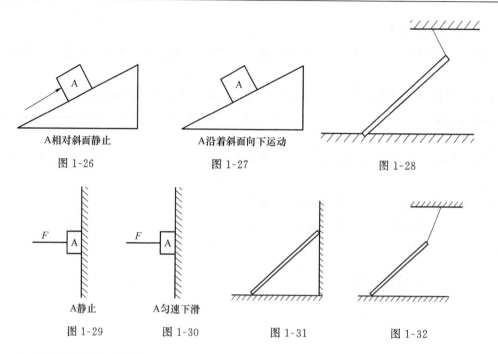

A相对斜面静止   A沿着斜面向下运动
图 1-26   图 1-27   图 1-28

A静止   A匀速下滑
图 1-29   图 1-30   图 1-31   图 1-32

（3）对下面物体受力分析：

① 重新对(1)、(2)两题各物体进行受力分析（在图的右侧画）。

② 对物体 A 进行受力分析（并写出各力的施力物）。

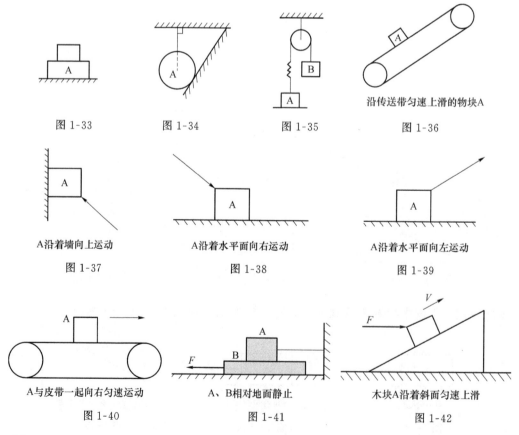

图 1-33   图 1-34   图 1-35   沿传送带匀速上滑的物块A
                                              图 1-36

A沿着墙向上运动   A沿着水平面向右运动   A沿着水平面向左运动
图 1-37   图 1-38   图 1-39

A与皮带一起向右匀速运动   A、B相对地面静止   木块A沿着斜面匀速上滑
图 1-40   图 1-41   图 1-42

③ 对水平面上物体 A 和 B 进行受力分析,并写出施力物(水平面粗糙)。

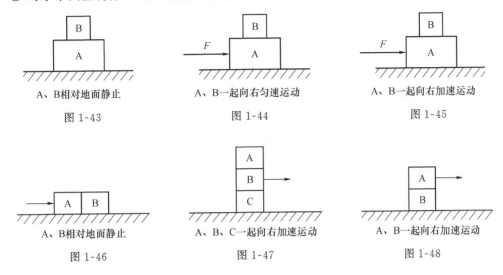

A、B相对地面静止

图 1-43

A、B一起向右匀速运动

图 1-44

A、B一起向右加速运动

图 1-45

A、B相对地面静止

图 1-46

A、B、C一起向右加速运动

图 1-47

A、B一起向右加速运动

图 1-48

④ 分析 A 和 B 物体受的力　　分析 A 和 C 受的力(并写出施力物体)。

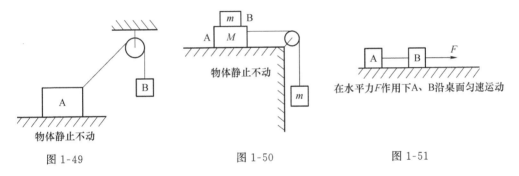

物体静止不动

图 1-49

物体静止不动

图 1-50

在水平力F作用下A、B沿桌面匀速运动

图 1-51

第三节　力的合成与分解

学习目标

(1) 理解合力与分力的概念及力的合成概念。

(2) 理解力的平行四边形定则。

(3) 熟练运用作图法进行共点力的合成。

(4) 理解合力与分力之间的关系。

问题引入

在生活中常见到的一个力的作用效果与两个或者更多个力作用效果相同的事例,那么这一个力和多个力之间的关系是什么呢?

主要知识

（一）力的合成

1. 合力与分力

若有一个力和其他几个力的作用效果相同,那么,我们把这一个力称为那几个力的合力,那几个力称为那一个力的分力。

注意:合力与分力是一种等效代替关系,可互相替代。

求几个力的合力的过程或求合力的方法,称为力的合成。

说明:力的合成就是找一个力去替代几个已知力,而不改变其作用效果。

若有一个力 F 和 F_1、F_2 作用效果相同,那么 F_1、F_2 的关系满足平行四边形定则:两个力合成时,以表示这两个力的线段为邻边作平行四边形,这两个邻边之间的对角线就代表合力的大小和方向。

2. 共点力的合成法则——平行四边形定则

作用在同一点的两个互成角度的力(称共点力)的合力遵循的平行四边形定则,实际问题中求合力有两种方法:

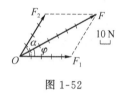

图 1-52

（1）图解法——从力的作用点起,依两个分力的作用方向按同一标度作出两个分力 F_1、F_2,并构成一个平行四边形,这个平行四边形的对角线的长度按同样比例表示合力的大小,对角线的方向就是合力的方向,通常可用量角器直接量出合力 F 与某一个力(如 F_1)的夹角,如图 1-52 所示。

图中 $F_1=50$ N,$F_2=40$ N,$F=80$ N,合力 F 与分力 F_1 的夹角约为 30°。

用图解法时,应先确定力的标度。在同一幅图上的各个力都必须采用同一个标度。所用分力、合力的比例要适当。虚线、实线要分清。图解法简单、直观,但不够精确。

（2）计算法——从力的作用点按照分力的作用方向画出力的平行四边形后,算出对角线所表示的合力的大小。一般适用于做出的平行四边形为矩形和菱形的情况,利用几何知识就可求解。

用计算法时,同样要作出平行四边形,只是可以不用取标度,各边的长短也不用太严格。

当两个力 F_1、F_2 互相垂直时,如图 1-53 所示,以两个分力为邻边画出力的平行四边形为一矩形,其合力 F 的大小为 $F = \sqrt{F_1^2+F_2^2}$。

设合力与其中一个分力(如 F_1)的夹角为 θ,由三角知识:$\tan\theta = \dfrac{F_2}{F_1}$。

由此即可确定合力的方向。

图 1-53

3. 讨论合力与分力的关系由平行四边形可知,F_1、F_2 的夹角变化时,F 的大小和方向变化

（1）两分力同向时,合力最大 $F = F_1+F_2$。

（2）两分力反向时,合力最小,$F = |F_1-F_2|$,其方向与较大的一个分力方向相同。

（3）合力的取值范围:$|F_1-F_2| \leqslant F \leqslant F_1+F_2$。

（4）夹角 θ 越大,合力就越小。

（5）合力可能大于某一分力,也可能小于某一分力,也可能等于分力。

（二）共点力

1. 基本概念

一个物体受到的力作用于物体上的同一点或者它们作用线及其延长线交于一点,这样的一组力称为共点力。

共点力的合成:遵守平行四边形定则。

说明:

① 非共点力不能用平行四边形定则合成。

② 平行四边形定则是一切矢量合成的普适定则,如:速度、加速度、位移、力等的合成。

2. 正交分解法

求多个共点力的合成时,如果连续运用平行四边形定则求解,一般来说要求解若干个斜三角形,一次又一次地求部分合力的大小和方向。计算过程显得十分复杂,如果采用力的正交分解法求合力,计算过程就简单得多。其基本思想是先分解,再合成。

正交分解法是把力沿着两个经选定的互相垂直的方向作分解,其目的是便于运用普通代数运算公式来解决矢量的运算,它是处理力的合成和分解的复杂问题的一种简便方法,其步骤如下:

① 正确选定直角坐标系。通常选共点力的作用点为坐标原点,坐标轴方向的选择则应根据实际问题来确定,原则是使坐标轴与尽可能多的力重合,即使向两坐标轴投影分解的力尽可能少。在处理静力学问题时,通常是选用水平方向和竖直方向上的直角坐标,当然在其他方向较为简便时,也可选用。

② 分别将各个力投影到坐标轴上,分别求出 x 轴与 y 轴上各力的投影的合力 F_x 和 F_y:

$$F_x = F_{1x} + F_{2x} + F_{3x} + \cdots,\quad F_y = F_{1y} + F_{2y} + F_{3y} + \cdots$$

式中,F_{1x} 和 F_{1y} 是 F_1 在 x 轴和 y 轴上的两个分量,其余类推。这样,共点力的合力大小为 $F = \sqrt{F_x^2 + F_y^2}$。

设合力的方向与 x 轴正方向之间的夹角为 α,因为 $\tan\alpha = \dfrac{F_y}{F_x}$,所以,通过查数学用表,可得 α 数值,即得出合力 F 的方向。

注意:若 $F = 0$,则可推出 $F_x = 0$,$F_y = 0$,这是处理多个力作用下物体平衡问题的好办法,以后常常用到。

3. 三角形定则和多边形定则

如图 1-54(a)所示,两力 F_1、F_2 合成为 F 的平行四边形定则,可演变为(b)图,一般将(b)图称为三角形定则合成图,即将两分力 F_1、F_2 首尾相接(有箭头的称为尾,无箭头的称为首),则 F 就是由 F_1 的首端指向 F_2 的尾端的有向线段所表示的力。

如果是多个力合成,则由三角形定则合成推广可得到多边形定则,如图 1-55 为三个力 F_1、F_2、F_3 的合成图,F 为其合力。

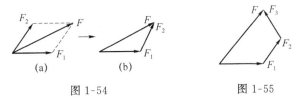

图 1-54　　　　　　　　　　图 1-55

4. 三个共点力的合力范围

对力 F_1 与 F_2 而言，其合力的变化范围为大于或等于二力之差，小于或等于二力之和，即 $|F_1-F_2|\leqslant F\leqslant F_1+F_2$。而对于三个力的合力一定小于或等于三力之和，却不一定等于三力之差。因为三力有可能平衡，则合力零，三个力的合力的最小值的判断方法如下：

在三个力中任选两个力，先判断这两个力合力范围，再看第三个力在不在此范围内，若在，那么三个力的合力最小值为零，如不在三个力的合力最小值就等于三个力依次之差。

5. 运用

对一些有规律的多个力的合成问题，要灵活处理，不要一味只想用平行四边形定则求，应选取合适的解法。

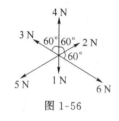

图 1-56

例 1 如图 1-56 所示，六个力的合力为_____ N，若去掉 1 N 的那个分力，别其余五个力的合力为_____，合力的方向是_____。

分析 因为这六个力中，各有两个力方向相反，故先将任意两个方向相反的力合成，然后再求合力。

由图看出，任意两个相反的力合力都为 3 N，并且互成 120°，所以这六个力的合力为零。

因为这六个力的合力为零，所以，任意五力的合力一定与第六个力大小相等，方向相反。由此得，去掉 1 N 的那个分力后，其余五个力的合力为 1 N，方向与 1 N 的分力的方向相反。

答：零；1 N；与 1 N 的分力的方向相反。

例 2 力 $F_1=4$ N，方向向东，力 $F_2=3$ N，方向向北。求这两个力合力的大小和方向。

分析 本题可用作图法和计算法两种方法求解。

（1）作图法

① 用 1 cm 长的线段代表 1 N，作出 F_1 的线段长 4 cm，F_2 的线段长 3 cm，并标明方向，如图 1-57 所示。

② 以 F_1 和 F_2 为邻边作平行四边形，连接两邻边所夹的对角线。

③ 用刻度尺量出表示合力的对角线长度为 5.1 cm，所以合力大小 $F=1$ N×5.1=5.1 N。

④ 用量角器量得 F 与 F_2 的夹角 $\alpha=53°$。

即合力方向为北偏东 53°。

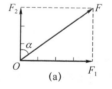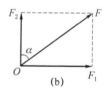

图 1-57

（2）计算法

分别作出 F_1、F_2 的示意图，如图 1-57(a)所示，并作出平行四边形及对角线。

在直角三角形中

$$F=\sqrt{F_1^2+F_2^2}=\sqrt{3^2+4^2}\ \text{N}=5\ \text{N}$$

合力 F 与 F_2 的夹角为 α，则 $\tan\alpha=\dfrac{F_1}{F_2}=\dfrac{4}{3}$

查表得 $\alpha=53°$。

注意：

① 应用作图法时，各力必须选定同一标度，并且合力、分力比例适当，虚线、实线分清。

② 作图法简单、直观，但不够精确。

③ 作图法是物理学中的常用方法之一。

④ 请注意图 1-57(a)和图 1-57(b)的区别。

例3 两个共点力 F_1 与 F_2,其合力为 F,则(   )。

A. 合力一定大于任一分力

B. 合力有可能小于某一分力

C. 分力 F_1 增大,而 F_2 不变,且它们的夹角不变时,合力 F 一定增大

D. 当两分力大小不变时,增大两分力的夹角,则合力一定减小

分析 本题可采用特殊值法分析:若 $F_1 = 2$ N,$F_2 = 3$ N,则其合力的大小范围是 1 N $\leqslant F \leqslant 5$ N,故选项 A 错误,B 正确;当 F_1 与 F_2 反向时,$F = F_2 - F_1 = 1$ N,若增大 F_1 至 $F_1' = 3$ N,则 $F = F_2 - F_1' = 0$,合力反而减小,故选项 C 错误;当 F_1 至 F_2 间夹角为 0°时,合力最大,为 5 N;当 F_1、F_2 间的夹角增大为 180°时,合力最小为 1 N,说明随着 F_1 与 F_2 间的夹角的增大,其合力减小,故 D 正确。

答案:B、D。

例4 有两个大小不变的共点力 F_1 和 F_2,它们合力的大小 $F_合$ 随两力夹角变化情况如图 1-58 所示,则 F_1、F_2 的大小分别为多少?

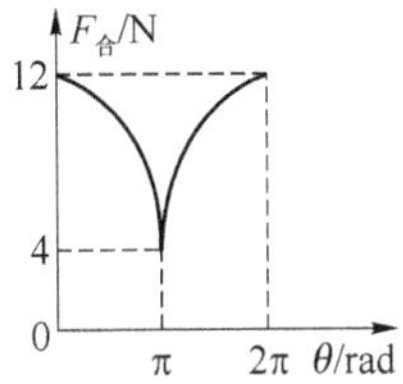

分析 对图的理解是解题的关键。其中两个力的夹角为 0,弧度(0°)与弧度(180°)时含义要搞清。

当两力夹角为 0°时,$F_合 = F_1 + F_2$,得到 $F_1 + F_2 = 12$ N。① 当两力夹角为 180°时;得到 $F_1 - F_2 = 4$ N 或 $F_2 - F_1 = 4$ N ② 由①②两式得 $F_1 = 8$ N,$F_2 = 4$ N,或 $F_1 = 4$ N,$F_2 = 8$ N。故答案为 8 N、4 N 或 4 N、8 N。

图 1-58

思考 因 F_1 与 F_2 的大小关系不清楚,故有两组解。

例5 两个共点力的大小分别为 F_1 和 F_2,作用于物体的同一点。两力同向时,合力为 A,两力反向时,合力为 B,当两力互相垂直时合力为(   )。

A. $\sqrt{A^2 + B^2}$ B. $\sqrt{\dfrac{A^2 + B^2}{2}}$ C. $\sqrt{A + B}$ D. $\sqrt{\dfrac{A + B}{2}}$

分析 由题意知 $F_1 + F_2 = A$,$F_1 - F_2 = B$,故 $F_1 = \dfrac{A + B}{2}$,$F_2 = \dfrac{A - B}{2}$。

当两力互相垂直时,合力 $F = \sqrt{F_1^2 + F_2^2} = \sqrt{\left(\dfrac{A+B}{2}\right)^2 + \left(\dfrac{A-B}{2}\right)^2} = \sqrt{\dfrac{A^2 + B^2}{2}}$

答案:B。

第四节　共点力的平衡

学习目标

(1) 知道什么是共点力作用下的平衡状态。

(2) 掌握共点力的平衡条件。

(3) 会用共点力的平衡条件解决有关平衡问题。

问题引入

如果物体保持静止或者做匀速直线运动,则这个物体处于平衡状态。由此可见,平衡状态

分两种情况：一种是静态平衡状态,此时,物体运动的速度为零,物体的加速度为零;另一种是动态平衡,此时,物体运动的速度不为零,物体的加速度为零。

注意:物体的瞬时速度为零时,物体不一定处于平衡状态。

主要知识

（一）共点力作用下的物体处于平衡状态

其特点是:其加速度为零;速度保持不变。

（二）解题方法

在共点力作用下物体的平衡条件是合力为零,解题的基本思路和方法:确定平衡体,作出受力图,正交分解好,定向列方程。

第一步,确定研究对象,根据题意将处于平衡状态的物体或结点作为研究对象,通常用隔离体法将确定的研究对象从它所处的环境中隔离出来。但有时要将研究对象连同它的关联物一起作为研究系统(整体法),反而运算方便,请注意研究下文将要给出的例题。

第二步,进行受力分析,作出研究对象的受力图。这一步是解题成败之关键,务必细致周到,不多不漏(判断分析的力是不是正确,可用假定拆除法和条件法来处理)。

第三步,建立坐标系或规定正方向。如何建立合适的坐标系,要看问题的已知量、未知量而定。原则是要使力与坐标轴的夹角简单而明确,这样可使方程明快。坐标设置不当,会引起需要使用三角中的和差化积、半角倍角公式等运算工具,使计算大为繁冗。一般选未知量的方向为坐标系的正方向为宜,建立坐标系后,把不在坐标轴上的力用正交分解法分解到坐标轴上,并画出其分力的准确图示备用。

第四步,根据物体平衡的充要条件列出平衡方程组,运算求解。对结论进行评估,必要时对结论进行讨论。

（三）探讨物体平衡的问题

对于一个物体来说,当共点力的合力为零时,就说该物体是处于平衡状态。

（1）例如在地板上放着电冰箱、电冰箱受到重力和支持力的合力为零,就说,电冰箱是处于平衡状态。在地面上的任何静止的物体,都是处于平衡状态。

（2）桌面上的某个物体,在外力作用下作变速运动,这物体便不是处于平衡状态。在这种情况下,重力方向仍然是与支持力的方向相反,但是使物体作变速运动的外力却是水平方向的。

（3）根据物体形状的不同,各种物体可以有一个或更多个平衡位置。让我们把一枚硬币放在水平的桌面上,它有两种平衡位置:让硬币的某个平面接触桌面,这是一种平衡位置,把硬币立起来,让它的侧面接触桌面,这是另一种平衡位置。请注意,硬币有两个平面,把它们看作是一种平衡位置;让硬币的侧面接触桌面,使它达到平衡,这种平衡位置可以有无数种情况,但都把它们看成是一种平衡位置。再以烟盒为例,说明怎样分析物体的平衡位置。把烟盒放在水平的桌面上,它有三种平衡位置:一种平衡位置是让烟盒底面(或者顶面)接触桌面;第二种平衡位置是让烟盒后面(或者前面)接触桌面;第三种平衡位置是让烟盒的一个端面(或者另一个端面)接触桌面。你能举出一个具有四种平衡位置的物体来吗?

（4）假设某个物体处于非平衡位置，当人们把它放开以后，它将朝着平衡位置运动。手持一个烟盒，在桌子上方将烟盒松开，它将落在桌面上，并将迅速地静立在烟盒的某个面上。当作这个实验时，怎样放开烟盒是没有关系的；不管是在怎样的状态下放开烟盒，它总是要达到某个平衡位置。还可以手执一枚硬币将它放下，硬币落到桌面上以后，也会达到它的某一平衡状态。

（5）并非所有的平衡位置都相同，各种平衡位置之间的差异，是它们的稳定性不同。

（6）讲解稳定平衡问题

① 迫使一物体产生一个很小的位置移动或运动，在引起一阵摆动以后，它最终将回到原来的平衡位置，这物体便处于稳定平衡状态。

在桌上放着一个直立的奶瓶，当轻轻地推一下瓶的颈部，它便会前后摆动，但最终将回到原来的直立位置。

② 与稳定平衡相对立的是不稳定平衡。如果使物体产生一个很小的位置移动或运动，它未能引起摆动，则该物体处于不稳平衡状态。随之而来的，是这物体将发生运动，到达另一个平衡位置。例如，一枚硬币，当它的平面接触桌面时，要比它的周边接触桌面有较好的稳定性。当极其轻微地碰一下硬币时，它将前后摆动，但最后硬币仍回到原来的平衡位置。当然，如果用大一点的力碰它，它将会翻倒，变成硬币平面接触桌面。

假设现在使一根针或一根细竹竿直立，并可能使它达到平衡，这时，它处在不稳平衡位置。当给它施加一个极微弱的力时，这根针或细竹竿将会倒下来，达到整个长度都接触地面的新的平衡状态。

③ 哪些因素决定了物体的稳定程度呢？一个因素是支持面的大小。当支持面大时，平衡的稳定性也增大。例如，一个长方体的桶，当它放倒时，比它直立时的稳定性要好。再举一个例子，有一种冰淇淋盒是圆锥形的，当盒里没有装入冰淇淋时，将杯口朝下放在桌上，这时它的稳定性较好；但如果将它锥体的尖端朝下放置，冰淇淋盒的稳定性则很差。实际上，如果圆锥体的尖端朝下而且达到平衡，它是处于不稳平衡状态，这正像任何其他物体平衡于一个点或一个角上，也都属于不稳平衡状态。

④ 决定物体稳定性的另一个因素是重心相对于支持面（或支持点）的位置。一个物体，它的重心越低、越是接近支持面，则稳定性越好。下面可举这样一个例子，一个普通梯形皮包，倒放时比正放时的重心位置要高。

近年来的赛车，为了降低所使用的赛车的重心高度，制造出了更加低矮的"低悬挂"型赛车。对于低悬挂型的赛车来说，由于以下的各种原因可能造成的翻车事故，是不大容易发生的：赛车在侧向气流作用下而翻车；在和其他车碰撞后而翻车；以及赛车本身由于某种原因而产生了横滑所造成的翻车。换句话说，由于低悬挂型赛车在正常行驶状态时重心极低，要把它弄翻，从正常的平衡状态，翻到车的侧面着地或车的顶面着地的另一个平衡状态，是不太容易的。

⑤ 假设一个物体的重心是在物体支持面的底下，那么，这个物体的稳定性是很强的。把一个茶杯吊挂在钩子上，就是稳定平衡的一例。如果把这茶杯推一下，也不管是怎样推法，那么最终这茶杯必然要恢复到原来的稳定平衡状态上。

走索演员在一根高空钢丝上表演的时候，重心总是在支持面上的，而支持面又很小，怎样保持稳定性呢？它是通过调整姿态，使重心总是在支持面的正上方而保持平衡的。一般的走索演员在表演时要手持一根长长的平衡杆,主要通过调整平衡杆的位置来调整整体重心的位置,以保持平衡。有经验的演员,则可以不要平衡杆,通过自己的身体姿态进行调整,而使身体的重心保持在钢丝绳的正上方。

例1 如图 1-59 所示,水平横梁一端插在墙壁内,另一端装小滑轮且一轻绳的一端 C 固定于墙壁上,另一端跨过滑轮后悬挂一质量 $m=10$ kg 的重物,$\angle CBA=30°$,如图 1-60 所示,则滑轮受到绳子的作用力为($g=10$ N/kg)(   )。

A. 50 N   B. $50\sqrt{3}$ N   C. 100 N   D. $100\sqrt{3}$ N

分析 以滑轮为研究对象,悬挂重物的绳的拉力是 $F=mg=100$ N,故小滑轮受到绳的作用力 BC、BD 方向,大小都是 100 N,从图中看出,$\angle CBD=120°$,$\angle CBE=\angle DBE$,得 $\angle CBE=\angle DBE=60°$,即 $\triangle CBE$ 是等边三角形,故 $F_合=100$ N。

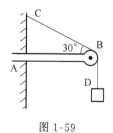

图 1-59

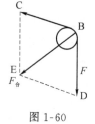

图 1-60

答案:C。

思考:要注意 BC 段绳和 BD 段绳的张力大小相等。如果绳中有结点,则两段绳中拉力就不等。

例2 如图 1-61 所示,细绳 CO 与竖直方向成 30°角,A、B 两物体用跨过滑轮的细绳相连,已知物体 B 所受到的重力为 100 N,地面对物体 B 的支持力为 80 N,试求:

(1) 物体 A 所受到的重力;

(2) 物体 B 与地面间的摩擦力;

(3) 细绳 CO 受到的拉力。

分析 此题是在共点力作用下的物体平衡问题,据平衡条件 $\sum F_x=0$,$\sum F_y=0$,分别取物体 B 和定滑轮为研究对象,进行受力情况分析,建立方程。

解 如图 1-62 所示,选取直角坐标系。根据平衡条件得:

$f-T_1\sin\alpha=0$,

$N+T_1\cos\alpha-m_Bg=0$。

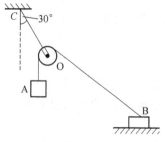

图 1-61

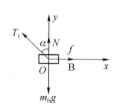

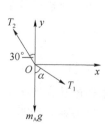

图 1-62

对于定滑轮的轴心 O 点有 $T_1 \sin \alpha - T_2 \sin 30° = 0$，$T_2 \cos 30° - T_1 \cos \alpha - m_A g = 0$。

因为 $T_1 = m_A g$，得 $\alpha = 60°$，解方程组得

（1）$T_1 = 40$ N，物体 A 所受到的重力为 40 N；

（2）物体 B 与地面间的摩擦力 $f = T_1 \sin \alpha = 40 \sin 60° \approx 34.6$ N；

（3）细绳 CO 受到的拉力 $T_2 = \dfrac{T_1 \sin \alpha}{\sin 30°} = \dfrac{40 \sin 60°}{\sin 30°} \approx 69.3$ N。

注意：在本题中，选取定滑轮的轴心为研究对象，并认定 T_1 与 $m_A g$ 作用在这点上，即构成共点力，使问题得以简化。

解决物理问题必须有明确的分析思路。而分析思路应从物理问题所遵循的物理规律本身去探求。物体的平衡遵循的物理规律是共点力作用下物体的平衡条件：$F_{合} = 0$，要用该规律去分析平衡问题，首先应明确物体所受该力在何处"共点"，即明确研究对象。在分析出各个力的大小和方向后，还要正确选定研究方法，即合成法或分解法，利用平行四边形定则建立各力之间的联系，借助平衡条件和数学方法，确定结果。

在平衡问题中，研究对象常有三种情况：

（1）单个物体，若物体能看成质点，则物体受到的各个力的作用点全都画到物体的几何中心上；若物体不能看成质点，则各个力的作用点不能随便移动，应画在实际作用位置上。

（2）物体的组合，遇到这种问题时，应采用隔离法，将物体逐个隔离出去单独分析，其关键是找物体之间的联系，相互作用力是它们相互联系的纽带。

（3）几个物体的结点，几根绳、绳和棒之间的结点常常是平衡问题的研究对象。

 物理天地

> **重力的应用**
>
> 我们生活在地球上，重力无处不在。如工人师傅在砌墙时，常常利用重垂线来检验墙身是否竖直，这是充分利用重力的方向竖直向下这一原理；羽毛球的下端做得重一些，这是利用降低重心使球在下落过程中保护羽毛；汽车驾驶员在下坡时关闭发动机还能继续滑行，这是利用重力的作用而节省能源；在农业生产中的抛秧技术也是利用重力的方向竖直向下。假如没有重力，世界将不可想象。
>
> **弹力和形变的问题**
>
> 弹力产生在直接接触而发生形变的物体之间，即弹力是一种接触力，它产生的条件是"物体（实体）相互接触并发生形变"。从逻辑上来说，"物体相互接触并发生形变"只是物体产生弹力的充分条件，而不是必要条件。原因是即使物体不直接接触，有时也能发生形变而产生弹力。如弹簧和条形磁铁虽然不直接接触，但弹簧由于受到磁力作用仍能发生形变，从而产生相应的弹力。
>
> **假如生活中没有摩擦力将是什么样？**
>
> 首先，我们无法行动，脚与地面没了摩擦，人们寸步难行、自行车骑不了。汽车还没发动就打滑，或者车子开起来就停不下来。其次，我们无法拿起任何东西，拧不开盖子、扭不动把手，想写字却拿不起笔，笔又不能和纸产生摩擦写字，想吃饭碗筷却拿不住，筷子怎么也夹不住菜；想工作劳动，但任何工具都一次次从手上滑落……这样的话，人会多么无助。如果没有摩擦，那么用小提琴演奏的美妙的音乐等也无法欣赏了。

你了解 ABS 吗？

世界上第一台防抱死制动系统 ABS 在 1950 年问世，首先被应用在航空领域的飞机上。20 世纪 70 年代，欧美七国生产的新型轿车的前轮或前后轮开始采用盘式制动器，促使了 ABS 在汽车上的应用。1980 年后，电脑控制的 ABS 的应用逐渐在欧洲、美国及亚洲日本的汽车上迅速扩大。到目前为止，一些中高级豪华轿车，如德国的奔驰、宝马，均采用了先进的 ABS。

重心与稳度问题

物体的重心越低，重心的重力的作用线越不容易移出支撑面，物体的稳度越高，物体越不容易倾倒。因此重心越低，稳度越高。支撑面是由支撑点组成的平面，是最外侧的支撑点连线围成的平面。所以重心低支撑面大的物体稳定性好。

第二章 直线运动

第一节 直线运动的描述

学习目标

(1) 了解描述运动的基本物理量。

(2) 理解速度、加速度的定义及求解相关问题。

问题引入

春天,风筝在空中迎风摆动;夏天,蚊虫在灯下飞舞;秋天,落叶纷纷飘落;冬天,雪花漫天飘洒;"神舟号"飞船腾空而起;你上学的路上,路旁的树木不断被甩在身后;此时,钟表的秒针在不停地"走动";生命在于运动,运动是宇宙中最普遍的现象,我们每一个人时刻都在运动(如心脏在跳动,血液在流动)。宇宙及自然界中关于机械运动的例子还有许多,大家通过思考、讨论可以多找一些例子,提出来发表让大家共享:

① 流星划过夜空;

② 小鸟在空中飞行;

③ 河水在不停地流动;

④ 稻穗在随风起伏;

⑤ 房屋、树木随地球一起运动。

这些都是机械运动吗?

主要知识

(一) 机械运动

一个物体相对于另一个物体的位置的改变,称为机械运动,简称运动,它包括平动、转动和振动等运动形式。

(1) 运动是绝对的,静止是相对的。

(2) 宏观、微观物体都处于永恒的运动中。

(二) 参考系(就是初中说的参照物)

参考系:在描述一个物体运动时,选作标准的物体(假定为不动的物体)。

（1）描述一个物体是否运动，决定于它相对于所选的参考系的位置是否发生变化，由于所选的参考系并不是真正静止的，所以物体运动的描述只能是相对的。

（2）描述同一运动时，若以不同的物体作为参考系，描述的结果可能不同。

（3）参考系的选取原则上是任意的，但是有时选运动物体作为参考系，可能会给问题的分析、求解带来简便，一般情况下如无说明，通常都是以地球作为参考系来研究物体的运动。

（三）质点

研究一个物体的运动时，如果物体的形状和大小属于无关因素或次要因素，对问题的研究没有影响或影响可以忽略，为使问题简化，就用一个有质量的点来代替物体。用来代替物体的有质量的点做质点。

可视为质点有以下两种情况：

（1）物体的形状和大小在所研究的问题中可以忽略，可以把物体当作质点。

（2）作平动的物体由于各点的运动情况相同，可以选物体任意一个点的运动来代表整个物体的运动，可以当作质点处理。

物理学对实际问题的简化，称为科学的抽象。科学的抽象不是随心所欲的，必须从实际出发。

像这种突出主要因素，排除无关因素，忽略次要因素的研究问题的思想方法，即为理想化方法，质点即是一种理想化模型。

（四）时刻和时间

时刻：是指某一瞬时，在时间轴上表示为某一点，如第 3 s 末、3 s 时（即第 3 s 末）、第 4 s 初（即第 3 s 末）均表示为时刻。时刻与状态量相对应：如位置、速度、动量、动能等。

时间：两个时刻之间的间隔，在时间轴上表示为两点之间的线段长度。

如：4 s 内（即 0 至第 4 末）   第 4 s（是指 1 s 的时间间隔）   第 2 s 至第 4 s 均指时间。

会时间间隔的换算：时间间隔＝终止时刻－开始时刻。

时间与过程量相对应。如：位移、路程、冲量、功等。

（五）位置、位移、路程

位置：质点的位置可以用坐标系中的一个点来表示，在一维、二维、三维坐标系中表示为 $s(x)$、$s(x,y)$、$s(x,y,z)$

位移：（1）表示物体的位置变化，用从初位置指向末位置的有向线段来表示，线段的长短表示位移的大小，箭头的方向表示位移的方向。相对所选的参考点（必一定是出发点）及正方向。

（2）位移是矢量，既有大小，又有方向。

注意：位移的方向不一定是质点的运动方向。如：竖直上抛物体下落时，仍位于抛出点的上方；弹簧振子向平衡位置运动时。

（3）单位：m（米）。

（4）位移与路径无关，只由初末位置决定。

路程：物体运动轨迹的实际长度，路程是标量，与路径有关。

说明：（1）一般地路程大于位移的大小，只有物体做单向直线运动时，位移的大小才等于路程。

（2）时刻与质点的位置对应，时间与质点的位移相对应。

（3）位移和路程永远不可能相等（类别不同，不能比较）。

一言以蔽之，位移是连接起点和终点的有向线段（指向终点）；路程就是物体实际运动轨迹的长度。

注意：质点在同向直线运动中，质点所经过的位移和路程相等对吗？这是初学者易犯的错误（矢量和标量）。

矢量的表示：方向＋数值＋单位。

（六）速度、速率、瞬时速度、平均速度、平均速率

速度：表示质点的运动快慢和方向，是矢量。它的大小用位移和时间的比值定义，方向就是物体的运动方向，也是位移的变化方向，但不一定与位移方向相同。

平均速度：定义：运动物体位移和所用时间的比值称为平均速度。定义式：$v = \dfrac{\Delta s}{\Delta t} = s/t$。

平均速度的方向：与位移方向相同。

说明：（1）矢量：有大小，有方向。

（2）平均速度与一段时间（或位移）相对应。

（3）平均速度与哪一段时间内计算有关。

（4）平均速度计算要用定义式，不能乱套其他公式。

（5）只有做匀变速直线运动的情况才有特殊（即是等于初末速度的一半）。

此时平均速度的大小等于中时刻的瞬时速度，并且一定小于中位移速度。

瞬时速度概念的引入：由速度定义求出的速度实际上是平均速度，它表示运动物体在某段时间内的平均快慢程度，它只能粗略地描述物体的运动快慢，要精确地描述运动快慢，就要知道物体在某个时刻（或经过某个位置）时运动的快慢，因此而引入瞬时速度的概念。

瞬时速度的含义：运动物体在某一时刻（或经过某一位置）时的速度，称为瞬时速度。

瞬时速度是矢量，大小等于运动物体从该时刻开始做匀速运动时速度的大小。

方向：物体经过某一位置时的速度方向，轨迹是曲线，则为该点的切线方向。

瞬时速率 就是瞬时速度的大小，是标量。

平均速率 表示运动快慢，是标量，指路程与所用时间的比值。

概括地说：平均速度就是总位移除以总时间；平均速率就是总路程除以总时间；在没有折返的直线运动中：速度、瞬时速度的大小分别等于速率、瞬时速率。

（七）匀速直线运动

（1）定义：在相等的时间里位移相等的直线运动称为匀速直线运动。

（2）特点：$a = 0$，$v =$ 恒量。

（3）位移公式：$s = vt$。

(八) 加速度

物理意义:描述速度变化快慢的物理量(包括大小和方向的变化)。

大小定义:速度的变化与所用时间的比值。

定义式:$a = \dfrac{\Delta v}{\Delta t} = \dfrac{v_t - v_0}{t}$(即单位时间内速度的变化)。

加速度是矢量。方向:现象上与速度变化方向相同,本质上与质点所受合外力方向一致。质点作加速直线运动时,a 与 v 方向相同;作减速直线运动时,a 与 v 方向相反。

匀变速直线运动概念:物体在一条直线上运动:如果在相等时间内速度变化相等,这种运动称为匀变速直线运动(可以往返,如竖直上抛)。

理解清楚:速度、速度变化、速度变化的快慢 v、Δv、a 无必然的大小决定关系。

加速度的符号表示方向。(其正负只表示与规定的正方向比较的结果)。

- 为正值,表示加速度的方向与规定的正方向相同,但并不表示加速运动。
- 为负值,表示加速度的方向与规定的正方向相反,但并不表示减速运动。

判断质点作加减速运动的方法:是加速度的方向与速度方向的比较,若同方向表示加速。并不是由加速度的正负来判断。有加速度并不表示速度有增加,只表示速度有变化,是加速还是减速由加速度的方向与速度方向是否相同去判断。

a 的矢量性:a 在 v 方向的分量,称为切向加速度,改变速度大小变化的快慢。

a 在与 v 垂直方向的分量,称为法向加速度,改变速度方向变化的快慢。

所以 a 与 v 成锐角时加速,成钝角时减速。

注意:只要加速度恒定,那么物体就做匀变速运动,至于曲线还是直线,看加速度的方向与速度方向是否在同一条直线上,在一条直线便是匀变速直线运动,不在便是匀变速曲线运动。

规律方法:

(1)灵活选取参照物

说明:灵活地选取参照物,以相对速度求解有时会更方便。

(2)明确位移与路程的关系

说明:位移和路程的区别与联系。位移是矢量,是由初始位置指向终止位置的有向线段;路程是标量,是物体运动轨迹的总长度。一般情况位移的大小不等于路程,只有当物体作单向直线运动时路程才等于位移的大小。

(3)充分注意矢量的方向性

说明:特别要注意速度的方向性。平均速度公式和加速度定义式中的速度都是矢量,要考虑方向。

注意:平均速度和瞬时速度的区别。平均速度是运动质点的位移与发生该位移所用时间的比值,它只能近似地描述变速运动情况,而且这种近似程度跟在哪一段时间内计算平均速度有关。平均速度的方向与位移方向相同。瞬时速度是运动物体在某一时刻(或某一位置)的速度。某时刻的瞬时速度,可以用该时刻前后一段时间内的平均速度来近似地表示。该段时间越短,平均速度越近似于该时刻的瞬时速度,在该段时间趋向零时,平均速度的极限就是该时刻的瞬时速度。

例 1 物体沿直线向同一方向运动,通过两个连续相等的位移的平均速度分别为 $v_1 = 10$ m/s 和 $v_2 = 15$ m/s,则物体在这整个运动过程中的平均速度是多少?

设每段位移为 s，由平均速度的定义有

$$\overline{v}=\frac{2s}{t_1+t_2}=\frac{2s}{s/v_1+s/v_2}=\frac{2v_1v_2}{v_1+v_2}=12 \text{ m/s}$$

注意：一个过程的平均速度与它在这个过程中各阶段的平均速度没有直接的关系，因此要根据平均速度的定义计算，不能用公式 $\overline{v}=(v_0+v_t)/2$，因它仅适用于匀变速直线运动。

例 2 一质点沿直线 ox 方向作加速运动，它离开 o 点的距离 x 随时间变化的关系为 $x=5+2t^3(\text{m})$，它的速度随时间变化的关系为 $v=6t^2(\text{m/s})$，求该质点在 $t=0$ 到 $t=2$ s 间的平均速度大小和 $t=2$ s 到 $t=3$ s 间的平均速度的大小。

当 $t=0$ 时，对应 $x_0=5$ m，当 $t=2$ s 时，对应 $x_2=21$ m，当 $t=3$ s 时，对应 $x_3=59$ m，则 $t=0$ 到 $t=2$ s 间的平均速度大小为 $\overline{v}_1=\dfrac{x_2-x_0}{2}=8$ m/s。

$t=2$ s 到 $t=3$ s 间的平均速度大小为 $\overline{v}_2=\dfrac{x_3-x_2}{1}=38$ m/s。

点评 只有区分了求的是平均速度还是瞬时速度，才能正确地选择公式。

例 3 一架飞机水平匀速地在某同学头顶飞过，当他听到飞机的发动机声音从头顶正上方传来时，发现飞机在他前上方与地面成 $60°$ 角的方向上，据此可估算出此飞机的速度约为声速的多少倍？

设飞机在头顶上方时距人 h，则人听到声音时飞机走的距离为：$\sqrt{3}h/3$

对声音：$h=v_{声}t$

对飞机：$\sqrt{3}h/3=v_{飞}t$

解得：$v_{飞}=\sqrt{3}v_{声}/3\approx0.58v_{声}$

注意：此类题和实际相联系，要画图才能清晰地展示物体的运动过程，挖掘出题中的隐含条件，如本题中声音从正上方传到人处的这段时间内飞机前进的距离，就能很容易地列出方程求解。

例 4 一物体做匀变速直线运动，某时刻速度大小为 $v_1=4$ m/s，1 s 后速度大小为 $v_2=10$ m/s，在这 1 s 内该物体的加速度的大小是多少？

分析与解答：根据加速度的定义，$a=\dfrac{v_t-v_0}{t}$，题中 $v_0=4$ m/s，$t=1$ s，当 v_2 与 v_1 同向时，得 $a_1=\dfrac{10-4}{1}=6$ m/s^2，当 v_2 与 v_1 反向时，得 $a_2=\dfrac{-10-4}{1}=-14$ m/s^2。

注意：速度与加速度的矢量性，要考虑 v_1、v_2 的方向。

例 5 某著名品牌的新款跑车拥有极好的驾驶性能，其最高时速可达 330 km/h，$0\sim100$ km/h 的加速时间只需要 3.6 s，$0\sim200$ km/h 的加速时间仅需 9.9 s，试计算该跑车在 $0\sim100$ km/h 的加速过程和 $0\sim200$ km/h 的加速过程的平均加速度。

分析与解答：根据 $a=\dfrac{v_t-v_0}{t}$，且

$v_{t1}=100$ km/h≈27.78 m/s，$v_{t2}=200$ km/h≈55.56 m/s

故跑车在 $0\sim100$ km/h 的加速过程

$$a_1=\frac{v_{t1}-v_{01}}{t_1}=\frac{27.78-0}{3.6} \text{ m/s}^2=7.72 \text{ m/s}^2$$

故跑车在 $0\sim200$ km/h 的加速过程

$$a_2=\frac{v_{t2}-v_{02}}{t_2}=\frac{55.56-0}{9.9} \text{ m/s}^2=5.61 \text{ m/s}^2$$

第二节　匀变速直线运动的规律

学习目标

（1）理解匀变速直线运动的规律。

（2）能够熟练应用公示解题。

问题引入

在现实生活中，物体一直保持匀速直线运动的例子很少，一般而言物体的速度都要发生变化，物理学中将物体速度发生变化的运动称为变速运动。做变速运动的物体，速度变化情况非常复杂。本节，仅讨论一种特殊的变速运动，那就是匀变速直线运动。

主要知识

（一）匀变速直线运动的定义

物体加速度保持不变的直线运动为匀变速直线运动。它的重要特点是：物体在直线运动过程中，加速度为一恒量。当加速度与速度同向时，物体做匀加速直线运动；当加速度与速度反向时，物体做匀减速直线运动。匀变速直线运动是一种理想化的运动，自然界中并不存在。但是为了讨论的方便，人们通常将某些物体的运动或其中一段运动近似认为是匀变速直线运动。

（二）匀变速直线运动的速度-时间关系 $v-t = v_0 + at$

速度公式：$a = \dfrac{v_t - v_0}{t} \Rightarrow v_0 + at$（由加速度定义推导）

其中，$v-t$ 为末速度（时间 t 秒末的瞬时速度），v_0 为初速度（时间 t 秒初的瞬时速度），a 为加速度（时间 t 秒内的加速度）。

讨论：一般取 v_0 方向为正，当 a 与 v_0 同向时，$a > 0$；当 a 与 v_0 反向时，$a < 0$。

当 $a = 0$ 时，公式为 $v-t = v_0$

当 $v_0 = 0$ 时，公式为 $v-t = at$

当 $a < 0$ 时，公式为 $v-t = v_0 - at$（此时 a 只能取绝对值）

可见：$v-t = v_0 + at$ 为匀变速直线运动速度公式的一般表达形式（只要知道 v_0 和 a 就可求出任一时刻的瞬时速度）。

速度-时间图像：

（1）由 $v-t = v_0 + at$ 可知，$v-t$ 是 t 的一次函数，根据数学知识可知其速度-时间图像是一倾斜的直线。

（2）由 $v-t$ 图像可确定的量：

可直接看出物体的初速度；

可找出对应时刻的瞬时速度；

可求出它的加速度（斜率＝加速度）；

可判断物体运动性质；

可求出 t 时间内的位移。

例如：根据图 2-1 可以求出：

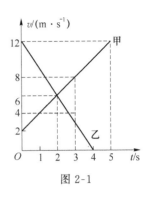

图 2-1

（1）甲的初速度为 2 m/s，乙的初速度为 12 m/s；

（2）在第 2 s 末甲、乙瞬时速度相同，均为 6 m/s；

（3）甲做匀加速运动，加速度为 2 m/s²；乙做匀减速运动，加速度为 -3 m/s²；

（4）甲、乙前 2 s 内的位移分别为

$$s_甲 = (2+6) \times 2/2 \text{ m} = 8 \text{ m}$$

$$s_乙 = (12+6) \times 2/2 \text{ m} = 18 \text{ m}$$

（三）位移-时间关系

（1）平均速度公式 $\bar{v} = \dfrac{v_0 + v_t}{2}$

由于物体做匀变速运动，物体的速度变化是均匀的，它在时间 t 内的平均速度等于初速度和末速度的平均值。

（2）位移-时间关系 $s = v_0 t + \dfrac{1}{2}at^2$

另一种推导方法：根据匀变速直线运动 $v-t$ 图来推导（微元法）。

意义： 匀变速直线运动的物体在时间 t 内的位移数值上等于速度图线下方梯形的面积，如图 2-2 所示。

延伸： 若是非匀变速直线运动，这一结论仍然适用，如图 2-3 所示。

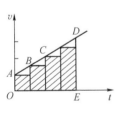

图 2-2

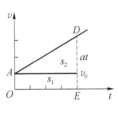

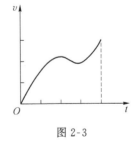

图 2-3

（四）两组比例式：对于初速度为零的匀加速直线运动：

（1）按照连续相等时间间隔分有

1 s 末、2 s 末、3 s……即时速度之比为

$$v_1 : v_2 : v_3 : \cdots : v_n = 1 : 2 : 3 : \cdots : n$$

前 1 s、前 2 s、前 3 s……内的位移之比为

$$x_1 : x_2 : x_3 : \cdots : x_n = 1^2 : 2^2 : 3^2 : \cdots : n^2$$

第 1 s、第 2 s、第 3 s……内的位移之比为

$$x_{\text{I}} : x_{\text{II}} : x_{\text{III}} : \cdots : x_n = 1 : 3 : 5 : \cdots : (2n-1)$$

（2）按照连续相等的位移分有

1X 末、2X 末、3X 末……速度之比为

$$v_1 : v_2 : v_3 : \cdots v_n = 1 : \sqrt{2} : \sqrt{3} : \cdots : \sqrt{n}$$

前 1 m、前 2 m、前 3 m……所用的时间之比为

$$t_1 : t_2 : t_3 : \cdots : t_n = \sqrt{1} : \sqrt{2} : \sqrt{3} : \cdots : \sqrt{n}$$

第 1 m、第 2 m、第 3 m……所用的时间之比为

$$t_1 : t_2 : t_3 : \cdots : t_n = 1 : (\sqrt{2} - 1) : (\sqrt{3} - \sqrt{2}) : \cdots : (\sqrt{n} - \sqrt{n-1})$$

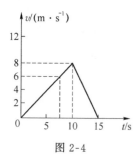

图 2-4

例 1　如图 2-4 所示，下列说法正确的是（　　　）。

A. 前 10 s 的加速度为 0.8 m/s²，后 5 s 的加速度为 1.6 m/s²

B. 15 s 末回到出发点

C. 前 10 s 的平均速度为 4 m/s

D. 15 s 物体的位移为 60 m

解析：$a_1 = 0.8$ m/s²　$a_2 = -1.6$ m/s² 15 s 末的速度为零，但是 15 s 内的位移为 60 m 前 10 s 内的平均速度为 40/10 m/s＝4 m/s，15 s 内的位移为 $\frac{1}{2} \times 8 \times 15$ m＝60 m。

答：C、D。

例 2　一物体做匀加速直线运动，位移方程为 $s = (5t + 2t^2)$ m，则该物体的初速度为_____，加速度为_____，2 s 内的位移大小是_____。

解析：与标准方程相比较一次项系数为初速度，二次项系数的两倍为加速度，$v_0 = 5$ m/s，$a = 4$ m/s²，$s = 18$ m。

答：略。

例 3　以 8 m/s 匀速行驶的汽车开始刹车，刹车后的加速度大小为 2 m/s²，试求：

（1）汽车在第 3 s 末的速度为多大？通过的位移为多大？

（2）汽车开始刹车后的最大位移。

（3）汽车通过最大位移中点时的速度。

解析：（1）由公式 $v - t = v_0 + at$ 可知 v_0 为 8 m/s，加速度 a 为 -2 m/s²，3 s 末的速度为 2 m/s

由公式 $s = v_0 t + \frac{1}{2} at^2$ 可知 $s = 15$ m。

（2）汽车最大滑行位移为 16 m。

（3）汽车滑行过最大位移中点时的速度为 4 m/s。

答：略。

例 4　A、B 两辆汽车在笔直的公路上同向行驶，当 B 车在 A 车前 84 m 处时，B 车速度为 4 m/s，且以 2 m/s² 的加速度做匀加速运动；经过一段时间后，B 车加速度突然变为零。A 车一直以 20 m/s 的速度做匀速运动，经过 12 s 后两车相遇，问 B 车加速行驶的时间是多少？

解析：设 A 车的速度为 v_A，B 车加速行驶时间为 t，两车在 t_0 时相遇，则有

$$s_A = v_A t_0 \tag{①}$$

$$S_B = v_B t + \frac{1}{2} at^2 + (v_B + at)(t_0 - t) \tag{②}$$

式中，$t_0 = 12$ s，s_A、s_B 分别为 A、B 两车相遇前行驶的路程，依题意有

$$s_A = s_B + s \qquad \text{③}$$

式中 $s = 84$ m，由①②③式得

$$t^2 - 2t_0 t + \frac{2\left[(v_B - v_A)t_0 - s\right]}{a} = 0 \qquad \text{④}$$

代入题给数据得

$$v_A = 20 \text{ m/s}, v_B = 4 \text{ m/s}, a = 2 \text{ m/s}^2$$

有 $t^2 - 24t + 108 = 0$ ⑤

式中 t 的单位为 s，解得

$$t_1 = 6 \text{ s}, t_2 = 18 \text{ s} \qquad \text{⑥}$$

$t_2 = 18$ s 不合题意，舍去。因此，B 车加速行驶的时间为 6 s。

答：6 s。

第三节　自由落体运动

学习目标

(1) 了解伽利略对自由落体运动的研究思路和方法。

(2) 理解自由落体的定义。

(3) 强化用匀变速直线运动规律知识解题的能力。

(4) 掌握自由落体运动规律。

(5) 熟练运用自由落体公式解题。

问题引入

我们用手拿一个小球和一张纸片，放开后，小球和纸片从静止开始下落。我们可以看到，小球先落地，纸片后落地。

公元前 4 世纪，古希腊伟大的思想家、哲学家亚里士多德(Arestotle)根据与我们类似的观察，直接得出结论：重的物体比轻的物体下落得快。亚里士多德的论断流传了近 2 000 年，直到 16 世纪，在意大利的比萨斜塔上，伽利略做了著名的两个球同时落地的实验。两个轻重不同的小球同时落地的声音，是那样的清脆美妙，又是那样的振聋发聩！它动摇了人们头脑中的旧观念，开创了实验和科学推理之先河，将近代物理学以至近代科学推上了历史的舞台。

主要知识

(一) 绵延两千年的错误

亚里士多德的观点：物体越重，下落越快。

公元前，人们对物体下落的研究很少，凭着观察认为重的物体比轻的物体下落得快。当时，著名的思想家亚里士多德(Aristotle，前 384—前 322)经过了观察和总结认为"物体下落的速度与重力成正比"。这一观点正好应和了人们潜意识里的想法；同时，它又是伟大的亚里士多德提出的论断，人们深信不疑。从那以后，人们判断物体下落的快慢，甚至给孩子们上课时一直坚持这一观点，这一观点一直延续了 2 000 多年，从没有人对它提出异议。

思考:为什么会有错误的认识呢?

错误认识的根源在于不注意探索事物的本质,思考不求甚解。

(二) 逻辑的力量

16世纪末,意大利比萨大学的青年学者伽利略(Galileo Galilei,1564—1642)对亚里士多德的论断表示了怀疑。后来,他在1638年出版的《两种新科学的对话》一书中对此做出了评论。

根据亚里士多德的论断,一块大石头的下落速度要比一块小石头的下落速度大。假定大石头的下落速度为8,小石头的下落速度为4,当我们把两块石头捆在一起时,大石头会被小石头拖着而减慢,结果整个系统的下落速度应该小于8;但两块石头捆在一起,总的重力比大石头还要重,因此整个系统下落的速度要比8还大。这样,就从"重物比轻物落得快"的前提推断出了互相矛盾的结论,这使亚里士多德的理论陷入了困境。为了摆脱这种困境,伽利略认为只有一种可能性:重物与轻物应该下落得同样快。

问题:伽利略是怎样论证亚里士多德观点是错误的?

猜想:既然物体下落过程中的运动情况与物体质量无关,那么为什么在现实生活中,不同物体的落体运动,下落快慢不同呢?我们能否猜想是由于空气阻力的作用造成的呢?如果没有空气阻力将会怎样呢?

(三) 猜想与假说

伽利略认为,自由落体是一种最简单的变速运动。他设想,最简单的变速运动的速度应该是均匀变化的。但是,速度的变化怎样才算均匀呢?他考虑了两种可能:一种是速度的变化对时间来说是均匀的,即经过相等的时间,速度的变化相等。另一种是速度的变化对位移来说是均匀的,即经过相等的位移,速度的变化相等。伽利略假设第一种方式最简单,并把这种运动称为匀变速运动。

(四) 实验验证

实验验证是检验理论正确与否的唯一标准。任何结论和猜想都必须经过实验验证,否则不成理论。猜想或假说只有通过验证才会成为理论。所谓实验验证就是任何人,在理论条件下去操作都能到得实验结果,它具有任意性,但不是无条件的,实验是在一定条件下的验证,而与实际有区别。

伽利略在《两种新科学的对话》中说:

"用一块木料制成长约12库比特、宽半库比特、厚三指的板条,在它的上面划一条比一指略宽的槽,将这个槽做得很直,打磨得很光滑,在槽上裱一层羊皮纸(也要尽可能光滑)。取一个坚硬、光滑并且很圆的铜球,放在槽中滚动。将这个木槽的一端抬高一到二库比特,使槽倾斜。就像我要讲的那样把球放在槽顶沿槽滚下,记录下降的时间。实验要重复几次,以便使测得的时间准确到两次测定的结果相差不超过一次脉搏的十分之一,进行这样的操作,肯定了我们的观察是可靠的以后,将球滚下的距离改为槽长的四分之一,测定滚下的时间,我们发现它准确地等于前者的一半。下一步,用另一些距离进行试验,把全长用的时间与全长的二分之一、三分之二、四分之三,或者其他任何分数所用的时间相比较,像这样的实验,我们重复了整整一百次,结果总是经过的距离与时间的平方成比例,并且在各种不同坡度下进行实验,结果也都如此……"

讨论与交流:感受伽利略的探究过程,体会其科学方法。

物体做自由落体运动的速度很快,在当时的实验条件下,是很难测量其位移和相应的时间,有什么方法可以使物体的速度可以慢一点又能研究匀变速直线运动的?

让小球在倾斜的轨道上滚下,倾角不要太大可以吗?

当时伽利略就是用这个方法,他设计一个斜面实验,使物体的运动速度变慢,解决了测量的难题。伽利略在一块木板上刻出一道直槽,槽内贴上羊皮纸使之平滑,用自制的水钟测量时间,探究一个光滑黄铜小球沿倾斜直槽滑下时的运动情况。我们也可以模拟这个四百多年前的实验,感受科学家的研究方法。

① 用长形铝型材,取长约 1.6 m 的一段为导轨,以节拍器为计时器。将导轨一端垫高,呈斜面状,将小球开始运动处作出标记。

② 调整时,启动节拍器,随节拍声数数"3,2,1,0,1,2,3",将小球在听到节拍声"0"时从原点释放。一边随节拍声数数,一边用手顺序指出当节拍器响时,小球大致的位置。

③ 不改变小球下落的初始位置,只要释放小球的时刻准确,在随后的各节拍声响时,在小球经过的大体位置上作出标记。

④ 从标尺上读出各标记到起始位置的间隔距离,并填入表格中。

⑤ 改变斜槽的倾斜角,重复实验多次。

任何一个物体在重力作用下下落时都会受到空气阻力的作用,从而使运动情况变得复杂。若想办法排除空气阻力的影响(如:改变物体形状和大小,也可以把下落的物体置于真空的环境之中),让物体下落时只受重力的作用,那么物体的下落运动就是自由落体运动。

(五) 自由落体的定义

物体只在重力作用下,从静止开始下落的运动称为自由落体运动。

自由落体运动的特点:

从自由落体运动的定义出发,显然自由落体运动是初速度为零的直线运动;因为下落物体只受重力的作用,而对于每一个物体它所受的重力在地面附近是恒定不变的,因此它在下落过程中的加速度也是保持恒定的。而且,对不同的物体在同一个地点下落时的加速度也是相同的。关于这一点各种实验都可以证明,比如"牛顿管实验"以及同学们所做的打点计时器的实验等。综上所述,自由落体运动是初速度为零的竖直向下的匀加速直线运动。

自由落体加速度:

(1) 在同一地点,一切物体在自由落体运动中加速度都相同。这个加速度称为自由落体加速度。因为这个加速度是在重力作用下产生的,所以自由落体加速度也称为重力加速度。通常不用"a"表示,而用符号"g"来表示自由落体加速度。

(2) 重力加速度的大小和方向。

在不同的地点自由落体加速度一般是不一样的。如:广州的自由落体加速度是 9.788 m/s²,杭州是 9.793 m/s²,上海是 9.794 m/s²,华盛顿是 9.801 m/s²,北京是 9.801 22 m/s²,巴黎是 9.809 m/s²,莫斯科是 9.816 m/s²。即使在同一位置在不同的高度加速度的值也是不一样的。如在北京海拔 4 km 时自由落体加速度是 9.789 m/s²,海拔 8 km 时是 9.777 m/s²,海拔 12 km 时是 9.765 m/s²,海拔 16 km 时是 9.752 m/s²,海拔 20 km 时是 9.740 m/s²。

尽管在地球上不同的地点和不同的高度自由落体加速度的值一般都不相同,但从以上数据不难看出在精度要求不高的情况下可以近似地认为在地面附近(不管什么地点和有限的高度内)的自由落体加速度的值为:$g = 9.765 \text{ m/s}^2$。在粗略的计算中有时也可以认为重力加速度 $g = 10 \text{ m/s}^2$。重力加速度的方向总是竖直向下的。

(六) 自由落体运动的规律

既然自由落体运动是初速度为零的竖直向下的匀加速直线运动。那么,匀变速直线运动的规律在自由落体运动中都是适用的。匀变速直线运动的规律可以用以下四个公式来概括:

$$v_t = v_0 + at \tag{1}$$

$$s = v_0 t + \frac{1}{2}at^2 \tag{2}$$

$$v_t^2 = v_0^2 + 2as \tag{3}$$

$$s = \frac{v_0 + v_t}{2}t \tag{4}$$

对于自由落体运动来说:初速度 $v_0 = 0$,加速度 $a = g$。因为落体运动都在竖直方向运动,所以物体的位移 s 改做高度 h 表示。那么,自由落体运动的规律就可以用以下四个公式概括:

$$v_t = gt \tag{5}$$

$$h = \frac{1}{2}gt^2 \tag{6}$$

$$v_t^2 = 2gh \tag{7}$$

$$h = \frac{1}{2}v_t t \tag{8}$$

自由落体运动是匀变速直线运动的特例,所涉及的题目大多是考查匀变速运动公式的灵活应用及方程组的求解,本题侧重于一段匀变速运动的平均速度等于中间时刻的瞬时速度这一规律的应用,变式题涉及的是自由落体运动运动规律的灵活运用。

自由落体运动的下落过程是竖直上抛运动上升过程的逆过程,所以物体在通过同一高度位置时,上升速度与下落速度大小相等,物体在通过同一段高度过程中,上升时间与下落时间相等。这是竖直上抛运动的对称性。

例1 从某一高塔自由落下一石子,落地前最后一秒下落的高度为塔高的 7/16,求塔高。

解析: 石子的下落可以近似看作自由落体运动,因此可以自由落体运动的规律来求解本问题。

设石下落的总时间为 t,塔高为 H,则下落距离为塔高的 9/16 时经过时间 $(t-1)$,根据自由落体运动的位移公式:

$$H = \frac{1}{2}gt^2$$

$$\frac{9}{16}H = \frac{1}{2}g(t-1)^2$$

解①、②两式得:$t = 4 \text{ s}$ $H = 80 \text{ m}$

例2 一跳水运动员从离水面 10 m 高的平台上向上跃起,举双臂直体离开台面,此时其重心位于从手到脚全长的中点,跃起后重心升高 0.45 m 到达最高点,落水时身体竖直,手先入水(在此过程中运动员水平方向的运动忽略不计)从离开跳台到手触水面,他可用于完成空中动作的时间是_____ s(计算时,可以把运动员看作全部质量集中在重心的一个质点,g 取 $10\ m/s^2$,结果保留二位数)。

解析:运动员的跳水过程是一个很复杂的过程,主要是竖直方向的上下运动,但也有水平方向的运动,更有运动员做的各种动作。构建运动模型,应抓主要因素。现在要讨论的是运动员在空中的运动时间,这个时间从根本上讲与运动员所做的各种动作以及水平运动无关,应由竖直运动决定,因此忽略运动员的动作,把运动员当成一个质点,同时忽略他的水平运动。当然,这两点题目都做了说明,所以一定程度上"建模"的要求已经有所降低,但应该理解这样处理的原因。这样,把问题提炼成了质点作竖直上抛运动的物理模型。

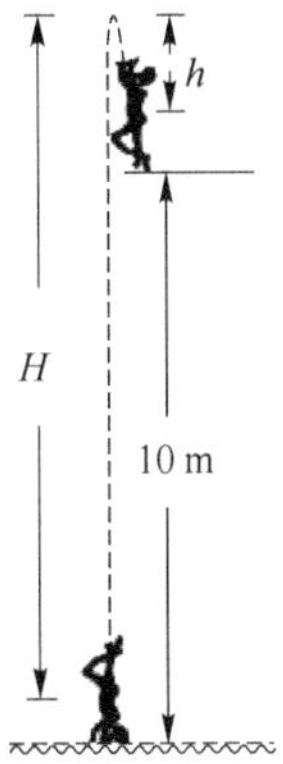

在定性地把握住物理模型之后,应把这个模型细化,使之更清晰。可画出如图 2-5 所示的示意图。由图可知,运动员作竖直上抛运动,上升高度 h,即题中的 $0.45\ m$;从最高点下降到手触到水面,下降的高度为 H,由图中 H、h、$10\ m$ 三者的关系可知 $H=10.45\ m$。

图 2-5

由于初速未知,所以应分段处理该运动。运动员跃起上升的时间为

$$t_1=\sqrt{\frac{2h}{g}}=\sqrt{\frac{2\times0.45}{10}}=0.3\ s$$

从最高点下落至手触水面,所需的时间为 $t_2=\sqrt{\dfrac{2H}{g}}=\sqrt{\dfrac{2\times10.45}{10}}=1.4\ s$

所以运动员在空中用于完成动作的时间约为 $t=t_1+t_2=1.7\ s$

本题在构建物理模型时,要重视理想化方法的应用,要养成画示意图的习惯。像这个问题中,运动员的运动被理想化为竖直上抛运动,可以把运动员看作全部质量集中在重心的一个质点。建立了质点模型后,就容易画出相应的起跳和入水的草图,分析出过程。

例3 运动员原地起跳时,先屈腿下蹲,然后突然蹬地.从开始蹬地到离地是加速过程(视为匀加速),加速过程中重心上升的距离称为"加速距离"。离地后重心继续上升,在此过程中重心上升的最大距离称为"竖直高度"。现有以下数据:人原地上跳的"加速距离"$d_1=0.50\ m$,"竖直高度"$h_1=1.0\ m$;跳蚤原地上跳的"加速距离"$d_2=0.000\,80\ m$,"竖直高度"$h_2=0.10\ m$。假想人具有与跳蚤相等的起跳加速度,而"加速距离"仍为 $0.50\ m$,则人上跳的"竖直高度"是多少?

解析:用 a 表示跳蚤起跳的加速度,v 表示离地时的速度,则对加速过程和离地过程分别有

$$v^2=2ad_2 \quad v^2=2gh_2$$

若假想人具有和跳蚤相同的加速度 a,令 v 表示在这种假想下人离地时的速度,H 表示与此相应的竖直高度,则对加速过程和离地后上升过程分别有

$$v^2=2ad_1,\ v^2=2gH$$

由以上各式可得 $H=\dfrac{h_2d_1}{d_2}$

代入数值,得 $H=63\ m$

解决此类问题的关键是认识、了解人跳离地面的全过程是竖直上抛运动模型。

例4 如图 2-6 所示是我国某优秀跳水运动员在跳台上腾空而起的英姿。跳台距水面高度为 $10\ m$,此时她恰好到达最高位置,估计此时她的重心离跳台台面的高度为 $1\ m$,当她

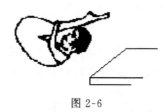

下降到手触及水面时要伸直双臂做一个翻掌压水花的动作,这时她的重心离水面也是 1 m(取 $g=10$ m/s^2)。

（1）从最高点到手触及水面的过程中其重心可以看作是自由落体运动,则该运动员在空中完成一系列动作可利用的时间为多长？

图 2-6

（2）假设该运动员身高 160 cm,重心在近似与其中点重合,则该运动员离开跳台的速度大小约多大？

解析:（1）这段时间人重心下降高度为 10 m。

空中动作时间 $t=\sqrt{\dfrac{2h}{g}}$, 代入数据得 $t=\sqrt{2}$ s

（2）运动员站在跳台上时,重心离台面的高度为 0.8 m,因此她跳起时上升的最大高度为 0.2 m。

设离开跳台的速度为 v_0,由竖直上抛运动规律

$$v_0=\sqrt{2gh}=\sqrt{2\times10\times0.2}\ \text{m/s}=2\ \text{m/s}$$

运动员的整个跳水过程是竖直上抛模型,分为竖直上升和自由落体。

首先把结构复杂的人体抽象成一个质点,其次忽略运动员在水平方向的运动,那么跳水运动员跳水过程就可以看成竖直上抛过程,实际上这样处理问题时,已建立了两个物理模型:一个是质点模型,另一个是竖直上抛运动模型。根据题意,建立相应的物理模型,利用相应的规律求解,思路清晰,解题方便。

有许多物理问题,尤其是一些比较复杂的问题,由于其研究对象的运动变化过程比较隐蔽、复杂,如果用某种物理模型来研究时,可建立起已知和未知的关系,能别开生面,独辟蹊径,化繁为简,化难为易,收到事半功倍的效果。在今后的学习过程中,有目的、有计划、循序渐进地运用物理模型处理物理问题,并归纳、总结和提高,使我们熟悉并掌握这种科学研究的思想方法,不但能使我们加深对物理概念和物理规律的理解,提高解题技巧,促进知识技能的迁移,而且对开发智力、发展创造性思维、培养分析问题和解决问题的能力将起着不可低估的作用。

 物理天地

伽利略简介

伽利略(1564—1642 年)生于佛罗伦萨的一个贵族家庭。在比萨大学攻读医学时,发明了能测量脉搏速率的摆式计时装置。后来,他的兴趣转向了数学和物理学,26 岁就担任了比萨大学的数学教授。由于他在科学上的独创精神,不久就跟拥护亚里士多德传统的观点发生了冲突,遭到对手们的排挤,不得不在 1591 年辞去比萨大学的职务,转而到威尼斯的帕多瓦大学任教。

在帕多瓦,伽利略成为哥白尼的日心说的热烈支持者。他创造了望远镜,观测到木星的四颗卫星,证明了地球并不是一切天体运动环绕的中心。他用望远镜进行观测,他发现了月面的凹凸不平以及乳白色的银河原来是由许许多多独立的恒星组成的。他还制成了空气温度计,这是世界上最早的温度计。这些光辉的成就,使他获得了巨大的声望。1610 年,伽利略担当了宫廷数学家兼哲学家。但是不久,他就受到了教会的迫害。

物理学习重在分析

高中物理最为难学,公式、原理、定律多,平时就要把这些公式、定律掌握得十分熟练。在学习的过程中,要反复地去研究、练习,使自己真正地掌握这些定律的本质和应用的局限性。物理学习的过程重在分析,分析的对了,解题就不会费太多的时间;分析的不对,花再多的时间,也不会有什收获。而分析的基本功在平时,课外必须要进行这种分析能力的练习;多分析一些题,多看一看例题的分析过程,适当地看一看历年的高考题。

物理就在身边

谈到物理学,有同学觉得很难;谈到物理探究,有同学觉得深不可测;谈到物理学家,有同学更是感到他们都不是凡人。诚然,成为物理学家的人的确屈指可数,但只要勤于观察,善于思考,勇于实践,敢于创新,从生活走向物理,你就会发现:其实,物理就在身边。正如马克思说的:"科学就是实验的学科,科学就在于用理性的方法去整理感性材料"。物理不只是我们的一门学科,更重要的,它还是一门科学。

顽石的启示

一妇女刚嫁到一个农场时,有块石头就在屋子拐角。石头直径有一尺多。一次她开着割草机撞在那石头上碰坏了刀刃。她对丈夫说:"咱把它挖出来行不行?"丈夫和公公都说"不行,听说底下埋得深着呢!"就这样,石头留了下来。若干年后,她拿铁锹挖石头。谁知刚伸手那石头就弄出来了,埋得只不过半尺深。这使她惊愕不已,仅因为这石头貌似体大基深,人们就觉得它不可动摇。启示:阻碍我们去发现、去创造的,有时仅仅是我们心理上的障碍和思想中的顽石。

第三章　牛顿运动定律

第一节　牛顿第一定律

学习目标

（1）理解惯性的概念，能够解释日常生活中的惯性现象。

（2）熟练掌握牛顿第一定律；通过对大量实例的分析，培养归纳、综合能力。善于思考、善于总结，把物理与实际生活紧密结合。

问题引入

初中课本中用到的标题是惯性定律，所以同学们已有一定的基础，关键是如何让大家加深对牛顿第一定律的理解。对力和运动的关系，从日常经验出发，人们往往会产生错误的认识，所以使我们建立起运动改变的原因在于物体间的相互作用力的观点，不是轻而易举的事情。在对惯性的学习中，这仍是大家难于理解的问题。许多同学把物体具有保持匀速直线运动和静止状态的性质与物体在这种状态下的特点混为一谈。

主要知识

（一）生活情景

1. 两张来自生活的图片：

（1）图 3-1 警察叫司机系安全带，为什么？

图 3-1

（2）图 3-2 亚洲飞人柯受良驾车飞越黄河,他凭什么有这种胆识去飞越气势磅礴的黄河呢?

图 3-2

2. 惯性现象的小实验:用棒敲打叠放的象棋子。

生活中的很多现象都涉及力与运动的关系。

(二) 历史回顾

首先让大家看一个实验:用手推车,车前进,停止用力,车停止。

生活中还有哪些类似此类的现象?

静止的自行车用力踩脚踏板才开始运动,如没有对车继续用力,它最终会停下来。静止的秋千用力时,它会摆动起来。停止用力时,它会最终停下来,等等。

两种主要观点:

（1）亚里士多德观点:力是维持物体运动的原因。

亚里士多德的观点一直维持和统治人们的思想近两千年,才到三百多年前伽利略才指出,力不是维持物体运动的原因,物体运动不需要力。指出亚里士多德在当时提出了很多观点,有时候提出问题比证明一个问题更难,所以说亚里士多德毫无疑问是伟大的。

（2）伽利略的观点:物体运动不需要力。

说明:爱因斯坦曾把一代一代科学家探索自然奥秘的努力,比作福尔摩斯侦探小说中破案过程,有时候明显可见的线索却把人们引向错误的判断。也就是说,光凭经验来做判断常常是靠不住的,在探索运动原因的“侦探小说”里,亚里士多德正是由于凭借生活中明显的线索引出了错误判断。

现在假设你是伽利略,你会寻找怎样的“侦察”方法去推翻这维持两千年的“错案”。引起亚里士多德错误观点的“罪魁祸首”是什么呢?

通过认真的观察与思考,可以发现物理规律的真伪,我们每一个同学都能够深刻体会力和运动之间的关系。

结论:引起亚里士多德错误观点的“罪魁祸首”是:摩擦力(说明自行车停下,停下不是没有受外力,而是受了摩擦力才停的,如没有摩擦力,会永远运动下去不停,看来物体运动是不需力的)。

当一个小球沿斜面下滚时速度会增加,小球沿斜面上滚时时速度会减小,当小球沿水平面滚动时,它的速度应该不增不减,实际上我们发现,球越来越慢,最后停下来。当时,伽利略认为:这是由于摩擦阻力的缘故,他推理:若没有摩擦力,球将永远滚下去,为了说明他的思想,他设计理想斜面实验。

（1）实验演示理想斜面实验整个过程（说明：主要是为了理解伽利略的思想）。

（2）再用视频动画演示理想斜面实验。

通过对理想斜面实验的演示，说明物理研究中抓住主要因素，忽略次要因素的必要性，同时也展示了物理研究思想的美妙和逻辑的力量（由于现实生活中不可能有绝对光滑的斜面，所以这个实验是个"理想实验"）。

尽管现实生活中没有绝对光滑的平面。但可以创造比较光滑的平面去证明伽利略的想法：

（1）气垫导轨上物体近匀速的运动。

（2）目前的一项体育项目——冰壶球运动，由于球运动过程阻力很小，能以几乎不变的速度前进。

（三）伽利略理想实验对科学研究的意义

通过对伽利略其人其事的了解，我们发现，在我们今天看来是非常简单的道理。在它发现的最初往往是非常艰难的，如果没有坚强的意志和信念，没有足够的事实和理论依据去支持你，许多人可能会放弃，但伽利略没有放弃。

一个规律的发现并不是一帆风顺的，不是一开始的认识就是对的，而是需要人类不断探索才能形成的，并明白科学研究过程的艰难和科学家为此所付出的努力和心血。

至此，我们已经对力和物体运动之间的关系有了一个正确的认识。

与伽利略同时代的法国科学家笛卡儿，补充和完善了伽利略观点，他认为：如果没有其他原因，运动的物体将继续以同一速度沿着一条直线运动，既不会停下来，也不会偏离原来的方向。他支持了伽利略力不是物体的运动原因的观点，并且还强调没有力作用时物体的运动情况。他还认为，这应该要作为一个原理加以确立，并且是人类整个自然界的基础。

强调笛卡儿对伽利略观点的提升与补充，指出两者之间的差异。

在伽利略和笛卡儿的正确结论隔了一代人后，由牛顿总结成整个牛顿力学的一条基本定律。

牛顿第一定律（惯性定律）：一切物体总保持匀速直线运动状态或静上状态，直到有力迫使它改变这种状态——物理学的基石。

需要特别强调的是：

（1）物体运动不需要力（不受力时，运动会一直运动下来，静止的一直静止）。

（2）力是改变物体运动状态的原因。

思考与讨论：从牛顿第一定律我们得知，物体都要保持它们原来的匀速直线运动或静止的状态，或者说，它们都具有抵抗运动状态变化的"本领"。但是这种"本领"的大小是不一样的。

物体抵抗运动状态变化的"本领"，与什么因素有关？请大家通过实例进行分析。

（四）惯性

把物体具有保持原来匀速直线运动状态或静止状态的性质称为惯性。

问题一：是不是说只有匀速直线运动或静止的物体才有惯性呢？变速的物体有没有惯性？

问题二：液体、气体有没有惯性？

现象：观看装水的气球破后，水还要维持原来的状态。

由现象得出：惯性是物体固有的属性，与物体的运动状态无关，物体的质量是物体惯性的量度。

通过下面的问题来巩固和理解牛顿第一定律（由学生分析并回答）

问题：被踢出的冰块，在摩擦力可以忽略的冰面上匀速滑动，冰块受不受向前的作用力？

（五）定律的应用

（1）铁锹扬沙（为什么沙可以被扬出？）

（2）实验演示车运动碰到障碍物后停止，车上物体反倒（要求解析车停后，车上物体反倒的原因）。

（3）汽车实验厂里的汽车启动和刹车的过程，以及为什么要系安全带的必要性（呼应新课引入"司机为什么要系安全带"）。

伽利略的发现以及他所应用的科学的推理方法，是人类思想史上最伟大的成就之一，而且标志着物理学的真正开端（强调这节课中理想实验的科学思想方法的重要性）。

第二节 牛顿第二定律

学习目标

（1）通过"控制变量法"探究加速度与力、质量的关系。

（2）掌握牛顿第二定律的文字内容和数学公式。

问题引入

牛顿第一定律告诉我们，如果一个物体不受力，它将保持静止状态或匀速直线运动状态。那么如果一个物体受到的合外力不为零它将会怎样运动？

主要知识

由牛顿第一定律得到：力是运动状态改变的原因；力是产生加速度的原因，如图 3-3 所示。那么：影响物体加速度的因素到底有哪些？

（一）力与加速度的关系

如图 3-4 所示，当改变重物的大小，即对小车施加不同的力，小车就会有不同的加速度。多次实验可以得出结论：对于质量相等的物体来说，物体的加速度跟作用在它上面的力成正比。

用数学式子表示就是：$a_甲/a_乙 = F_甲/F_乙$

或者：$a \propto F$

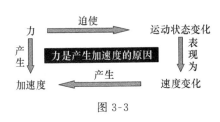

图 3-3

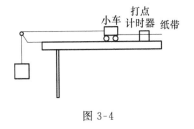

图 3-4

（二）质量与加速度的关系

如果保持拉力不变,改变小车的质量,小车也会产生不同的加速度。同样,多次实验得出结论:在相同力的作用下,物体的加速度与质量成反比。

用数学式子表示就是:$a_甲/a_乙＝m_乙/m_甲$

或者:$a \propto 1/m$

综合两个式子得出:$a \propto F/m$

即,$F＝kma$,(k—比例系数)

如果各物理量都用国际单位,则 $k＝1$。

（三）牛顿第二定律

(1) 内容:物体的加速度跟物体所受合外力 F 成正比,跟物体的质量 m 成反比,加速度的方向跟物体所受合外力的方向相同。

(2) 表达式:$F_合＝ma$

1 牛顿＝1 千克·米/秒²

(3) 1 N 的物理意义:使质量为 1 kg 的物体产生 1 m/s² 的加速度所需的力就是 1 N。

(4) 对牛顿第二定律的理解:

① 矢量性:$F＝ma$ 是矢量式,a 的方向由 F 的方向决定,且与所受力 F 的方向相同。

② 瞬时性:加速度具有瞬时性,与物体所受的合外力同时产生,同时变化,同时消失。

③ 同体性:$F＝ma$ 中,F、m、a 都是对同一物体而言的。

⑤ 独立性:作用于物体上的每一个力产生的加速度都遵从牛顿第二定律,而物体的实际加速度是这些加速度的矢量和。

（四）超重和失重

1. 超重现象

如图 3-5 所示,实验:介绍装置,架子上有两个滑轮,两边挂有重物。让右侧物体质量大于左侧物体质量,开始用手拖住右侧物体让系统静止观察弹簧秤示数,放手后左侧物体向上加速运动,再观察弹簧秤示数。

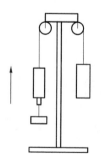

图 3-5

会看到了什么现象? 弹簧秤的示数增大,物体对弹簧秤的拉力增大。

分析原因:取左侧物体为研究对象,$T－mg＝ma$,弹簧秤的拉力为

$$T＝mg+ma＝m(g+a)＞mg$$

可见物体向上加速运动时,物体对悬挂物(弹簧秤)的拉力大于物体的重力。(因为弹簧秤对物体的拉力大于物体的重力而弹簧秤对物体的拉力与物体对弹簧秤的拉力是一对作用力与反作用力大小相等)

如图 3-7 所示,实验:取一体重计,让一人站在上面不动读出此时体重计的示数,然后让他由下蹲状态突然站起,观察人加速上升阶段体重计示数的变化。

我们会看到了什么现象? 体重计的示数增大,人对体重计的压力增大。

分析原因:取人为研究对象,$T-mg=ma$,体重计的支持力为

$$T=mg+ma=m(g+a)>mg$$

可见当人向上加速运动时,人对支持物(体重计)的压力大于人的重力。即体重计对人的支持力大于人的重力。而体重计对人的支持力与人对体重计的压力是一对作用力与反作用力两者应当相等。

图 3-6　　　　　　　　图 3-7　　　　　　　　图 3-8

根据以上两例归纳给出超重的定义和判断方法:

(1) 超重:物体对悬挂物的拉力或者对支持物的压力大于自身重力的现象称为超重。

(2) 超重的判断方法:当物体具有向上的加速度时(加速上升或减速下降)处于超重状态

可以归纳:电梯加速上升或减速下降阶段、宇宙飞船等航天器发射和回收阶段(指落地前减速下降阶段)等。

2. 失重现象

如图 3-9 所示,实验:现减小装置右侧悬挂物质量使放手后左侧物体向下的加速运动,再观察弹簧秤示数的变化。(相对于系统静止时)

会看到了什么现象?弹簧秤的示数减少,物体对弹簧秤的拉力减小。

分析原因:取左侧物体为研究对象,$G-T=ma$,弹簧秤的拉力为

$$T=mg-ma=m(g-a)<mg$$

可见物体向下加速运动时,物体对悬挂物(弹簧秤)的拉力小于物体的重力。

实验:仍利用体重计,让一人站在上面然后突然下蹲让学生观察人加速下降阶段体重计示数的变化。

提问:看到了什么现象?体重计的示数减小,人对体重计的压力减小。

分析原因:取人为研究对象,$T-mg=ma$,体重计的支持力为

$$T=mg-ma=m(g-a)<mg$$

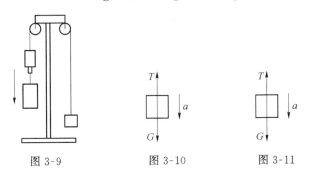

图 3-9　　　　　　　图 3-10　　　　　　　图 3-11

可见当人向下加速运动时,人对支持物(体重计)的压力小于人的重力。因为体重计对人的支持力小于人的重力,而体重计对人的支持力与人对体重计的压力是一对作用力与反作用力。

由以上两例归纳出失重的定义和判断方法:

(1)失重:物体对悬挂物的拉力或者对支持物的压力小于自身重力的现象称为失重。

(2)失重的判断方法:当物体具有向下的加速度时(加速下降或减速上升)处于失重状态。

归纳:电梯加速下降或减速上升阶段、宇宙飞船等航天器加速下降阶段等。

(3)完全失重

实验:在矿泉水瓶下面靠近瓶底处扎一个小孔,装上水后水会从小孔喷出,因为水对瓶底有压力。把水瓶抛出,喷水情况会是怎样呢?请同学们分析预测可能发生的现象,再开始试验观察。试验现象:水不再从小孔喷出,原因,水瓶抛出后水处于失重状态而且是一种特殊的失重,水对瓶底无压力——完全失重。

结合上面实验给出完全失重的定义和判断方法

(1)完全失重:物体对悬挂物的拉力或者对支持物的压力为零的现象称为完全失重。

(2)完全失重的判断方法:当物体具有重力加速度时处于完全失重状态。

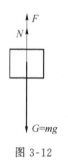

图 3-12

例1 从牛顿第二定律知道,无论怎样小的力都可以使物体产生加速度。可是当用力提一个很重的物体时却提不动它,这跟牛顿第二定律有无矛盾?为什么?

答:没有矛盾,由于公式 $F=ma$ 看,F 合为合外力,无论怎样小的力都可以是物体产生加速度,这个力应是合外力。现用力提一很重的物体时,物体仍然静止,说明合外力为零。由受力分析可知 $F+N-mg=0$(图 3-12)。

例2 下面的哪些说法不对?为什么?

A. 物体所受的和外力越大,加速度越大。

B. 物体所受的和外力越大,速度越大。

C. 物体在外力作用下做匀加速直线运动,当合外力逐渐减小。物体的速度逐渐减小。

D. 物体的加速度不变一定受恒力的作用。

答:B、C、D 说法不对。根据牛顿第二定律,物体受的合外力决定了物体的加速度,而加速度大小与速度大小无关,所以,B 错误,物体做匀加速运动说明加速度方向与速度方向一至。当合外力减小但方向不变时,加速度减小但方向也不变,所以物体仍然做加速运动,速度增加,C 错误。加速度是矢量,其方向与合外力方向一致。加速度大小不变,若方向发生改变时,合外力方向也必然变化,D 错误。

例3 如图 3-13 所示,一个物体,质量是 2 kg,受到互成 120°角的两个力 F_1 和 F_2 的作用,这两个力的大小都是 10 N,这个物体产生的加速度是多大?

解析:如图所示,受力分析

$$a=\frac{F_合}{m}=\frac{10\ \text{N}}{2\ \text{kg}}=5\ \text{m/s}^2$$

答:这个物体产生的加速度是 5 m/s²。

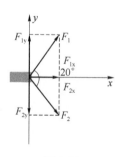

图 3-13

例4 在"验证牛顿第二定律"的实验中,在研究加速度 a 与小车的质量 M 的关系时,由于没有注意始终满足 $M \gg m$ 的条件,结果得到的图像应是图 3-14 中的(　　)。

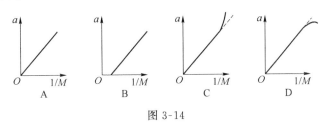

图 3-14

解析:在本实验中,小车的加速度 $a=\dfrac{F}{M}=\dfrac{mg}{M+m}$,则绳子的张力 $F=\dfrac{Mmg}{M+m}$,在研究加速度跟小车质量 M 的关系时,保持 m 不变,若横轴为 $1/(M+m)$,则 $a-1/(M+m)$ 图像应是过原点的直线,当满足 $M\gg m$ 时,m 可以忽略不计,$a\approx\dfrac{mg}{M}$,$a-1/M$ 图像还可以满足图像是过原点的直线;当小车的质量较小,不满足 $M\gg m$ 时,斜率将变小,图像便发生弯曲。故选 D。

第三节　牛顿第二定律的应用

学习目标

(1) 巩固对牛顿第二定律的理解。

(2) 熟练应用牛顿第二定律解题。

问题引入

一物体质量为 1 kg 的物体静置在光滑水平面上,0 时刻开始,用一水平向右的大小为 2 N 的力 F_1 拉物体,则

(1) 物体产生的加速度是多大?

(2) 若在 3 秒末给物体加上一个大小也是 2 N 水平向左的拉力 F_2,则物体的加速度是多少?

解析:根据牛顿第二定律 $F=ma$,可得 $a=\dfrac{F}{m}$,代入数据可得(1)$a=2$ m/s^2,

(3) 3 s 末 $a=0$。物体的合力为 0,所以加速度为 0。F_1 产生向右的加速度,F_2 产生向左的加速度。

主要知识

解决动力学问题时,受力分析是关键,对物体运动情况的分析同样重要,特别是像这类运动过程较复杂的问题,更应注意对运动过程的分析。

在分析物体的运动过程时,一定弄清整个运动过程中物体的加速度是否相同,若不同,必须分段处理,加速度改变时的瞬时速度即是前后过程的联系量。分析受力时要注意前后过程中哪些力发生了变化,哪些力没发生变化。

(一) 已知运动规律,求受力状况

例 1 静止在水平地面上的物体的质量为 2 kg,在水平恒力 F 推动下开始运动,4 s 末它

的速度达到 4 m/s,此时将 F 撤去,又经 6 s 物体停下来,如果物体与地面的动摩擦因数不变,求 F 的大小。

解析:物体的整个运动过程分为两段,前 4 s 物体做匀加速运动,后 6 s 物体做匀减速运动。

前 4 s 内物体的加速度为 $a_1 = \dfrac{v-0}{t_1} = \dfrac{4}{4}$ m/s^2 = 1 m/s^2 ①

设摩擦力为 F_μ,由牛顿第二定律得 $F - F_\mu = ma_1$ ②

后 6 s 内物体的加速度为 $a_2 = \dfrac{0-v}{t_2} = \dfrac{-4}{6}$ m/s^2 = $-\dfrac{2}{3}$ m/s^2 ③

物体所受的摩擦力大小不变,由牛顿第二定律得 $-F_\mu = ma_2$ ④

由②④可求得水平恒力 F 的大小为 $F = m(a_1 - a_2) = 2 \times \left(1 + \dfrac{2}{3}\right)$ N = 3.3 N

例 2 如图 3-15 所示,质量为 $2m$ 的物块 A 和质量为 m 的物块 B 与地面的摩擦均不计。在已知水平推力 F 的作用下,A、B 做加速运动。A 对 B 的作用力为多大?

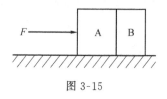

图 3-15

解析:取 A、B 整体为研究对象,其水平方向只受一个力 F 的作用

根据牛顿第二定律知:$F = (2m + m)a$

$a = F/3m$

取 B 为研究对象,其水平方向只受 A 的作用力 F_1,根据牛顿第二定律知:$F_1 = ma$

故 $F_1 = F/3$。

小结:对连结体(多个相互关联的物体)问题,通常先取整体为研究对象,然后再根据要求的问题取某一个物体为研究对象。

(二)已知受力,求运动规律

例 3 如图 3-16 所示,质量为 4 kg 的物体静止于水平面上,物体与水平面间的动摩擦因数为 0.5,物体受到大小为 20 N,与水平方向成 30°角斜向上的拉力 F 作用时沿水平面做匀加速运动,求物体的加速度是多大?(g 取 10 m/s^2)

解析:以物体为研究对象,其受力情况如图 3-17 所示,建立平面直角坐标系把 F 沿两坐标轴方向分解,则两坐标轴上的合力分别为

$F_x = F\cos\theta - F_\mu$

$F_y = F_N + F\sin\theta - G$

物体沿水平方向加速运动,设加速度为 a,则 x 轴方向上的加速度 $a_x = a$,y 轴方向上物体没有运动,故 $a_y = 0$,由牛顿第二定律得 $F_x = ma_x = ma$,$F_y = ma_y = 0$。

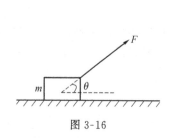

图 3-16

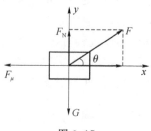

图 3-17

所以 $F\cos\theta - F_{\mu} = ma$，$F_N + F\sin\theta - G = 0$

又有滑动摩擦力 $F_{\mu} = \mu F_N$

以上三式代入数据可解得物体的加速度 $a = 0.58\ m/s^2$。

小结：当物体的受力情况较复杂时，根据物体所受力的具体情况和运动情况建立合适的直角坐标系，利用正交分解法来解。

例 4　一斜面 AB 长为 10 m，倾角为 30°，一质量为 2 kg 的小物体（大小不计）从斜面顶端 A 点由静止开始下滑，如图 3-18 所示（g 取 10 m/s^2）。

图 3-18

（1）若斜面与物体间的动摩擦因数为 0.5，求小物体下滑到斜面底端 B 点时的速度及所用时间。

（2）若给小物体一个沿斜面向下的初速度，恰能沿斜面匀速下滑，则小物体与斜面间的动摩擦因数 μ 是多少？

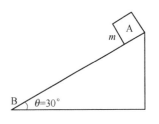

解析：（1）以小物体为研究对象，其受力情况如图 3-19 所示，建立直角坐标系，把重力 G 沿 x 轴和 y 轴方向分解：$G_1 = mg\cos\theta$，$G_2 = mg\sin\theta$ 小物体沿斜面即 x 轴方向加速运动，设加速度为 a，则 $a_x = a$，物体在 y 轴方向没有发生位移，没有加速度则 $a_y = 0$，由牛顿第二定律得，

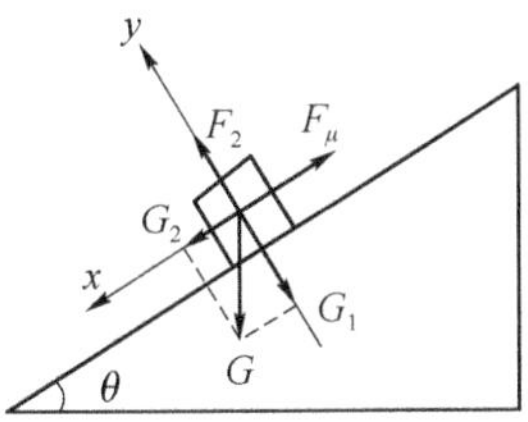

图 3-19

所以 $\begin{cases} F_x = G_2 - F_{\mu} = ma_x \\ F_y = F_N - G_1 = ma_y \end{cases}$

又 $F_{\mu} = \mu F_N$

所以 $\begin{cases} mg\sin\theta - F_{\mu} = ma \\ F_N = mg\cos\theta \end{cases}$

$$a = \frac{mg\sin\theta - \mu mg\cos\theta}{m} = g(\sin\theta - \mu\cos\theta)$$

$$= 10 \times (\sin 30° - 0.5 \times \cos 30°)\ m/s^2 = 0.67\ m/s^2$$

设小物体下滑到斜面底端时的速度为 v，所用时间为 t，小物体由静止开始匀加速下滑，

由 $v_t{}^2 = v_0{}^2 + 2as$ 得

$$v = \sqrt{2as} = \sqrt{2 \times 0.67 \times 10}\ m/s = 3.7\ m/s$$

由 $v_t - v_0 + at$ 得

$$t = \frac{v}{a} = \frac{3.7}{0.67}\ s = 5.5\ s$$

（2）小物体沿斜面匀速下滑时，处于平衡状态，其加速度 $a = 0$，则在图 3-19 的直角坐标中 $a_x = 0$，$a_y = 0$，由牛顿第二定律，得

$$\begin{cases} F_x = G_2 - F_{\mu} = ma_x = 0 \\ F_y = F_N - G_1 = ma_y = 0 \end{cases}$$

所以 $\begin{cases} F_{\mu} = mg\sin\theta \\ F_N = mg\cos\theta \end{cases}$

又 $F_{\mu} = \mu F_N$

所以，小物体与斜面间的动摩擦因数 $\mu = \frac{F_{\mu}}{F_N} = \tan\theta = \tan 30° = 0.58$

若给物体一定的初速度，当 $\mu = \tan\theta$ 时，物体沿斜面匀速下滑；当 $\mu > \tan\theta$（$\mu mg\cos\theta > mg\sin\theta$）时，物体沿斜面减速下滑；当 $\mu < \tan\theta$（$\mu mg\cos\theta < mg\sin\theta$）时，物体沿斜面加速下滑。

第四节　牛顿第三定律

学习目标

（1）知道力的作用是相互的，理解作用力和反作用力的概念。

（2）知道牛顿第三定律的内容，能用它解决简单的问题。

（3）能区分平衡力与作用力和反作用力。

问题引入

（1）当用力拍打桌面手为什么会疼？（分明是打了桌子）。

（2）划船时明明是向后划水，为什么船往前走？

主要知识

（一）力的作用是相互的、同时发生的

（1）大量实验事实表明，自然界中一切力的现象，总是表现为物体之间的相互作用，只要有力发生，就一定有受力物体和施力物体。甲物体施给乙物体一个力的同时，甲物体也受到乙物体施给的一个力，施力物体同时也是受力物体，受力物体同时也是施力物体。

（2）物体间相互作用的这一对力，通常称为作用力和反作用力。

① 把相互作用的一对力中的一个称为作用力（或反作用力），另一个就称为反作用力（或作用力）。习惯上，常把研究对象受到的力称为作用力，而把研究对象对其他施力物体所施加的力称为反作用力。

② 作用力和反作用力是同时发生的，切莫以为"作用力在先，反作用力在后"（可以用自己的双手对掌体会之）。用脚踢足球，有人说："只有把脚对球的力称为作用力，球对脚的力称为反作用力才行，因为前者是主动力，后者是被动力，主动力在先，被动力在后"。这种说法是错误的，因为主动力与被动力只能说明引起相互作用的原因，并不意味着相互作用有先后之分。

（二）牛顿第三定律

（1）内容：两个物体之间的作用力和反作用力总是大小相等，方向相反，作用在一条直线上。

（2）表达式：（作用力）$F=-F'$（反作用力），式中的"$-$"号表示方向相反。

（3）重要意义

① 牛顿第三定律独立地反映了力学规律的一个重要侧面，是牛顿第一、第二定律的重要补充，定量地反映出物体间相互作用时彼此施力所遵循的规律，即作用力和反作用力定律。

② 全面揭示了作用力和反作用力的关系，可归纳为三个性质和四个特征。

（4）三个性质是：

① 异体性：作用力和反作用力分别作用在彼此相互作用的两个不同的物体上，各自产生各自的作用效果。

② 同时性:作用力和反作用力总是同时产生、同时变化、同时消失,不分先后。

③ 相互性:作用力和反作用力总是相互的,成对出现的。

（5）四个特征是:

① 等值:大小总是相等的。

② 反向:方向总是相反的。

③ 共线:总是在同一直线上。

④ 同性:力的性质总是相同的。

牛顿第三定律揭示了力作用的相互性,兼顾施力、受力两个方面,是正确分析物体受力的基础。定律说明物体间力的作用是相互的,因而物体运动状态的改变也必然相互关联,借助定律可以从一个物体的受力分析过渡到另一个物体的受力分析。

牛顿第三定律所阐明的作用力与反作用力的关系,不仅适用于静止的物体之间,也适用于相对运动的物体之间,这种关系与作用力性质、物体质量大小、作用方式(接触还是不接触)、物体运动状态及参考系的选择均无关。

牛顿第三定律是牛顿及其前人通过大量实验得出的一条普遍规律,广泛应用于生产、生活和科学技术中,所以要把所学知识与实际问题联系起来,用以解决各种实际问题。

（三）平衡力与作用力和反作用力的关系

	一对平衡力	一对作用力与反作用力
不同点	作用在同一个物体上	分别作用在两个相互作用的物体上
	力的性质不一定相同	两个力的性质一定相同
	不一定同时产生,同时消失	一定同时产生,同时消失
	两个力的作用效果相互抵消	各有各的作用效果,不能相互抵消
相同点	大小相等,方向相反,作用在同一条直线上	

例1　图 3-20,跳高运动员从地面上起跳的瞬间,下列说法正确的有(　　　）。

A. 运动员对地面的压力大小等于运动员受到的重力

B. 地面对运动员的支持力大于运动员受到的重力

C. 地面对运动员的支持力大于运动员对地面的压力

D. 运动员与地球作用过程中只有一对作用力与反作用力作用

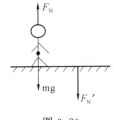

图 3-20

解析:运动员起跳瞬间受力如图 3-20 所示,运动员要跳起,则地面对运动员的支持力 F_N 将大于运动员本身的重力 mg,运动员对地面的压力 F_N' 与地面对人的支持力 F_N 是作用力与反作用力的关系,两力大小相等,故选 B,排除 A、C。运动员在与地球作用过程中,除了地面对人的支持力 F_N 和人对地面的压力 F_N' 是一对作用力与反作用力之外,人和地球也相互作用,人的重力和人对地球的吸引力也是一对作用力与反作用力,故 D 也错误。误选 A、C 的原因在于不能正确分析运动员所受作用力与反作用力之间的关系,把同一方向上的力认为是同一个力,错选 D 的原因在于误认为重力没有反作用力。

答案:B。

例 2 如图 3-21 所示,两物体 A、B 受的重力分别为 200 N 和 150 N,定滑轮光滑,各物体均处于静止,试求:

(1) 物体 A 对地面的压力 F_N;

(2) 弹簧产生的弹力。

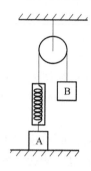

图 3-21

解析: (1) 由于物体 B 处于静止状态,

对绳拉力大小为 $FT_B = 150$ N,

物体 A 受到向上的拉力 $FT_B = 150$ N,重力 $G_A = 200$ N,支持力 F'_N,由于 A 处于平衡状态,则满足 $G_A - FT_B - F'_N = 0$。所以 $F'_N = G_A - FT_B = 200$ N $- 150$ N $= 50$ N。

由牛顿第三定律可知,物体 A 对地面的压力 $F_N = 50$ N。

(2) 由于弹簧受到 B 物体的拉力,而 $FT_B = 150$ N,弹簧处于静止状态,弹簧产生的弹力为 150 N。

答: (1) 50 N (2) 150 N。

例 3 一质量为 m 的人站在电梯中,电梯加速上升,加速度大小为 $\frac{1}{3}g$,g 为重力加速度。求人对电梯底部的压力大小。

解析: 以人为研究对象,电梯对人的支持力为 F_N,则由牛顿第二定律得 $F_N - mg = ma$,把 $a = \frac{1}{3}g$ 代入得 $F_N = \frac{4}{3}mg$,由于人对电梯底部的压力 F'_N 与 F_N 互为相互作用力,由牛顿第三定律得:$F'_N = F_N = \frac{4}{3}mg$。

答: $\frac{4}{3}mg$。

例 4 如图 3-22 所示,在水平面上放置着一块木板,一质量 $m = 2.0$ kg 的木块自木板的左端起以某一初速度向右滑动,如图 3-22 所示。木块与木块间的动摩擦因数 $\mu = 0.2$,木块滑动时木板始终静止,问地面对木板的摩擦力是多少大?方向如何?

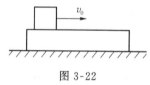

图 3-22

解析: 木块向右滑动时,会受到向左的摩擦力 F_f,其大小 $F_f = \mu FN = \mu mg = 0.2 \times 2.0 \times 9.8$ N $= 3.92$ N。则木块对木板施加一个反作用力 F'_f,方向水平向右,大小也为 3.92 N。

因木板始终处于静止,则可知地面对木板必施加一个向左的静摩擦力 F,F 与 F'_f 为一对平衡力,$F = 3.92$ N,方向向左。

答: 3.92 N 方向向左。

 物理天地

拔河比赛比什么?

根据牛顿第三定律,对于拔河的两个队,双方之间的拉力并不是决定胜负的因素。对拔河的两个队进行受力分析就可以知道,只要所受的拉力小于与地面间的最大静摩擦力,就不会被拉动。因此,队员与地面间的摩擦力就成了胜负的关键。首先,穿上鞋底有凹凸花纹的鞋子,能够增加摩擦系数,使摩擦力增大;还有就是队员的体重越大,对地面的压力越大,摩擦力也就越大。

失重发生的现象

你能够想象出完全失重的条件下会发生什么现象吗? 你设想地球上一旦重力消失,会发生什么现象,在宇宙飞船中就会发生什么现象。物体将飘在空中,液滴呈绝对球形,气泡在液体中将不上浮。宇航员站着睡觉和躺着睡觉一样舒服,走路务必小心,稍有不慎,将会"上不着天,下不着地"。食物要做成块状或牙膏似的糊状,以免食物的废渣"漂浮"到空中进入宇航员的眼睛、鼻孔。你还可以继续发挥你的想象力,举出更多的现象来。

霍金冒死体验失重

CCTV.com 消息(新闻 30 分):对于英国著名物理学家史蒂芬·霍金来说,26 号是别具意义的一天。由于身体残疾,霍金的大部分成年时光都是在轮椅上度过的,而在这一天,他却得以摆脱轮椅,在太空体验了一回失重飞行的乐趣。霍金非常兴奋,他在声明中说:"我已经在轮椅上呆了将近 40 年,对于我这种肌肉功能不佳的人来说,失重会给我带来极乐"。

牛顿生平

牛顿是英国物理家、数学家和天文学家,1642 年诞生于英国。牛顿自幼性格倔强,喜欢组合各种复杂的机械玩具、模型。牛顿于 1661 年以减费生的身份进入剑桥大学三一学院,成为一名优秀的学生。1665 年毕业于剑桥大学并获学士学位。1669 年,年仅 27 岁的牛顿就担任了剑桥大学的教授,1672 年他被接纳为英国皇家学会会员,1703 年被选为皇家学会主席。牛顿开展了开普勒等人的工作,发现了万有引力定律和牛顿运动定律。他把日常所见的重力和决定天体运动的引力统一起来,1687 年出版了著名的《自然哲学的数学原理》。他用数学解释了哥白尼学说和天体运动的现象,阐明了运动三定律和万有引力定律等。在光学方面,他曾致力于光的颜色和光的本性的研究,为光谱分析奠定了基础;发现了光的一种干涉图样,称为牛顿环;制作了新型的反射望远镜,创立了光的微粒说。牛顿于1727 年 3 月逝世,以国葬礼葬于伦敦威斯敏特教堂。

人靠什么走路

在平坦的马路上,谁都可以迈开大步向前走。一个健康的人,走路并不是什么难事,因而也没有想过人是靠什么走路的。听了这个问题,有的人会觉得好笑。人只要有力气,抬腿,迈步,不就可以往前走了吗? 而事实上,问题并不那么简单。

从物理的角度来分析,那是人体给了地面一个向后的力,与此同时,地面也给了人体一个向前的力。正是这个力把人体向前推了一下。脚蹬地面,这是作用力;地面给人体一个向前的力,这是反作用力,这个反作用力表现为摩擦力。在一般情况下,作用力和反作用力正好相等,因此,我们走路并不觉得困难。

第四章 曲线运动

第一节 曲线运动

学习目标

(1) 理解曲线运动中速度的方向;曲线运动是一种变速运动;

(2) 了解物体做曲线运动的条件是所受的合外力与它的速度方向不在一条直线上,知道自然界中的绝大多数运动都是曲线运动。

问题引入

自然界中绝对的直线运动几乎没有,我们看到更多的情景是曲线运动,如:各种抛体的运动;天体的运动;粒子的运动;火车在"笔直"铁轨上的运动看上去像直线运动,但铁轨是铺设在地球这个球体上的,所以,火车的运动也是曲线运动,只是铁轨圆周半径比较大而已。因此:研究曲线运动更有实际意义。

主要知识

(一) 曲线运动的定义

运动轨迹是曲线的运动称为曲线运动。

(二) 描述曲线运动的重要物理量——速度

曲线运动中质点在某一时刻的(或在某一点的)速度方向就是质点从该时刻(或该点)脱离曲线后自由运动的方向,也就是曲线上这一点的切线方向。

(三) 怎样理解瞬时速度的方向

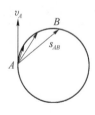

图 4-1

由平均速度的定义知 $\overline{v}=\dfrac{s}{t}$,则曲线运动的平均速度应为时间 t 内位移与时间的比值,如图 4-1 所示。

$$\overline{v}=\frac{s_{AB}}{t}$$

随时间取值减小,由图 4-1 可知时间 t 内位移的方向逐渐向 A 点的切线方向靠近,当时间趋向无限短时,位移方向即为 A 点的切线方向,故极短时间内的平均速度的方向即为 A 点的瞬时速度方向,即 A 点的切线方向。

（四）曲线运动的性质

所有的曲线运动都是变速运动,都存在加速度。

（五）物体做曲线运动的条件

物体做曲线运动的条件是:物体所受合外力方向跟它的速度方向不在一条直线上。

（六）几种不同运动规律的比较(表 4-1）

表 4-1　几种不同运动规律的比较

	$F_合$	a	v	s	F 方向与 v 方向	a 方向与 v 方向
匀速直线运动	$F_合=0$	$a=0$	恒定	位移大小等于路程		
匀加速直线运动	$F_合$ 恒定,$F_合≠0$	$a≠0$,a 恒定	变化	位移大小等于路程	在一条直线上	在一条直线上
曲线运动	$F_合≠0$,可能恒定,可能变化	$a≠0$,可能恒定,可能变化	变化	位移大小小于路程	不在一条直线上	不在一条直线上

如何判断物体是做直线运动还是做曲线运动呢？判断时应紧扣物体做曲线运动的条件进行分析:

（1）明确物体的初速度方向；

（2）分析合力的方向；

（3）分析两个方向的关系从而做出判断。

（七）曲线运动的条件和特点

（1）条件:质点所受合外力的方向与它的速度不在一条直线上。

（2）特点:

① 运动轨迹是一条曲线；

② 某点的速度方向就是通过这点的切线方向。

③ 由于曲线运动速度方向不断地改变,所以曲线运动是一种变速运动(存在加速度)。

例 1　精彩的 F1 赛事相信你不会陌生吧！车王舒马赫在 2005 年以 8 000 万美元的年收入高居全世界所有运动员榜首。在观众感觉精彩与刺激的同时,车手们却时刻处在紧张与危险之中。这位车王在一个弯道上突然高速行驶的赛车后轮脱落,从而不得不遗憾地退出了比赛。关于脱落的后轮的运动情况,以下说法正确的是(　　　)。

A. 仍然沿着汽车行驶的弯道运动

B. 沿着与弯道垂直的方向飞出

C. 沿着脱离时,轮子前进的方向做直线运动,离开弯道

D. 上述情况都有可能

解析:赛车沿弯道行驶,任一时刻赛车上任何一点的速度方向,是赛车运动的曲线轨迹上对应点的切线方向。被甩出的后轮的速度方向就是甩出点轨迹的切线方向,车轮被甩出后,不再受到车身的约束,只受到与速度相反的阻力作用(重力和地面对车轮的支持力相平衡)。车轮做直线运动。故车轮不可能沿车行驶的弯道运动,也不可能沿垂直于弯道的方向运动。故选项 C 正确。

例 2 在光滑水平面上有一质量为 2 kg 的物体,受几个共点力作用做匀速直线运动。现突然将与速度反方向的 2 N 力水平旋转 90°,则关于物体运动情况的叙述正确的是( )。

A. 物体做速度大小不变的曲线运动
B. 物体做加速度为在 $\sqrt{2}$ m/s² 的匀变速曲线运动
C. 物体做速度越来越大的曲线运动
D. 物体做非匀变速曲线运动,其速度越来越大

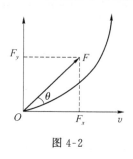

图 4-2

解析:物体原来所受外力为零,当将与速度反方向的 2 N 力水平旋转 90°后其受力相当于如图 4-2 所示,其中,是 F_x、F_y 的合力,即 $F=2\sqrt{2}$ N,且大小、方向都不变,是恒力,那么物体的加速度为 $a=\dfrac{F}{m}=\dfrac{2\sqrt{2}}{2}$ m/s² $=\sqrt{2}$ m/s² 恒定。又因为 F 与 v 夹角$<90°$,所以物体做速度越来越大、加速度恒为 $\sqrt{2}$ m/s² 的匀变速曲线运动,故正确答案是 B、C 两项。

第二节 运动的合成与分解

学习目标

(1)了解合运动、分运动分别是什么,及其同时性和独立性。
(2)理解运动的合成与分解,理解运动的合成与分解遵循平行四边形定则。
(3)掌握作图和计算的方法,求解位移和速度的合成与分解问题。

问题引入

运动的合成与分解是解决复杂运动的一种基本方法。它的目的在于把一些复杂的运动简化为比较简单的直线运动,这样就可以应用已经掌握的有关直线运动的规律来研究一些复杂的曲线运动。

主要知识

(一)运动合成与分解的定义

已知分运动的情况求合运动的情况称为运动的合成,已知合运动的情况求分运动称为运动的分解。

一个物体同时参与两种运动时,这两种运动是分运动,而物体相对地面的实际运动就是合运动。实际运动的方向就是合运动的方向。

(二) 合运动与分运动间的特征

(1) 运动的独立性:一个物体同时参与两个(或多个)运动,其中的任何一个运动并不会受其他分运动的干扰,而保持其运动性质不变,这就是运动的独立性原理。虽然各分运动互不干扰,但是它们共同决定合运动的性质和轨迹。

(2) 运动的等时性:各个分运动与合运动总是同时开始,同时结束,经历时间相等。(不同时的运动不能合成)。

(3) 运动的等效性:各分运动叠加起来与合运动有相同的效果。

(4) 运动的"统一"性:各分运动与合运动,是指同一物体参与的分运动和实际发生的运动。不是几个不同物体发生的不同运动。

(三) 运动合成与分解的方法

运动的合成与分解包括位移、速度和加速度的合成与分解,这些描述运动状态的物理量都是矢量,对它们进行合成与分解时都要运用平行四边形定则进行。如果各分运动都在同一直线上,可以选取沿该直线的某一方向作为正方向,与正方向相同的矢量取正值,与正方向相反的矢量取负值,这时就可以把矢量运算简化为代数运算。例如第二章里匀变速直线运动公式 $v_1 = v_0 + at$ 和 $s = v_0 t + \frac{1}{2} at^2$ 等都属于这种情况。如果各分运动互成角度,那就要作平行四边形运用作图法、解直角三角形等方法。

(四) 两个分运动合成的分类

两个同一直线上的分运动的合成

两个分运动在同一直线上,无论方向是同向的还是反向的,无论是匀速的还是变速的,其合运动一定是直线运动。

(1) 两个匀速直线运动的合运动一定是匀速

直线运动。当 v_l、v_2 同向时,$v_合 = v_l + v_2$;当 v_l、v_2 反向时,$v_合 = v_1 - v_2$;当 v_l、v_2 互成角度时,$v_合$ 由平行四边形定则求解。

(2) 两个初速度均为零的匀加速直线运动的合运动一定是匀加速直线运动,并且合运动的初速度为零,$a_合$ 由平行四边形定则求解。

(3) 一个匀速直线运动和另一个匀变速直线运动的合运动一定是匀变速曲线运动,合运动的加速度即为分运动的加速度。

(4) 两个匀变速直线运动的合运动,其性质由合加速度的方向与合初速度的方向决定,当合加速度方向与合速度的方向在一条直线上时,合运动为匀变速直线运动;当合加速度的方向与合初速度的方向不在一条直线时,合运动为匀变速曲线运动。

(5) 竖直上抛运动可以看作是由竖直向上的匀速运动和自由落体运动合成的。

两个相互垂直的分运动的合成

如果两个分运动都做匀速直线运动,且互成角度为 $90°$,其分位移为 s_1、s_2,分速度为 v_1、

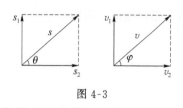

图 4-3

v_2，则其合位移 s 和合速度 v 可以运用解直角三角形的方法求得，如图 4-3 所示。

合位移大小和方向为：$s = \sqrt{s_1^2 + s_2^2}$，$\tan \theta = \dfrac{s_1}{s_2}$

合速度大小和方向为：，$v = \sqrt{v_1^2 + v_2^2}$，$\tan \theta = \dfrac{v_1}{v_2}$

（五）对实际运动进行分解的方法

第一，分析对实际运动产生影响的因素有哪些，从而明确实际运动同时参与哪几个运动。例如渡船渡河时，影响渡船运动的主要因素有两个：一是船本身的划动，二是随水的漂流。因此，渡船的运动可以看成船本身的划动及随水漂流运动的合运动。

第二，要明确各个分运动各自独立，互不影响，其位移、速度、加速度各自遵循自己的规律。如渡船本身的划速、位移，由船本身的动力决定，与水流速度无关。水流速度影响的是船的实际运动而不是船本身的划动。

第三，要明确各个分运动是同时进行的。合运动的位移、速度、加速度与各个分运动的位移（速度、加速度）在同一时间（同一时刻）满足平行四边形定则。那么，已知其中几个量可求另外几个量。

如小船渡河问题：如图 4-4 所示，船过河时，船的实际运动（即相对于河岸的运动）可以看成是随水以速度 v_1 漂流的运动和以 v_2 相对于静水的划行运动的合运动。随水漂流和划行这两个分运动互不干扰各自独立而具有等时性。

（1）最短时间：根据等时性可用船对水分运动时间代表渡河时间，由于河宽一定，只有当船对水速度 v_2 垂直河岸时，垂直河宽的分速度最大，所以必有 $t_{\min} = \dfrac{d}{v_2}$。

（2）如图 4-5 所示，船头偏向上游一定角度时，船通过的实际位移最短。

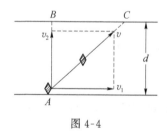

图 4-4

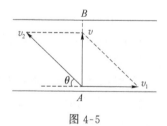

图 4-5

当 $v_2 > v_1$，若要位移最短，则船应到达正对岸，应使合运动的速度方向垂直河岸。如图所示。合速度 $v = v_2 \sin \theta < v_2$，所以此时合位移最短为河宽 d，而渡河时间为：

$t = \dfrac{d}{v} = \dfrac{d}{v_2 \sin \theta} > t_{\min}$，并且要求角度 θ 合适（一定）

$\cos \theta = v_1 / v_2$。

当 $v_2 > v_1$ 时，无论船的航向如何，合速度均不可能垂直于河岸。船不可能到达正对岸 B 点，无论如何均会冲向下游。

根据 v_1、v_2 和 v 之间满足平行四边形定则，其中 v_1 确定，v_2 大小确定，方向可调，画出 v_2 所有可能方向，从中选择 v 与河岸夹角最大的方向，即为最短位移。

如图 4-6 所示，先作 OA 表示水流速度 v_1，然后，以 A 为圆心，以 v_2 的大小为半径作圆，过

O 作圆的切线 OC 与圆相切于 C,连接 AC,再过 O 作 AC 的平行线 OB,过 C 作 OA 的平行线交于 B,则 OB 表示船对水的速度 v_2 和船的航向,从图不难看出,船沿 OCD 行驶到对岸的位移最短。此时 v_2 与河岸的夹角 θ 满足 $\cos\theta = v_2/v_1$。

图 4-6

即船的航向与河岸上游方向夹角 θ 时,渡河位移最短,船的实际位移为 $s = \dfrac{d}{\cos\theta}$

船渡河所需时间为 $t = \dfrac{s}{v} = \dfrac{s}{\sqrt{v_1^2 - v_2^2}} = \dfrac{d}{\cos\theta\sqrt{v_1^2 - v_1^2}}$

(六) 运动合成和分解的平行四边形法或三角形法

如图 4-7(a)所示,人在船上匀速走动而船又在水中匀速航行。在某段时间内,如果船不动,人对岸的位移为 AB;如果人不动,由于船航行造成人对岸的位移为 AC。当两位移同时存在时,在岸上的观察者所看到的人的合位移就是用平行四边形法则求出的 AB。平行四边形法则还可用更简单的办法来代替:如图 4-7(b)所示,从 A 出发,把表示人对岸的两个分运动的位移 AB、BD 首尾相接地画出,则从 A 指向 D 的有向线段同样表示了人对岸的合运动的位移。

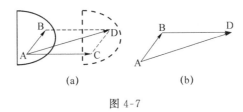

(a)   (b)

图 4-7

这种方法称为运动合成的三角形法。

若人的两个分运动位移用 s_1、s_2 来表示,合运动位移用 s 表示,则:$s = s_1 + s_2$。

速度和加速度的合成也可以按平行四边形法或三角形法表示,即 $v = v_1 + v_2$,$a = a_l + a_2$。

例 1 你以相对于静水不变的速度垂直渡河,当你游到河中间时,水流速度突增,则你实际所用时间比预定时间( )。

A. 增大   B. 不变   C. 减少   D. 无法确定

解析:你实际上参与了两种运动一种是垂直河岸的以恒定速度来渡河。另一种是随水以水流速度向下漂移而渡河时间只由河宽与垂直河岸的速度共同来决定,水流速度不影响渡河时间,它只影响你登陆地点。

例 2 玻璃生产线上,宽 9 m 的成型玻璃板以 2 m/s 的速度连续不断地向前行进。在切割工序处,金刚石刀的走刀速度是 10 m/s。为了使割下的玻璃板都成规定尺寸的矩形,金刚石刀的切割轨道应如何控制?切割一次的时间有多长?

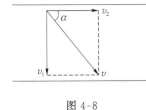

图 4-8

解析:要使割下的玻璃板成规定尺寸的矩形,金刚石刀在沿玻璃运动的方向和玻璃板保持相对静止。如图 4-8 所示,即 $v_1 = 2$ m/s,

所以 $\cos\alpha = \dfrac{2}{10} = 0.2$

轨道方向与玻璃板运动方向成 $\alpha = \arccos 0.2$

$$t = \frac{L}{v_2} = \frac{L}{v\sin\alpha} = \frac{9}{10\sin\alpha} = \frac{3\sqrt{6}}{8}(s)$$

例3 如图4-9所示,在河岸上利用定滑轮拉绳索使小船靠岸,拉绳速度大小为 v_1 当船头的绳索与水平面夹角为 θ 时。船的速度多大?

解析: 我们所研究的运动合成问题。都是同一物体同时参与的两个分运动的合成问题,而物体相对于给定参考系(一般为地面)的实际运动是合运动。实际运动的方向就是合运动的方向。本例中。船的实际运动是水平运动,它产生的实际效果可以 O 点为例说明:一是 O 点沿绳的收缩方向的运动。二是 D 点绕 A 点沿顺时针方向的转动,所以,船的实际速度。可分解为船沿绳方向的速度 v_1 和垂直于绳的速度 v_2,如图4-10所示。

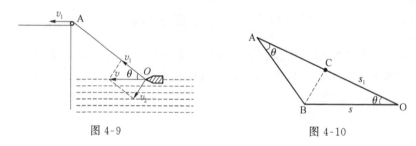

图4-9   图4-10

由图可知: $v = \dfrac{v_1}{\cos\theta}$

解析二 设小船在很短的一段时间 Δt 内由 O 运动到 B,OB 即为小船的位移 s,取 AB＝AC,则绳子的位移大小 $s_1 = OC$,当 $\Delta t \to 0$ 时,$\theta \to 0$,而△ABC 为等腰三角形,所以∠ACB 趋近于 90°,△OCB 可近似看成直角三角形

所以 $s_l = s\cos\theta$

当 Δt 为零时,$v_1 = s_1/\Delta t$,$v = s/\Delta t$,∴ $v_1 = v\cos\theta$,故 $v = \dfrac{v_1}{\cos\theta}$

第三节　平抛运动

学习目标

(1) 了解平抛运动的特点是初速度方向为水平方向,只在竖直方向受重力作用,运动轨迹是抛物线。

(2) 理解平抛运动可以看作水平的匀速直线运动与竖直方向的自由落体运动的合运动,并且这两个运动互不影响。

(3) 掌握平抛运动规律解并能够应用公示求解问题。

问题引入

如图4-11所示,飞机水平匀速飞行速度 $v_{机} = 80$ m/s,海面上敌船匀速航行速度 $v_{船} = 15$ m/s,飞机离海平面高度 $h = 45$ m。当飞机在敌船正上方投弹时,是不能击中敌船的。这是为什么呢?

图 4-11

主要知识

(一)平抛运动的定义

（1）实验

如图 4-12 所示,用小锤打击弹簧金属片,金属片把 A 球沿水平方向抛出,同时 B 球被松开,自由下落。A、B 两球同时开始运动。

观察平抛运动的轨迹,发现它是一条曲线。由此可以得出这样一个结论:平抛运动在竖直方向上的分速度是越来越快的,但这个分速度到底是如何变化的,我们还是不清楚。现在请大家来分析做平抛运动的物体在竖直方向上的受力情况。

分析得出:A 球在金属片的打击下获得水平初速度后只在重力作用下运动,所以做的是平抛运动。B 球被松开后没有任何初速度。且只受到重力的作用,因此做的是自由落体运动。

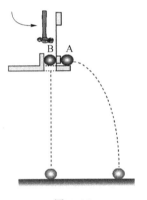

图 4-12

用耳朵听,两个小球落地后会不止蹦一下,只听它们落地的第一声响。只听到一声响,说明两个小球同时落地。A、B 两个小球从同一高度同时开始运动,又同时落地,这说明了 A 球在竖直方向上的分运动的性质和 B 球的运动性质是一样的。B 球做的是自由落体运动。

（2）定义:将物体以一定的初速度沿水平方向抛出,物体只在重力作用下的运动称为平抛运动。

(二) 平抛运动的分解

做平抛运动的物体只受重力作用,方向是竖直向下的,所以物体在水平方向上不受力。根据运动的独立性我们知道水平方向上的运动不会受到竖直方向的运动影响。根据牛顿第一定律我们知道,如果一个物体处于不受力或受力平衡状态,它将静止或做匀速直线运动。在平抛运动中,物体水平方向上不受力,并且水平方向上有一个初速度,所以物体在水平方向上应该是匀速直线运动。而平抛物体在运动过程中物体只受到竖直方向的重力,并且,竖直方向的初速度为零,因此:平抛运动的竖直分运动是自由落体运动。

（三）平抛运动的规律

由上述演示实验,反过来说就是:水平方向的匀速直线运动和竖直方向的自由落体运动合成就是平抛运动。

（1）平抛运动的位移公式

明确:以抛出点为坐标原点,沿初速度方向为 x 轴正方向,竖直向下为 y 轴正方向。

从抛出时开始计时,t 时刻质点的位置为 $P(x,y)$,如图 4-13 所示。

$$x = v_0 t \tag{1}$$

$$y = \frac{1}{2} g t^2 \tag{2}$$

由于从抛出点开始计时,所以 t 时刻质点的坐标恰好等于时间 t 内质点的水平位移和竖直位移,因此(1)(2)两式是平抛运动的位移公式。

① 由(1)(2)两式可在 xOy 平面内描出任一时刻质点的位置,从而得到质点做平抛运动的轨迹。

② 求时间 t 内质点的位移——t 时刻质点相对于抛出点的位移的大小

$$s = \overline{OP} = \sqrt{x^2 + y^2} = \sqrt{(v_0 t)^2 + \left(\frac{1}{2} g t^2\right)^2}$$

位移的方向可用 s 与 x 轴正方向的夹角 α 表示,α 满足下述关系

$$\tan \alpha = \frac{y}{x} = \frac{g t}{2 v_0}$$

③ 由(1)(2)两式消去 t,可得轨迹方程 $y = \frac{g}{2 v_0^2} x^2$

上式为抛物线方程,"抛物线"的名称就是从物理来的。

（2）平抛运动的速度公式

t 时刻质点的速度 v_t 是由水平速度 v_x 和竖直速度 v_y 合成的,如图 4-14 所示。

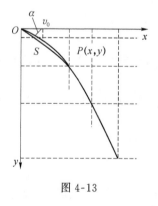

图 4-13

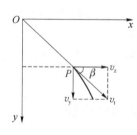

图 4-14

$$v_x = v_0 \tag{3}$$

$$v_y = g t \tag{4}$$

v_t 的大小 $v_t = \sqrt{v_x^2 + v_y^2} = \sqrt{v_0^2 + (g t)^2}$

v_t 的方向可用 v_t 与 x 轴正方向的夹角 β 来表示,β 满足下述关系。

$$\tan \beta = \frac{v_y}{v_x} = \frac{g t}{v_0}$$

如图 4-15 所示的装置(自制"平抛运动水平分解仪")中,两个相同的弧形轨道上面分别装有电磁铁,将小球分别吸在电磁铁上,然后切断电源,两球同时开始运动,反复实验,观察现象——两球总是在落点相撞。

实验结果再次说明:物体在水平方向上应该是匀速直线运动。

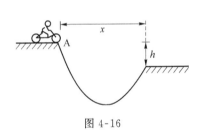

图 4-15

例 1 如图 4-16 所示,某人骑摩托车在水平道路上行驶,要在 A 处越过 $x=5$ m 的壕沟,沟面对面比 A 处低 $h=1.25$ m,摩托车的速度至少要有多大?

解析: 在竖直方向上,摩托车越过壕沟经历的时间

$$t=\sqrt{\frac{2h}{g}}=\sqrt{\frac{2\times1.25}{10}}\ \text{s}=0.5\ \text{s}$$

在水平方向上,摩托车能越过壕沟的速度至少为多大?

$$v_0=\frac{x}{t}=\frac{5}{0.5}\ \text{m/s}=10\ \text{m/s}$$

例 2 如图 4-17 甲所示,以 9.8 m/s 的初速度水平抛出的物体,飞行一段时间后,垂直地撞在倾角 θ 为 $30°$ 的斜面上。可知物体完成这段飞行的时间是( )。

A. $\frac{\sqrt{3}}{3}$ s   B. $\frac{2\sqrt{3}}{3}$ s   C. $\sqrt{3}$ s   D. 2 s

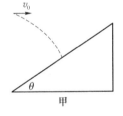

图 4-16   图 4-17

解析: 先将物体的末速度 v_t 分解为水平分速度 v_x 和竖直分速度 v_y,如图 4-17 乙所示。根据平抛运动的分解可知物体水平方向的初速度是始终不变的,所以 $v_x=v_0$;又因为 v_t 与斜面垂直、v_y 与水平面垂直,所以 v_t 与 v_y 间的夹角等于斜面的倾角 θ。再根据平抛运动的分解可知物体在竖直方向做自由落体运动,那么根据 $v_y=gt$ 就可以求出时间 t 了。

$$\tan\theta=\frac{v_x}{v_y}$$

则

$$v_y=\frac{v_x}{\tan\theta}=\frac{v_0}{\tan30°}=\frac{9.8}{\frac{1}{\sqrt{3}}}\ \text{m/s}=9.8\sqrt{3}\ \text{m/s}$$

所以根据平抛运动竖直方向是自由落体运动可以写出

$$v_y=gt$$

所以 $t=\frac{v_y}{g}=\frac{9.8\sqrt{3}}{9.8}=\sqrt{3}$ s

所以答案为 C。

例 3 如图 4-18 所示,在坡度一定的斜面顶点以大小相同的速度 v_0 同时水平向左与水平向右抛出两个小球 A 和 B,两侧斜坡的倾角分别为 37°和 53°,小球均落在坡面上,若不计空气阻力,则 A 和 B 两小球的运动时间之比为多少?

解析: 37°和 53°都是物体落在斜面上后,位移与水平方向的夹角,则运用分解位移的方法可以得到

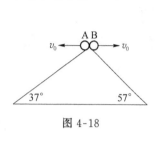

图 4-18

$$\tan\alpha = \frac{y}{x} = \frac{\frac{1}{2}gt^2}{v_0 t} = \frac{gt}{2v_0}$$

所以有 $\tan 37° = \dfrac{gt_1}{2v_0}$

同理 $\tan 53° = \dfrac{gt_2}{2v_0}$

则 $t_1 : t_2 = 9 : 16$

例 4 如图 4-19 所示,有一倾角为 30°的光滑斜面,斜面长 L 为 10 m,一小球从斜面顶端以 10 m/s 的速度沿水平方向抛出,g 取 10 m/s²,求:

(1) 小球沿斜面滑到底端时水平位移 s。

(2) 小球到达斜面底端时的速度大小。

解析: 小球沿水平方向作匀速运动,沿斜面向下方向作匀变速直线运动,加速度 $a = g\sin 30°$

故 $L = \dfrac{1}{2}g\sin 30° \cdot t^2$,解之得:$t = 2\sqrt{\dfrac{L}{g}} = 2$ s

小球沿斜面滑到底端时水平位移

$x = v_0 t = 10 \times 2 = 20$ m

$v_x = v_0 = 10$ m/s　　$v_y = g\sin 30° \cdot t = 10$ m/s

小球到达斜面底端时的速度大小为

$v = \sqrt{v_x^2 + v_y^2} = 10\sqrt{2}$ m/s

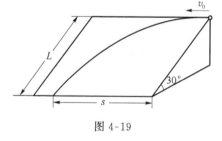

图 4-19

第四节　匀速圆周运动

学习目标

(1) 认识匀速圆周运动的概念,理解线速度的概念,知道它就是物体做匀速圆周运动的瞬时速度;理解角速度和周期的概念,会用它们的公式进行计算。

(2) 理解线速度、角速度、周期之间的关系:$v = r\omega = 2\pi r/T$。

(3) 理解匀速圆周运动是变速运动。

(4) 了解向心加速度和线速度、角速度的关系式,能够运用向心加速度公式求解有关问题。

(5) 理解向心力的概念。

(6) 了解向心力大小与哪些因素有关。理解公式的确切含义,并能用来进行计算。

问题引入

在生活中,常看到匀速转动的车轮,电风扇的叶片,车轮、叶片上某一质点的运动就是,匀速圆周运动。那么这种运动有什么样的特点与规律,为什么会这样运动呢?

主要知识

(一) 匀速圆周运动的概念

质点沿圆周运动,如果在相等的时间内所通过的弧长相等,这种运动称为匀速圆周运动。

(二) 线速度

(1)线速度是物体做圆周运动的瞬时速度。

(2)表达式:

$$v = \Delta L / \Delta t$$

注意:当选取的时间 Δt 很小很小时(趋近零),弧长 ΔL 就等于物体在 t 时刻的位移,定义式中的 v,就是直线运动中学过的瞬时速度了。

(3)线速度是矢量,它既有大小,也有方向。

(4)线速度的单位:国际单位 m/s。

(5)线速度的物理意义:描述物体运动快慢的物理量。

(6)匀速圆周运动:物体沿着圆周运动,并且线速度的大小处处相等,这种运动称为匀速圆周运动。

注意:匀速圆周运动是一种非匀速运动,因为线速度的方向在时刻改变。"匀速圆周运动"中的"匀速"指的是速度的大小不变,即速率不变;而"匀速直线运动"的"匀速"指的速度不变,是大小方向都不变,两者并不相同。

(三) 角速度

(1)定义:在匀速圆周运动中,连接运动质点和圆心的半径转过 $\Delta \theta$ 的角度跟所用时间 Δt 的比值,就是质点运动的角速度。

(2)表达式:

$$\omega = \Delta \theta / \Delta t$$

(3)物理意义:描述物体转动快慢的物理量。

(4)单位:rad/s。

注意:对某一确定的匀速圆周运动而言,角速度是恒定的,故匀速圆周运动是角速度不变的变速运动。

(四) 周期 T、频率 f 和转速 n

(1)物体做圆周运动一周所需的时间称为周期 T;单位时间内完成圆周运动的次数,称为频率 f;单位时间内完成圆周运动的圈数称为转速 n。

（2）周期和频率的关系：

$$T = 1/f$$

（3）周期和频率的物理意义：描述物体做匀速圆周运动快慢的物理量。

（五）线速度、角速度、周期之间的关系

$$v = r\omega = 2\pi r/T \qquad \omega = 2\pi/T$$

注意： ① 当 v 一定时，ω 与 r 成反比。

② 当 ω 一定时，v 与 r 成正比。

③ 当 r 一定时，v 与 ω 成正比。

要正确理解匀速圆周运动，质点做匀速圆周运动的时候，速度大小虽然不变，速度的方向却是时刻在改变的，它在某一点的即时速度的方向就在这一点的圆周切线上。既然匀速圆周运动的方向在时刻改变，因此它跟一般的曲线运动一样，是一种变速运动，"匀速圆周运动"一词中的"匀速"，仅是速率不变的意思。

关于公式 $v = \omega \cdot r$

线速度和角速度均可用来表示圆周运动的快慢程度。n、w、r 中有一个不变时，其他两个变量的变化关系：

当 r 一定时，则 $v \propto \omega$。如转动飞轮边缘质点的运动，当飞轮转速 n 增大时，角速度 $w = 2\pi n$ 也增大，故线速度 $v = wr$ 也相应，反之亦然。

当 w 一定时，则 $v \propto r$。如地球自转时，不同纬度的地面质点做做圆周运动的半径不同，但地面各质点随地球自转的角速度 w 均相等，则线速度大小不相等。质点做圆周运动所在圆的半径越大，线速度也越大。反之亦然。当 v 一定时，则 $\omega \propto \dfrac{1}{r}$。如皮带传动装置中，两轮边缘质点线速度大小相同，则大轮的角速度小，而小轮的角速度大。

（六）匀速圆周运动速度变化量（图4-20、图4-21）

（1）速度变化量是矢量，既有大小，又有方向。

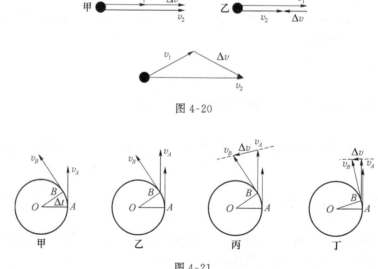

图 4-20

图 4-21

（2）速度变化量的运算法则：

当初末速度不在一条直线上时，则 Δv 的运算满足平行四边形法则。

（七）向心加速度

（1）定义：做匀速圆周运动的物体，加速度指向圆心的加速度。

（2）表达式：$a_n = v^2/r = \omega^2 r = 4\pi^2 r/T^2$

（3）方向：总是指向圆心，时刻在变化。向心加速度只改变速度的方向，不改变速度的大小。

注意：匀速圆周运动是加速度大小不变，方向时刻在变化的非匀变速曲线运动。

1. 向心加速度的推导

如图 4-22 所示，研究加速度要依据加速度的概念。加速度是速度的改变跟发生这一改变所用时间的比值，所以要从确定速度的变化量 Δv 来着手。可以先把有关速度矢量 v_A 和 v_B 画成图 4-22(b)所示，图中 v_A、v_B 分别表示做匀速圆周运动的物体在 A、B 两点时的速度。把 v_A 和 v_B 的始端画在一起，把它们的终端以虚线相连，作出如图 4-22(b)所示的平行四边形，这个平行四边形可理解为将速度 v_A 和速度的变化量 Δv 合成得到 v_B。它也能用图 4-22(c)所示的三角形法则来表示，同样可以看成 v_A 与 Δv 合成得到 v_B。这就是说从 v_A 变到 v_B，发生了 Δv 的变化，从而求出速度矢量的改变量 $\Delta v = v_B - v_A$。

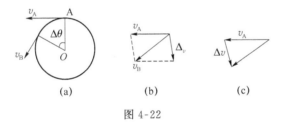

(a)　　　　　(b)　　　　　(c)

图 4-22

在求出 Δv 的基础上，就得出当 $\Delta t \to 0$ 时，Δv 的方向是沿半径指向圆心的，所以加速度的方向也是时刻沿半径指向圆心的，这里特别要注意，向心加速度只改变速度的方向，不改变速度的大小。

在推导向心加速度公式时，要明确只有当 $\Delta t \to 0$ 时，弦 AB 的长度 ΔS 才等于弧 AB 长度，$\frac{\Delta s}{\Delta t}$ 才表示线速度的大小，从而得出 $a = \frac{\Delta v}{\Delta t} = \frac{v^2}{r}$。认真体味物理的极限思想。

2. 向心加速度的理解

向心加速度是矢量，既有大小，又有方向，而加速度的方向始终指向圆心，故匀速圆周运动的加速度是变化的（加速度大小不变），则匀速圆周运动不仅是变速运动，而且是变加速运动。

在匀速圆周运动中，向心加速度就是物体做圆周运动的实际加速度，而在一般的非匀速圆周运动中，它只是物体实际运动的加速度的一个分加速度，另一个分加速度为切向加速度。可见物体做圆周运动的加速度不一定指向圆心，只有匀速圆周运动的加速度才一定指向圆心；但向心加速度方向始终沿着半径指向圆心。

圆周运动的切向加速度是描述圆周运动的线速度的大小改变快慢的，向心加速度是描述线速度的方向改变快慢的。

（八）向心力

自行车在通过弯道时都是向内侧倾斜,这样的目的是什么?赛车和自行车都在做圆周运动,都需要一个向心力。而向心力是车轮与地面的摩擦力提供的,由于摩擦力的大小是有限的,当赛车与地面的摩擦力不足以提供向心力时赛车就会发生侧滑,发生事故。因此赛车在经过弯道时要减速行驶。而自行车在经过弯道时自行车手会将身体向内侧倾斜,这样身体的重力就会产生一个向里的分力和地面的摩擦力一起提供自行车所需的向心力,因此自行车手在经过弯道时没有减速。同样道理摩托车赛中摩托车在经过弯道时也不减速,而是通过倾斜摩托车来达到同样的目的。

因为向心加速度的公式:$a_n = \dfrac{v^2}{r} = r\omega^2 = r\left(\dfrac{2\pi}{T}\right)^2$。

可以推导出向心力的公式:$F_n = ma_n = m\dfrac{v^2}{R} = mr\omega^2 = mr\left(\dfrac{2\pi}{T}\right)^2$。

实例:

(1) 铁轨和火车车轮的形状(图 4-23)

火车转弯特点:火车转弯是一段圆周运动,圆周轨道为弯道所在的水平轨道平面。

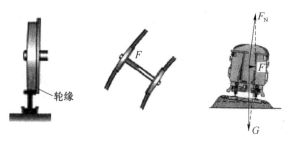

图 4-23

受力分析,确定向心力(向心力由铁轨和车轮轮缘的相互挤压作用产生的弹力提供)。

缺点:向心力由铁轨和车轮轮缘的相互挤压作用产生的弹力提供,由于火车质量大,速度快,由公式 $F_{向} = mv^2/r$,向心力很大,对火车和铁轨损害很大。

问题:如何解决这个问题呢?(联系自行车通过弯道的情况考虑)

如图 4-24 所示,事实上在火车转弯处,外轨要比内轨略微高一点,形成一个斜面,火车受的重力和支持力的合力提供向心力,对内外轨都无挤压,这样就达到了保护铁轨的目的。

强调说明:向心力是水平的。

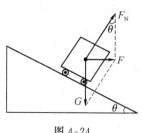

图 4-24

$F_{向} = mv_0^2/r = F_{合} = mg\tan\theta$

$v_0 = \sqrt{gr\tan\theta}$

① 当 $v = v_0$, $F_{向} = F_{合}$

内外轨道对火车两侧车轮轮缘都无压力。

② 当 $v > v_0$, $F_{向} > F_{合}$ 时

外轨道对外侧车轮轮缘有压力。

③ 当 $v < v_0$, $F_{向} < F_{合}$ 时

内轨道对内侧车轮轮缘有压力。

要使火车转弯时损害最小,应以规定速度转弯,此时内外轨道对火车两侧车轮轮缘都无压力。

（2）拱形桥

交通工具（自行车、汽车等）过拱形桥。

问题情境：

如图 4-25 所示,质量为 m 的汽车在拱形桥上以速度 v 行驶,若桥面的圆弧半径为 R,试画出受力分析图,分析汽车通过桥的最高点时对桥的压力。通过分析,可以得出什么结论？

画出汽车的受力图,推导出汽车对桥面的压力。

在最高点,对汽车进行受力分析,确定向心力的来源；由牛顿第二定律列出方程求出汽车受到的支持力；由牛顿第三定律求出桥面受到的压力 $F_N' = G - \dfrac{mv^2}{R}$。

可见,汽车对桥的压力 F_N' 小于汽车的重力 G,并且,压力随汽车速度的增大而减小。

如图 4-26 所示,汽车通过凹形桥最低点时,汽车对桥的压力比汽车的重力大还是小呢？同学们请画图分析。

图 4-25　　　　　　　　　图 4-26

例 1　如图 4-27 所示,表演"水流星"节目时,拴杯子的绳子长为 L,绳子能够承受的最大拉力是杯子和杯内水重力的 8 倍,要使绳子不断,节目获得成功,则：

（1）杯子通过最高点时速度的最小值为多少？

（2）杯子通过最低点时速度的最大值为多少？

图 4-27

解析：（1）要使水在最高点恰不流出杯子,此时绳子对杯子的拉力等于零,杯子和水做圆周运动的向心力仅由其重力 mg 提供,根据牛顿第二定律,在最高点对杯子和水有：$mg = m\dfrac{v_1^2}{L}$。

解得杯子通过最高点时速度的最小值为 $v_1 = \sqrt{gL}$。

（2）根据牛顿第二定律,在最低点对杯子和水有 $F - mg = m\dfrac{v_2^2}{L}$。当 $F = 8mg$ 取最大值时,速度 v_2 也取最大值,即 $8mg - mg = m\dfrac{v_2^2}{L}$,解得杯子通过最低点时速度的最大值为 $v_2 = \sqrt{7gL}$。

答：（1）$\dfrac{mgH}{\sqrt{R^2+H^2}}$　　$\dfrac{mgR}{\sqrt{R^2+H^2}}$　（2）$\sqrt{\dfrac{2gH}{R^2}}$

例 2　如图 4-28 所示,一个竖直放置的圆锥筒可绕其中心轴 OO' 转动,筒内壁粗糙,筒口半径和筒高分别为 R 和 H,筒内壁 A 点的高度为筒高的一半。内壁上有一质量为 m 的小物块。求：

(1) 当筒不转动时,物块静止在筒壁 A 点受到的摩擦力和支持力的大小。

(2) 当物块在 A 点随筒做匀速转动,且其所受到的摩擦力为零时,筒转动的角速度。

解析:(1) 物块静止时,分析受力如图 4-29 所示。

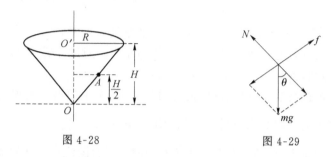

图 4-28   图 4-29

由平衡条件有 $f = mg\sin\theta$,$N = mg\cos\theta$

再由图 4-29 中几何关系有 $\cos\theta = \dfrac{R}{\sqrt{R^2+H^2}}$,$\sin\theta = \dfrac{H}{\sqrt{R^2+H^2}}$

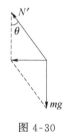

图 4-30

故有 $f = \dfrac{mgH}{\sqrt{R^2+H^2}}$,$N = \dfrac{mgR}{\sqrt{R^2+H^2}}$。

(2) 分析此时物块受力如图 4-30 所示。由牛顿第二定律有

$mg\tan\theta = mr\omega^2$。

其中 $\tan\theta = \dfrac{H}{R}$,$r = \dfrac{R}{2}$,

可得 $\omega = \sqrt{\dfrac{2gH}{R^2}}$。

答:略。

例3 一辆质量 $m = 2.0$ t 的小轿车,驶过半径 $R = 90$ m 的一段圆弧形桥面,重力加速度 $g = 10$ m/s². 求:

(1) 若桥面为凹形,汽车以 20 m/s 的速度通过桥面最低点时,对桥面压力是多大?

(2) 若桥面为凸形,汽车以 10 m/s 的速度通过桥面最高点时,对桥面压力是多大?

(3) 汽车以多大速度通过凸形桥面顶点时,对桥面刚好没有压力?

解析:(1) 汽车通过凹形桥面最低点时,在水平方向受到牵引力 F 和阻力 f. 在竖直方向受到桥面向上的支持力 N_1 和向下的重力 $G = mg$,如图 4-31 所示。圆弧形轨道的圆心在汽车上方,支持力 N_1 与重力 $G = mg$ 的合力为 $N_1 - mg$,这个合力就是汽车通过桥面最低点时的向心力,即 $F_{向} = N_1 - mg$。由向心力公式有:$N_1 - mg = m\dfrac{v^2}{R}$

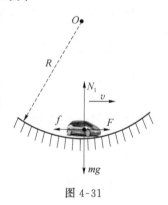

图 4-31

解得桥面的支持力大小为

$N_1 = m\dfrac{v^2}{R} + mg = \left(2\,000 \times \dfrac{20^2}{90} + 2\,000 \times 10\right)$N

$= 2.89 \times 10^4$ N

根据牛顿第三定律,汽车对桥面最低点的压力大小是 2.98×10^4 N。

（2）汽车通过凸形桥面最高点时,在水平方向受到牵引力 F 和阻力 f,在竖直方向受到竖直向下的重力 $G=mg$ 和桥面向上的支持力 N_2,如图 4-32 所示。圆弧形轨道的圆心在汽车的下方,重力 $G=mg$ 与支持力 N_2 的合力为 $mg-N_2$,这个合力就是汽车通过桥面顶点时的向心力,即 $F_向=mg-N_2$,由向心力公式有

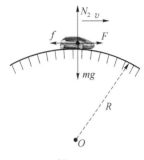

图 4-32

$$mg-N_2=m\frac{v^2}{R}$$

解得桥面的支持力大小为

$$N_2=mg-m\frac{v^2}{R}=\left(2\,000\times10-2\,000\times\frac{10^2}{90}\right)\,\text{N}=1.78\times10^4\,\text{N}$$

根据牛顿第三定律,汽车在桥的顶点时对桥面压力的大小为 1.78×10^4 N。

（3）设汽车速度为 v_m 时,通过凸形桥面顶点时对桥面压力为零.根据牛顿第三定律,这时桥面对汽车的支持力也为零,汽车在竖直方向只受到重力 G 作用,重力 $G=mg$ 就是汽车驶过桥顶点时的向心力,即 $F_向=mg$,由向心力公式有 $mg=m\dfrac{v_m^2}{R}$

解得: $v_m=\sqrt{gR}=\sqrt{10\times90}$ m/s=30 m/s

汽车以 30 m/s 的速度通过桥面顶点时,对桥面刚好没有压力。

答:略。

第五节　万有引力定律

学习目标

（1）了解人类对天体运动探索的发展历程。

（2）了解开普勒三大定律;了解万有引力定律的发现过程。

（3）掌握万有引力定律。能够用万有引力定律解题。

（4）理解引力常数的大小和意义。

问题引入

人类在自己的发展过程中首先就遇到了时间的测量,如一年为什么有春夏秋冬季节的更替,为什么有白天和黑夜,旱季或雨季什么时候开始等等。为了解决这些问题,人类通过对天体——太阳、月亮、行星和恒星的观察,找到了解决问题的办法,人类就这样开始对天体的位置和运动的研究。

主要知识

（一）天体究竟做怎样的运动

古人对天体运动的看法及发展过程

人们对天体运动的探索过程存在哪些看法? 起初,"地心说"认为地球是宇宙的中心,是静

止不动的,太阳、月亮以及其他行星都绕地球运动;"日心说"认为太阳是宇宙的中心,地球、月亮以及其他行星都在绕太阳运动。

(1)"地心说"占领统治地位时间较长的原因是由于它比较符合人们的日常经验,如:太阳从东边升起,从西边落下;同时它也符合当时在政治上占统治地位的宗教神学观点。

(2)由于"日心说"最终战胜了"地心说",虽然"地心说"符合人们的经验,但它还是错误的。进而说明"眼见为实"的说法并非绝对正确。例如:我们乘车时观察到树木在向后运动,而事实上并没有动(相对于地面)。

(3)"日心说"所以能够战胜"地心说"是因为好多"地心说"不能解析的现象"日心说"则能说明,也就是说,"日心说"比"地心说"更科学、更接近事实。例如:若地球不动,昼夜交替是太阳绕地球运动形成的。那么,每天的情况就应是相同的,而事实上,每天白天的长短不同,冷暖不同。而"日心说"则能说明这种情况:白昼是地球自转形成的,而四季是地球绕太阳公转形成的。

(4)从目前科研结果和我们所掌握的知识来看,"日心说"也并不是绝对正确的,因为太阳只是太阳系的一个中心天体,而太阳系只是宇宙中众多星系之一,所以太阳并不是宇宙的中心,也不是静止不动的。"日心说"只是与"地心说"相比更准确一些罢了。

事实上从"地心说"向"日心说"的过渡经历了漫长的时间,并且科学家们付出了艰苦的奋斗,哥白尼的"日心说"观点不符合当时欧洲统治教会的利益,因而受到了教会的迫害。然而,科学真理的确立是任何愚昧势力所阻挡不了的。经过后人的不懈努力和探索,哥白尼的日心说终于取得胜利。

前人的这种对问题一丝不苟、孜孜以求的精神值得大家学习,所以我们对待学习要脚踏实地,认认真真,不放过一点疑问。

(二)开普勒对行星运动的研究

不论"地心说"还是"日心说",古人把天体的运动看得十分神圣,都认为天体的运动不同于地面物体的运动,天体做的是最完美、最和谐的匀速圆周运动。

后来,开普勒在应用行星绕太阳做椭圆运动的模型描述火星的运动时,发现与他的老师第谷对火星运行轨道的观测值有误差。开普勒思考:是第谷观察数据错了,还是火星根本就不做圆形轨道运动呢?开普勒坚信第谷的数据是正确的,经过 4 年多的刻苦计算,先后否定了十九种设想,最后了发现火星运行的轨道不是圆,而是椭圆,并得出了行星运动的规律。

开普勒三大定律

开普勒第一定律(轨道定律)所有行星绕太阳运动的轨道都是椭圆,太阳处在椭圆的一个焦点上。

开普勒第二定律(面积定律)对任意一个行星来说,它与太阳的连线在相等的时间内扫过相等的面积。说明行星在运转过程中离太阳越近速率越大,离太阳越远速率越小。也就是说,行星在近日点的速率最大,在远日点的速率最小。

开普勒第三定律(周期定律)所有行星的轨道的半长轴的三次方跟它的公转周期的平方的比值都相等。$\frac{a^3}{T^2}=k$ 比值 k 是一个与行星无关的常量,仅与中心天体——太阳的质量有关。

开普勒定律只是描述了行星如何绕太阳运动,但它没有说明是什么原因使它们在各自的轨道上运动。你们会认为是什么原因?

当时一些科学家提出了一些猜想,其中有

(1) 开普勒:太阳磁力的吸引。

(2) 伽利略:"惯性"自行的维持。

(3) 笛卡儿:太阳的漩涡带动行星和卫星一起运动。

(4) 胡克:太阳引力的缘故,并且力的大小与到太阳距离的平方成反比。

牛顿也一直在思考为何行星做椭圆运动。据说,某一天,牛顿看到苹果落地发现万有引力定律的。苹果落地是很普通现象,我们会认为它落地就是落地,不会加以思考。牛顿是怎样发现万有引力定律的?

(1) 苹果熟了,为什么会落到地上而不是天上?

(2) 苹果树不论长得矮还是高,树上的苹果都会落地。由此可知,即使苹果长到月球那么高,照样会落地。那么,月球为何没有落地呢?

(3) 苹果树上的苹果相对地球静止,在重力的作用下,因此会落到地面;若月球相对于地球静止,月球也将像苹果一样的落回地面。月球上的苹果若具有月球一样的运动速度,它也将像月球一样不落回地面。能否假设月球和苹果受到同一性质的力呢?

牛顿在这假设基础上,设计了著名的"月—地"实验,证明了月球和苹果受到同一性质的力。

(4) 由此可推知重力、行星对其卫星的引力、太阳对行星的引力可能同一性质的力。

(5) 既然一切天体之间有引力,地球与物体之间有引力。那么,是否所有物体之间都存在相互吸引的力呢?那么,这个力又是多大呢?

(6) 最后,牛顿在前人研究的基础上,经过了许多年的思考和严密的数学推导以后,才正式提出了万有引力定律。

(三) 万有引力定律

宇宙间任意两个有质量的物体都存在相互吸引力,其大小与两物体的质量乘积成正比,跟它们间距离的平方成反比。

即
$$F = G\frac{m_1 m_2}{r^2}$$

式中,质量的单位用千克,距离的单位用米,力的单位用牛顿;$G = 6.67 \times 10^{-11}$ N·m²/kg²,称为万有力恒量,它在数值上等于两质量各为 1 kg 的物体相距 1 米时的万有引力的大小。

适用条件是:两个质点间的相互作用,可以看作质点的两个物体间的相互作用。若是两个均匀的球体,应是两球心间距。

(四) 引力恒量的测定

牛顿发现了万有引力定律,却没有给出引力恒量的数值。由于一般物体间的引力非常小,用实验测定极其困难。直到一百多年之后,才由英国的卡文迪许用精巧的扭秤测出。通常情况下取 $G = 6.67 \times 10^{-11}$ N·m²/kg²。

讨论与交流:

(1) 万有引力定律指出,任何物体间都存在引力,为什么当我们两个人靠近时并没有吸引到一起?请估算你和同桌之间的引力多大?

引导他们这是估算,他和同桌的质量都是 60 kg,相距 0.5 m。学生算出后,问这个力到底有多大呢? 一粒芝麻的质量大约是 0.004 kg,其重力约为 4×10^{-5} N,大约是你和同桌间引力的 40 多倍。

(2) 如果有一天万有引力突然消失,世界将发生什么变化? 对你的生活将产生什么影响?

发现万有引力定律的重要意义:揭示了地面上物体运动的规律和天体上物体的运动的遵从同一规律,让人们认识到天体上物体的运动规律也是可以认识的,解放了人们的思想,给人们探索自然的奥秘建立了极大信心,对后来的物理学、天文学的发展具有深远的影响。

可以思考以下问题:

(1) 谁都见过苹果;落地,但为何只有牛顿能从中悟出其中的道理呢?

(2) 胡克、哈雷对重力的认识已相当接近万有引力的表述,但他们为何没能提出万有引力定律呢?

(原因:他们没有想到天体间的作用力与地面物体所受的力是同一性质的力;缺乏必要的数学知识。)

(3) 科学不仅需要一定的专业知识,还需要一定的想象力,由牛顿在发现万有引力定律时所表现出来的想象力,你又受到哪些启发呢?

例 1 关于引力常量,下列说法正确的是(　　)。

A. 引力常量是两个质量为 1 kg 的物体相距 1 m 时的相互吸引力

B. 牛顿发现了万有引力定律时,给出了引力常量的值

C. 引力常量的测出,证明了万有引力的存在

D. 引力常量的测定,使人们可以测出天体的质量

解析:引力常量在数值上等于质量均为 1 kg 的两个均匀球体相距 1 m 时相互引力的大小,故 A 错。牛顿发现万有引力定律时,还不知道引力常量的值,故 B 错。引力常量的测出证明了万有引力定律的正确性,同时使万有引力定律具有实用价值,故 C、D 正确。

答案:CD。

例 2 地球与物体间的万有引力可以认为在数值上等于物体的重力,那么在 6 400 km 的高空,物体的重力与它在地面上的重力之比为($R_{地} = 6\,400$ km)(　　)。

A. 2 ∶ 1　　　　　　B. 1 ∶ 2　　　　　　C. 1 ∶ 4　　　　　　D. 1 ∶ 1

解析:物体在高空中距地心距离为物体在地球表面与地心距离 R_0 的两倍,则高空中物体的重力 $F = G\dfrac{m_1 m_2}{(2R_0)^2} = \dfrac{1}{4}G\dfrac{m_1 m_2}{R_0^2}$,而地面上的物体重力 $F_0 = G\dfrac{m_1 m_2}{R_0^2}$,由此知 C 正确。

答案:C。

例 3 一物体在地球表面重 16 N,它在以 5 m/s² 的加速度加速上升的火箭中的视重为 9 N,取地球表面的重力加速度 $g = 10$ m/s²,则此火箭离地球表面的距离为地球半径(　　)。

A. 2 倍　　　　　　B. 3 倍　　　　　　C. 4 倍　　　　　　D. 一半

解析:设此时火箭离地球表面高度为 h

由牛顿第二定律得:$N - mg' = ma$　　　　　　　　　　　　　　　①

在地球表面 $mg = G\dfrac{Mm}{R^2} = 16$　　　　　　　　　　　②

由此得 $m = 1.6$ kg,代入①

得 $g' = \dfrac{1}{1.6}$ m/s²　　　　　　　　　　　　　　　③

又因 h 处 $mg' = G\dfrac{Mm}{(R+h)^2}$ ④

由②④,得 $\dfrac{g'}{g} = \dfrac{R^2}{(R+h)^2}$

代入数据,得 $h = 3R$,故选 B。

答案: B。

第六节　万有引力定律的应用　宇宙速度

学习目标

(1) 了解人造卫星的有关知识,能够分析人造卫星的运动规律。

(2) 掌握三个宇宙速度的物理意义,会推导第一宇宙速度。

(3) 能用所学知识求解卫星基本问题。

问题引入

仰望星空,浩瀚的宇宙苍穹给人以无限遐想,千百年来,人类一直向往能插上翅膀飞出地球,去探索宇宙的奥秘,李白的"俱怀逸兴壮思飞,欲上青天揽明月"是怎样的一种豪情? 今天这一梦想终于实现! 世界上第一颗人造卫星的发射,揭开了人类探索宇宙的新篇章。

那么,世界上第一颗人造卫星是哪一年由哪一国家发射的? 我国哪一年发射了自己的人造卫星? 迄今我国共发射了多少颗人造卫星?

主要知识

(一) 人造卫星

从 1970 年 4 月 24 日东方红一号的成功发射,到 2007 年 10 月 24 日嫦娥一号发射,我国发射人造卫星和其他探测器 60 多个,他们分别在通信,气象,探测,导航等多个领域发挥着重要作用。现在我们地球上空有这么多卫星,他们运行的速度一样吗? 他们是怎样被发射升空的? 这就是我们本节要解决的问题。

人造卫星的半径不同,其运行的周期也不同,而且半径越大,其周期越大。

类比行星运动分析原因,卫星围绕地球作匀速圆周运动,需要向心力。地球和卫星之间的引力提供向心力。

应用前面万有引力知识分析

卫星与地球间的万有引力提供了向心力

(1) 由 $G\dfrac{Mm}{r^2} = m\dfrac{v^2}{r}$ 得 $v = \sqrt{\dfrac{GM}{r}}$,

∴r 越大,v 越小。

(2) 由 $G\dfrac{mM}{r^2} = m\omega^2 r$ 得 $\omega = \sqrt{\dfrac{GM}{r^2}}$,

$\therefore r$ 越大，ω 越小。

(3) 由 $G\dfrac{mM}{r^2}=m\dfrac{4\pi^2}{T^2}r$ 　得 $T=\sqrt{\dfrac{4\pi^2 r^2}{GM}}$，

$\therefore r$ 越大，T 越大。

卫星绕地运转轨道半径越大，速度越小、角速度越小、周期越大；

学习了卫星的相关知识，判断一下下列几种轨道哪一种是可能的为什么？

问题 1：

图 4-33 中，有三颗人造地球卫星围绕地球运动，它们运行的轨道可能是 1 和 3，不可能是 2。

卫星近似做匀速圆周运动，需要向心力，且向心力时刻指向圆心。所以地球与卫星之间指向地心的万有引力提供向心力，所以卫星作圆周运动的圆心应该是地心。

思考问题 2：

如图 4-34 所示，a、b、c 是在地球大气层外圆形轨道上运动的 3 颗卫星。

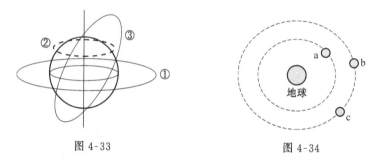

图 4-33　　　　　　　　　　　　图 4-34

(1) 试比较三颗卫星的线速度、角速度、加速度、周期，万有引力的关系。

(2) 如果 c 的速度增加，能否与同轨道的 b 相撞。

应用卫星绕地运转轨道半径越大，速度越小、角速度越小、周期越大。比较其关系，重点指出万有引力因为不确定其质量，所以无法比较。

不同的轨道的卫星其速度不同，那人类是怎样将卫星发送到指定轨道上的呢？

牛顿的卫星设想：我们抛一物体怎样才能抛的远？

依据平抛运动规律：速度越大，越远，当那速度足够大，物体将不落回地球。

这时由于有引力在，卫星想落回地面，但有一定的速度又落不回地面就形成了卫星？

物体需要多大的发射速度，才能刚好贴着地面转，这时 $(r=R)$

$$G\dfrac{Mm}{r^2}=\dfrac{mv^2}{r}$$

得出第一宇宙速度 7.9 km/s。

(二) 宇宙速度

(1) 第一宇宙速度 7.9 km/s

定义：人造卫星在地面附近绕地球作匀速圆周运动所必须具有的速度。

思考：发射什么样的卫星最容易？

高轨道发射卫星比低轨道发射卫星困难，原因是高轨道发射卫星时火箭要克服地球对它的引力做更多的功。

以第一宇宙速度发射卫星时其刚好能在地球表面附近作匀速圆周运动;如果卫星的速度小于第一宇宙速度,卫星将落到地面而不能绕地球运转。

进入半径越大的轨道,所需要的发射 V 越大。

这与刚才得出的半径越大的轨道,所需要的运行速度 V 越小矛盾吗?

讨论:

人造卫星的发射速度与运行速度是两个不同的概念。

发射速度

所谓发射速度是指被发射物在地面附近离开发射装置时的初速度,并且一旦发射后就再无能量补充,被发射物仅依靠自己的初动能克服地球引力上升一定的高度,进入运动轨道。要发射一颗人造地球卫星,发射速度不能小于第一宇宙速度。若发射速度等于第一宇宙速度,卫星只能"贴着"地面近地运行。如果要使人造卫星在距地面较高的轨道上运行,就必须使发射速度大于第一宇宙速度。

运行速度:是指卫星在进入运行轨道后绕地球做匀速圆周运动的线速度。当卫星"贴着"地面运行时,运行速度等于第一宇宙速度。根据 $v_{运}=\sqrt{GM/r}$ 可知,人造卫星距地面越高(即轨道半径 r 越大),运行速度越小。实际上,由于人造卫星的轨道半径都大于地球半径,所以卫星的实际运行速度一定小于发射速度。

运行速度:指卫星在稳定的轨道上绕地球转动的线速度。

发射速度:指被发射物体离开地面时的水平初速度。

类比得出:

(2) 第二宇宙速度(脱离速度):$v_2=\sqrt{2}\,v_1=11.2$ km/s

① 意义:使卫星挣脱地球的引力束缚,成为绕太阳运行的人造行星的最小发射速度。

② 如果人造天体的速度大于 11.2 km/s 而小于 16.7 km/s,则它的运行轨道相对于太阳将是椭圆,太阳就成为该椭圆轨道的一个焦点。

(3) 第三宇宙速度(逃逸速度):$v_3=16.7$ km/s

① 意义:使卫星挣脱太阳引力束缚的最小发射速度。

② 如果人造天体具有这样的速度并沿着地球绕太阳的公转方向发射时,就可以摆脱地球和太阳引力的束缚而遨游太空了。

这个速度目前能做到吗?现在做到了,以第三速度发射的探测器,先驱者一号。

如今,只有你想不到的,没有你做不到的。随着科学技术的发展,人们探测太空的脚步会越走越快,越走越远。也许有一天我们也能到其他星球旅游定居。

例 1　关于第一宇宙速度,下面说法中错误的是(　　　)。

A. 它是人造地球卫星绕地飞行的最小速度

B. 它是人造地球卫星在近地圆形轨道上的运行速度

C. 它是能使卫星进入近地圆形轨道的最小发射速度

D. 从人造卫星环绕地球运转的速度 $v=\sqrt{gR_0^2/r}$ 可知,把卫星发射到越远的地方越容易

解析:应选择 A、D。

点拨:由 $G\dfrac{Mm}{r^2}=m\dfrac{v^2}{r}$ 得 $v=\sqrt{\dfrac{GM}{r}}$,可见 v 随 r 增大而减小,所以当 $r=R_{地}$ 时,$v=$

7.9 km/s 是地球卫星环绕地球运转的最大速度。在近地圆形轨道上 $mg=G\dfrac{Mm}{R_0^2}$,$\therefore GM=$

gR_0^2，$\therefore v = \sqrt{gR_0^2/r}$。这里需要注意的是：卫星绕地球运动的速度指卫星和最后一节火箭脱离后进入圆轨道所具有的速率。虽然 $v \propto \sqrt{\dfrac{1}{r}}$，但随 r 的增大，对发射技术要求越来越高，故发射到越远的地方更加不容易。

例2 1990年3月，紫金山天文台将该台发现的2752号小行星命名为"吴健雄星"。将其看作球形，直径约为32 km，密度和地球密度相近。若在此小行星上发射一颗卫星环绕其表面附近旋转，求此卫星的环绕速度（地球半径取6 400 km）。

解析："吴健雄星"的卫星的向心力，同样是"吴健雄星"与它卫星间的万有引力，即 $G\dfrac{Mm}{r^2} = m\dfrac{v^2}{r}$ 由此得到它卫星的环绕速度为 $v = \sqrt{\dfrac{GM}{r}}$。

答：根据密度的关系得 $v \approx 20(\text{m/s})$。

例3 关于我国发射的"亚洲一号"地球同步通信卫星的说法，正确的是（ ）。

A.若其质量加倍，则轨道半径也要加倍

B.它在北京上空运行，故可用于我国的电视广播

C.它以第一宇宙速度运行

D.它运行的角速度与地球自转角速度相同

解析：从 $G\dfrac{Mm}{r^2} = m\dfrac{v^2}{r}$，得 $r = \dfrac{GM}{v^2}$ 轨道半径与卫星质量无关。同步卫星的轨道平面必须与赤道平面重合。即在赤道上空运行，不能在北京上空运行，第一宇宙速度是卫星在最低圆轨道上运行的速度，而同步卫星在高轨道上运行，其运行速度小于第一宇宙速度。所谓"同步"就是卫星保持与地面赤道上某一点相对静止，所以同步卫星的角速度与地球自转角速度相同。

 物理天地

科学家开普勒

开普勒（Johannes Kepler，1571—1630年），德国天文学家。他利用第谷多年积累的天文观测资料，提出行星运动三定律，并编制成《鲁道夫星表》，直到十八世纪中叶，《鲁道夫星表》仍然被天文学家和航海家们视为珍宝。开普勒主要著作有《宇宙的神秘》《光学》《宇宙和谐论》《天文学概要》《彗星论》和《稀奇的1631年天象》等。此外，开普勒还发现了大气折射的近似定律。为了纪念开普勒的功绩，国际天文学联合会决定将1134号小行星命名为开普勒小行星。

宇宙的起源

20世纪，有两种"宇宙模型"比较有影响。一是稳态理论，一是大爆炸理论。20年代后期，爱德温·哈勃发现了红移现象，说明宇宙正在膨胀。20世纪60年代中期，阿尔诺·彭齐亚斯和罗伯特·威尔逊发现了"宇宙微波背景辐射"。这两个发现给大爆炸理论以有力的支持。现在，大爆炸理论广泛地为人们所接受。大爆炸理论认为，宇宙起源于一个单独的无维度的点，即一个在空间和时间上都无尺度但却包含了宇宙全部物质的奇点。

太阳黑子

太阳黑子也是一种磁现象。在欧洲人还一直认为太阳是完美无缺的天体时,我国先人早已发现了太阳黑子。根据我国研究人员的搜集与整理,自公元前165—1643年(明崇祯十六年)史书中观测黑子记录为127次。这些古代观测资料为今人研究太阳活动提供了极为珍贵、翔实可靠的资料。

什么是黑洞

简单地来说,黑洞是质量巨大的恒星在超新星爆发后坍缩(即自身及强烈的收缩)而成的。一颗恒星在经历了平稳的青年、中年时期后,就将进入老年,最终走向死亡。恒星在老年期会发生膨胀,变成一颗红巨星,而后发生爆炸——超新星爆发。其外层物质抛向太空,中心核则在引力的作用下发生猛烈而突然的坍缩,形成黑的洞。

什么是白洞

20世纪60年代苏联科学家开始提出白洞的概念,其性质与黑洞正好相反。白洞有一个封闭的边界,与黑洞不同的是,白洞内部的物质(包括辐射)可以经过边界发射到外面去,而边界外的物质却不能落到白洞里来。因此,白洞像一个喷泉,能不断向外喷射物质(能量)。白洞假说在天文学上主要用来解释一些高能现象。白洞是否存在,尚无观测证据。如果白洞存在,很可能是宇宙大爆炸时残留下来的。

什么是等离子体

等离子体又称"电浆",是由部分电子被剥夺后的原子及原子被电离后产生的正、负电子组成的离子化气体状物质,它是除固、液、气外物质存在的第四态。等离子体是一种很好的导电体利用经过巧妙设计的磁场可以捕捉、移动和加速等离子体。等离子体物理为材料、能源、信息、空间物理、地球物理等学科的进一步飞展提供了新的技术和工艺。现在等离子体已广泛应用于多种生产领域,它在电脑芯片蚀刻中的运用,让网络时代成为现实。

第五章 功 和 能

功是能量转化的量度；能是做功本领的大小。物体做了多少功,就有多少能量发生了变化,首先来讨论做功的总量与做功的快慢。

第一节 功 和 功率

学习目标

(1) 理解功率的概念;了解功率是表示做功快慢的物理量。

(2) 了解功率的定义和定义式 $P=W/t$;知道在国际单位制中,功率的单位是瓦特(W);理解公式 $P=Fv$ 的物理意义;能够用公式 $P=Fv$ 解答有关的问题。

(3) 掌握功率的计算;能够用公式 $P=W/t$ 解答有关的问题。

问题引入

在初中,我们已经学习了功的定义及其计算式: $W=Fs$ 但这个计算式的适用范围很小,如图 5-1 中所示的情况就不能适用,这就需要重新研究功。

主要知识

如果一个物体受到力的作用,并且在力的方向上发生了位移,就说这个力对物体做了功。

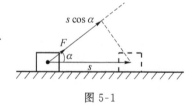

图 5-1

(一) 功的定义

在物理学中,把力与在力的方向上移动的距离的乘积称为功。

(二) 功的公式

如图 5-1 所示,力 F 使滑块发生位移 s 这个过程中,如果细绳斜向上拉滑块,这种情况下滑块沿 F 方向的位移是多少?

分析得出这一位移为 $s\cos\alpha$。

至此按功的前一公式即可得到如下计算公式:

$$W=Fs\cos\alpha$$

此公示适用于恒力做功

功的单位 ——功的单位是焦耳(J) $1 J=1 N \cdot m$

(三) 正功、负功

(1) 对功的计算公式的可能值进行讨论。从 $\cos \alpha$ 的可能值入手讨论,指出功 W 可能为正值、负值或零,再进一步说明,力 F 与 s 间夹角 α 的取值范围,最后总结并作如下板书:

当 $0° \leqslant \alpha < 90°$ 时,$\cos \alpha$ 为正值,W 为正,称为力对物体做正功,或称为力对物体做功。

当 $\alpha = 90°$ 时,$\cos \alpha = 0$,$W = 0$,力对物体做零功,即力对物体不做功。

当 $90° < \alpha \leqslant 180°$ 时,$\cos \alpha$ 为负,W 为负,称为力对物体做负功,或物体克服力做功。

说明:

(1) 功是标量。

(2) 正功的意义是:力对物体做功向物体提供能量,即受力物体获得了能量。

(3) 负功的意义是:物体克服外力做功,向外输出能量,即负功表示物体失去了能量。

(4) 合外力做功的求法:①先求合力再乘位移。②先求各力的功再相加

(四)功率

(1) 功率是表示物体做功快慢的物理量。

(2) 类比得到功率的公式。

① 在前边的运动学中,已学过一个表示运动快慢的物理量。它就是速度。是用物体通过的位移和发生这段位移所用时间的比值来求解速度的。既然功率是表示物体做功快慢的物理量,所以可以用功跟完成这些功所用时间的比值来求解功率。

② 得到功率的求解公式:$P = \dfrac{W}{t}$

$W \xrightarrow{\text{表示}}$ 力所做的功 $\xrightarrow{\text{单位}}$ 焦(J)

$t \xrightarrow{\text{表示}}$ 做功所用时间 $\xrightarrow{\text{单位}}$ 秒(s)

③ 概括功率的单位:$P \rightarrow$ 功率 $\rightarrow$ 瓦(W)

国际单位:瓦特(W),常用单位:千瓦(kW) $1 kW = 1\,000 W$ $1 W = 1 J/s$

例 1 一个物体在 F 的作用下,在时间 t 内发生的位移为 s,已知作用力 F 的方向和位移方向相同,求:(1)力 F 所做的功。(2)力 F 的功率。

解析:(1) 力 F 所做的功:$W = Fs$

(2) 力 F 的功率:$\left.\begin{array}{l} P = \dfrac{W}{t} \\ \text{而 } W = Fs \end{array}\right\} \Rightarrow P = \left.\begin{array}{l} \dfrac{Fs}{t} \\ v = \dfrac{s}{t} \end{array}\right\} \Rightarrow P = F \cdot v$

由此得到功率的另一求解公式 $P = Fv$ 即力 F 的功率等于力 F 和物体运动速度 v 的乘积。

$v = \dfrac{s}{t}$ 求出的是在时间 t 内的平均速度,则 $P = Fv$ 求出的是 F 在时间 t 内的平均功率。

如果 t 取得足够小,则 v 就可以为某一时刻的瞬时速度。据 $P=Fv$ 求出的就是 F 在该时刻的瞬时功率。板书:平均功率 $P=Fv(v$ 是平均速度) 瞬时功率 $P=Fv(v$ 是瞬时速度)

讨论:由 $P=\dfrac{W}{t}$ 求出的是瞬时功率还是平均功率?

由于 $P=\dfrac{W}{t}$ 的功率反映的是做功的平均快慢程度,所以,据 $P=\dfrac{W}{t}$ 求出的是平均功率。

关于功与功率计算的巩固训练

例 2 质量 $m=3$ kg 的物体,在水平力 $F=6$ N 的作用下,在光滑的水平面上从静止开始运动,运动时间 $t=3$ s,求:

① 力 F 在 $t=3$ s 内对物体所做的功。

② 力 F 在 $t=3$ s 内对物体所做功的平均功率。

③ 在 3 s 末力 F 对物体做功的瞬时功率。

解析: 物体在水平力 F 的作用下,在光滑水平面上做初速度为零的匀加速直线运动,根据牛顿第二定律可求出加速度 $a=\dfrac{F}{m}=2$ m/s²

则:物体在 3 s 末的速度 $v=at=6$ m/s

物体在 3 s 内的位移 $s=\dfrac{1}{2}at^2=9$ m

① 力 F 做的功 $W=Fs=6\times9$ J $=54$ J

② 力 F 在 3 s 内的平均功率 $P=\dfrac{W}{t}=\dfrac{54}{3}$ W $=18$ W

或 $P=F\overline{v}=F\cdot\dfrac{0+v}{2}=6\times\dfrac{6}{2}$ W $=18$ W

求 $\overline{v}=\dfrac{s}{t}$ 代入 $P=F\cdot\dfrac{s}{t}=6\times\dfrac{9}{3}=6$ W $=18$ W

③ 3 s 末力 F 的瞬时功率 $P=Fv=6\times6$ W $=36$ W

(3) 功率的求解公式 $P=Fv$ 的理解:

思考:

① 当汽车以恒定功率上坡时,司机常用换挡的方法来减小速度,为什么?

② 汽车上坡时,要保持速度不变,就必须加大油门,为什么?

③ 起重机在竖直方向匀速吊起某一重物时为什么发动机输出的功率越大,起吊的速度就越大?注意:强调加大油门的目的是为了增大输出功率。

答:略。

例 3 有一辆汽车的质量为 2×10^3 kg,额定功率为 9×10^4 W。汽车在平直路面上由静止开始运动,所受阻力恒为 3×10^3 N。在开始起动的一段时间内汽车以 1 m/s² 的加速度匀加速行驶。从开始运动到停止加速所经过的总路程为 270 m。求:

(1) 汽车匀加速运动的时间;

(2) 汽车能达到的最大速度;

解析: (1) $F-f=ma$ $F=f+ma=5\times10^3$ N

设匀加速结束时的速度为 v_1

$$P_{额} = Fv_1 \quad v_1 = 18 \text{ m/s} \quad t_1 = \frac{v_1}{a} = 18 \text{ s}$$

（2）$v_{\text{m}} = \dfrac{P_{额}}{f} = 30$ m/s

答：略。

例 4　质量为 2 t 的农用汽车，发动机额定功率为 30 kW，汽车在水平路面行驶时能达到的最大时速为 54 km/h。若汽车以额定功率从静止开始加速，当其速度达到 $v=36$ km/h 时的瞬时加速度是多大？

解析：汽车在水平路面行驶达到最大速度时牵引力 F 等于阻力 f，即 $P_{\text{m}} = f \cdot v_{\text{m}}$，而速度为 v 时的牵引力 $F = P_{\text{m}}/v$，再利用 $F - f = ma$，可以求得这时的 $a = 0.50$ m/s²。

答：略。

第二节　动能　动能定理

学习目标

（1）解动能的概念，掌握动能的计算式。
（2）掌握动能定理的表达式；应用动能定理解决实际问题。

问题引入

一个物体能够做功，这个物体就具有能，物体由于运动就可以对外做功，就具有一定的能量。

主要知识

（一）动能

1. 动能的定义

物体由于运动而具有的能量称为动能。
动能也是一个物理量，其计算式是什么呢？

2. 动能的计算式

物体的质量为 m，在与运动方向相同的恒定外力 F 的作用下发生一段位移 l，速度由 $v_1 = 0$ 增加到 v_2，如图 5-2 所示。试用牛顿运动定律和运动学公式，推导出力 F 对物体做功的表达式。

可以推导，求出力对物体做功的表达式。功的表达式为

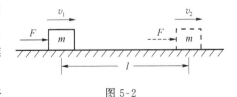

图 5-2

$$F = ma$$

$$\left. \begin{array}{l} F = ma \\ v_v^2 - v_1^2 = 2al \Rightarrow I = \dfrac{v_2^2 - v_1^2}{2a} \end{array} \right\} \Rightarrow W = Fl = ma \times \dfrac{v_2^2 - v_1^2}{2a} \Rightarrow W = \dfrac{1}{2}mv_2^2 - \dfrac{1}{2}mv_1^2$$

$$W = \frac{1}{2}mv_2^2 - \frac{1}{2}mv_1^2$$

因为外力做的功,等于能量的改变量,可以得出质量为 m 的物体,以速度 v 运动时的动能为

$$E_k = \frac{1}{2}mv^2$$

3. 说明

(1) 动能是标量,只有大小没有方向。

(2) 动能是状态量,因为动能对应的是物体的一个运动状态。

(3) 动能是相对量,因为速度具有相对性,参考系不同速度往往不同,动能也就不同,一般取地面作为惯性参考系。

(4) 动能相等的两个物体,它的速度不一定相等。

(5) 动能单位是 J。它的推导过程是 $1 \ \text{kg} \cdot \text{m}^2/\text{s}^2 = 1 \ \text{N} \cdot \text{m} = 1$

(二) 动能定理

1. 动能定理的推导

因为 $F = ma$ 和 $v_2^2 - v_1^2 = 2as$

$$W = Fs = ma \frac{v_2^2 - v_1^2}{2a} = \frac{1}{2}mv_2^2 - \frac{1}{2}mv_1^2 = E_{k2} - E_{k1}$$

$$W = E_{k2} - E_{k1}$$

即合力所做的功,等于物体动能的变化。

2. 动能定理的表述

合外力做的功等于物体动能的变化。(这里的合外力指物体受到的所有外力的合力,包括重力)。表达式为

$$W_合 = \Delta E_k$$

动能定理也可以表述为:外力对物体做的总功等于物体动能的变化。实际应用时,后一种表述比较好操作。不必求合力,特别是在全过程的各个阶段受力有变化的情况下,只要把各个力在各个阶段所做的功都按照代数和加起来,就可以得到总功。

例 1 某消防队员从一平台上跳下,下落 2 m 后双脚触地,接着他用双腿弯曲的方法缓冲,使自身重心又降下 0.5 m,在着地过程中地面对它双脚的平均作用力为(　　)。

A. 自身重力的 8 倍　　　　　　　　　B. 自身重力的 10 倍

C. 自身重力的 2 倍　　　　　　　　　D. 自身重力的 5 倍

解析: 由动能定理得,$mg(h_1 + h_2) - Fh_2 = 0$,解得,$F = 5mg$。故选项 D 正确。

例 2 质量为 m 的小球用长度为 L 的轻绳系住,在竖直平面内做圆周运动,运动过程中小球受空气阻力作用。已知小球经过最低点时轻绳受的拉力为 $7mg$,经过半周小球恰好能通过最高点,则此过程中小球克服空气阻力做的功为(　　)。

A. $mgL/4$　　　　　　B. $mgL/3$　　　　　　C. $mgL/2$　　　　　　D. mgL

解析:由牛顿运动定律得,小球经过最低点时 $7mg-mg=mv_1^2/L$,小球恰好能通过最高点,则 $mg=mv_2^2/L$,由动能定理得,$mv_1^2/2-mv_2^2/2=mg2L-W_f$,解以上各式得,$W_f=mgL/2$,故选项 C 正确。

例3　如图 5-3 所示,用细绳通过光滑的定滑轮用恒定的拉力 F 拉动光滑水平面上的物体,A、B、C 是运动路线上的三点,且 $AB=BC$,则物体在 A、B、C 三点速度关系为(　　)。

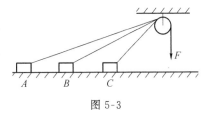

图 5-3

A. $v_B-v_A=v_C-v_B$

B. $v_B-v_A>v_C-v_B$

C. $v_B-v_A<v_C-v_B$

D. $v_C=2v_B$

解析:物块从 A 到 B 和从 B 到 C,F 做功分别为 W_1、W_2,由动能定理得,$W_1=mv_B^2/2-mv_A^2/2$,$W_2=mv_C^2/2-mv_B^2/2$,由题意可得,$W_1>W_2$,即得 $v_B^2-v_A^2>v_C^2-v_A^2$,即 $(v_B-v_A)(v_B+v_A)>(v_C-v_B)(v_C+v_B)$,因为 $(v_B+v_A)>(v_C+v_B)$,所以 $v_B-v_A>v_C-v_B$ 故选项 B 正确。

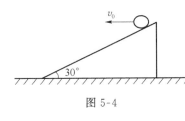

图 5-4

例4　如图 5-4 所示,在倾角为 30° 的斜面上,沿水平方向抛出一小球,抛出时小球动能为 6 J,求小球落回斜面时的动能为多少焦耳?

解析:设小球被抛出时速度为 v_0,落至斜面上时竖直分速度为 v_y,则 $v_y=gt$,且 $\tan30°=\dfrac{1}{2}gt^2/v_0t$　即

$$gt/2v_0=\tan30°$$

$v_y=2v_0\tan30°$,故末动能 $E_k'=\dfrac{1}{2}m(v_0^2+v_y^2)=\dfrac{1}{2}mv_0^2\times\dfrac{7}{3}=14$ J。

答:略。

例5　如图 5-5 所示,在水平地面上有一辆质量为 2 kg 的玩具汽车沿 Ox 轴运动,已知其发动机的输出功率恒定,它通过 A 点时速度为 2 m/s,再经过 2 s,它通过 B 点,速度达 6 m/s,A 与 B 两点相距 10 m,它在途中受到的阻力保持为 1 N,则玩具汽车通过 B 点时的加速度为多大?

解析:由动能定理有:$Pt-fs=\dfrac{1}{2}mv_B^2-\dfrac{1}{2}mv_A^2$　①

$a_B=\dfrac{(P/v_B)-f}{m}$　②

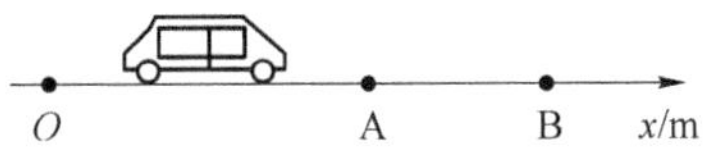

图 5-5

由①②并代入数据得:$a_B=1.25$ m/s²。

答:略。

例6　电动机通过一绳子吊起质量为 8 kg 的物体,绳的拉力不能超过 120 N,电动机的功率不能超过 1 200 W,要将此物体由静止起用最快的方式吊高 90 m(已知此物体在被吊高接近 90 m 时已开始以最大速度匀速上升),所需时间为多少?

解析:此题可以用机车起动类问题为思路,即将物体吊高分为两个过程处理:第一个过程是以绳所能承受的最大拉力拉物体,使物体匀加速上升,第一个过程结束时,电动机刚达最大功率。第二个过程是电动机一直以最大功率拉物体,拉力逐渐减小,当拉力等于重力时,物体开始匀速上升。在匀加速运动过程中加速度为

$$a = \frac{F_m - mg}{m} = \frac{120 - 8 \times 10}{8} \ \text{m/s}^2 = 5 \ \text{m/s}^2$$

末速度 $v_t = \dfrac{P_m}{F_m} = \dfrac{1\ 200}{120} \ \text{m/s} = 10 \ \text{m/s}$

上升时间 $t_1 = \dfrac{v_t}{a} = \dfrac{10}{5} \ \text{s} = 2 \ \text{s}$

上升高度 $h = \dfrac{v_t^2}{2a} = \dfrac{10^2}{2 \times 5} \ \text{m} = 10 \ \text{m}$

在功率恒定的过程中,最后匀速运动的速度为

$$v_m = \frac{P_m}{F} = \frac{P_m}{mg} = \frac{1\ 200}{8 \times 10} \ \text{m/s} = 15 \ \text{m/s}$$

外力对物体做的总功 $W = P_m t_2 - mgh_2$,动能变化量

$$\Delta E_k = \frac{1}{2} m v_m^2 - \frac{1}{2} m v_t^2$$

由动能定理得

$$P_m \cdot t_2 - mgh_2 = \frac{1}{2} m v_m^2 - \frac{1}{2} m v_t^2$$

代入数据后解得

$t_2 = 5.75 \ \text{s}, t = t_1 + t_2 = 7.75 \ \text{s}$

答: 所需时间至少要 7.75 s。

第三节　势　　能

学习目标

(1) 理解重力势能的概念,能用重力势能的表达式计算重力势能,知道重力势能具有相对性、重力势能的变化具有绝对性。

(2) 理解重力做功与重力势能的关系,并能用这一结论解决一些简单的实际问题,知道重力做功与运动路径无关。

(3) 理解重力做功是物体重力势能变化的量度。

(4) 知道弹性势能的初步概念。

问题引入

当我们看到一个冰天雪地、广袤无垠的银色世界,它带给人们是圣洁、平和、宁静的感受,一种心灵的洗涤。但是一旦大量积雪从高处滑下形成——雪崩。一面面白茫茫的雪墙排山倒海而来,你将感受到大雪崩所带来最令人惊心动魄的白色恐惧,将对人们的生命与财产带来灾难,我们将其形容为白色的灾难。

为什么这么漂亮的雪花有如此大的破坏力? 是因为它们具有能量。只要一有机会,就会通过做功把这种能量释放出来。我们将这种能量称为重力势能(功是能量变化的量度,能量的变化通过做功来实现)。

主要知识

（一）重力势能的定义

地球上的物体由于处于一定的高度而具有的能量，一般把这种能量称为重力势能。用 E_P 表示。

重力势能的大小与什么因素有关呢？

（二）重力势能的计算式

放在地面上的石头没有杀伤力，一旦从较高处落下，就会很危险；一个杠铃放在你的脚边，你一定不觉得什么？但是如果把它悬挂在你的头顶之上，那一定会让你如坐针毡。"禁止高空抛物"；高层建筑在施工时必须有"工程防护网"等。

可以发现：重力势能与物体的质量（重力）有关。如果悬挂在头顶之上的是一团棉花，不是杠铃，就不会觉得可怕。再有，如果你的头顶电线下悬挂的不是日光灯，而是 200 千克的杠铃，大家有何感受？因此，重力势能与质量和高度都有关系。

结论：同一高度的物体：质量越大，重力势能越大。

质量相同的物体：高度越高，重力势能越大。

我们知道：功是能量变化的量度，我们可否通过"力做了多少功，对应的重力势能就有多少发生变化"的角度，来定量推导重力势能的表达式。

设计一个物理过程来从理论上定量推导重力势能与重力 mg 和高度 h 的关系，如图 5-6 所示。

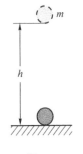

图 5-6

小球做自由落体运动，由动能定理 $mgh = \frac{1}{2}mv^2$；由"能量守恒"（动能由重力势能转化而来）重力势能等于动能即 $E_P = \frac{1}{2}mv^2$，所以 $E_P = mgh$。

图 5-7

如图 5-7 所示，将物体竖直向上匀速抬高 h，由平衡条件 $F = mg$；则 F 做功为 $W_F = Fh = mgh$；

由功能关系得到：$E_P = W_F = Fh = mgh$

得出结论：$E_P = mgh$

说明：（1）标矢性：标量。

（2）单位：焦耳（J）。

（3）相对性：E_P 与参考平面（零势能面）的选择有关；物体高于参考平面重力势能为正值；低于参考平面重力势能为负值；刚好处在参考平面上，重力势能为零。

（4）系统性：重力势能为地球与物体所共有的，重力势能具有系统性。为了叙述方便，可以说成是某一物体的重力势能。

（三）重力做功与重力势能的改变

如图 5-8 所示如果一只花盆从 16 楼窗台落地，各种数据计算如表 5-1 所示，从表格中能总结出什么规律？

$m=2\ \text{kg}, h=50\ \text{m}, h_1=10\ \text{m}, g=10\ \text{m/s}^2$

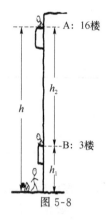

图 5-8

表 5-1　重力数据

规定的零势面	花盆在各点处的重力势能	花盆仅在重力作用下		花盆在重力和阻力作用下	
		重力势能的改变	重力做功	重力势能的改变	重力做功
地面	$E_{PA}=1\ 000\ \text{J}$ $E_{PB}=200\ \text{J}$	$-800\ \text{J}$	$800\ \text{J}$	$-800\ \text{J}$	$800\ \text{J}$
三楼	$E_{PA}=800\ \text{J}$ $E_{PB}=0$	$-800\ \text{J}$	$800\ \text{J}$	$-800\ \text{J}$	$800\ \text{J}$

可以总结出：

(1) 重力势能与零势面选取有关。重力势能的具有相对性（相对于不同的参考平面重力势能的大小不同），确定了参考平面，物体重力势能才有确定值。

(2) 物体在某两点间重力势能的改变与零势面选取无关，具有绝对性。

(3) 物体在某两点间重力势能的改变与重力做功的关系：

花盆下落，这一过程中重力做正功，重力势能减少，重力做多少功，重力势能减少多少；与是否有除重力之外的其他力存在或参与做功无关。

若用吊篮将花盆从 3 楼竖直吊回 16 楼，运动方式有匀速上升、匀加速上升，花盆的重力势能分别如何变化，重力对花盆做功分别又将如何？

若乘电梯将花盆从 3 楼运到 16 楼，花盆的重力势能如何变化，重力对花盆做功又将如何？

重力做功是重力势能变化的量度

物体下落，重力做正功 mgh，重力势能减少 $\Delta E_p=-mgh$，

物体上升，重力做负功 $-mgh$，重力势能增加 $\Delta E_p=mgh$。

（四）重力做功和物体运动路径的关系

从图 5-9 中可以看出：重力做功只与物体始末位置的高度差有关，与路径无关。

(1) 重力做功的特点决定重力势能变化的绝对性；

(2) 重力势能的变化只与重力做功有关，与物体是否受到其他力，和其他力是否做功无关。

（五）弹力势能

(1) 定义：物体因为发生弹性形变而具有的能，称为弹性势能。

(2) 影响弹性势能的因素：一个物体的形变量越大，其弹性势能也就越大。

(3) 弹力做功与弹性势能变化的关系：如果弹力对外做了多少功，就减少多少弹力势能；如果克服弹力做了多少功，就会增加多少弹力势能。

图 5-9

说明：(1)弹性势能是发生弹性形变的物体上所有质点因相对位置改变而具有的能量，因此弹性势能具有系统性。

(2)弹性势能具有相对性，其大小在选定了零势能后才能确定。对于弹簧，一般规定弹簧处于原长时的势能为零势能。

(3)用力拉伸或压缩弹簧，克服弹簧弹力做功，弹性势能增加。反之，弹性势能减少。

例 1 关于重力做功和物体的重力势能，下列说法中不正确的是(　　)。

A. 当重力对物体做正功时，物体的重力势能一定减少

B. 物体克服重力做功时，物体的重力势能一定增加

C. 地球上任何一个物体的重力势能都有一个确定值

D. 重力做功的多少与参考平面的选取无关

解析：物体重力势能的大小与参考平面的选取有关，故 C 错误；重力做正功时，物体由高处向低处运动，重力势能一定减少，反之，物体克服重力做功时，重力势能一定增加，故 A、B 正确；重力做多少功，物体的重力势能就变化多少，重力势能的变化与参考平面的选取无关，故 D 正确。

答案：C。

例 2 关于弹簧的弹性势能，下列说法中正确的是(　　)。

A. 当弹簧变长时，它的弹性势能一定增大

B. 当弹簧变短时，它的弹性势能一定变小

C. 在拉伸长度相同时，劲度系数 k 越大的弹簧，它的弹性势能越大

D. 弹簧在拉伸时的弹性势能一定大于压缩时的弹性势能

解析：弹簧弹性势能的大小，除了跟劲度系数 k 有关外，还跟它的形变量(拉伸或压缩的长度)有关。如果弹簧原来处于压缩状态，当它变长时，它的弹性势能应该先减小，在原长处它的弹性势能最小，所以 A、B、D 均错误。

答案：C。

例 3 如图 5-10 所示，金茂大厦是上海的标志性建筑之一，它的主体建筑地上 88 层，地下 3 层，高 420.5 m。距地面 341 m 的第 88 层为观光层，环顾四周，极目眺望，上海新貌尽收眼底。质量为 60 kg 的游客处于 88 层时，在下列情况中，他的重力势能各是多少？(g 取 10 m/s²)

图 5-10

(1)以地面为参考平面；(2)以第 88 层为参考平面。

解析：解此题的关键是理解重力势能的相对性，同时计算时要看清零势能参考平面。

分析：(1)以地面为参考平面，游客在 88 层相对高度为 341 m，

则 $E_{p1} = mgh = 60 \times 10 \times 341$ J $= 2.046 \times 10^5$ J。

(2)若以第 88 层处为参考平面，

游客在 88 层，相对高度为 0

故 $E_{p2} = 0$。

答：(1) 2.046×10^5 J；(2) 0 J。

第四节　机械能守恒定律

学习目标

（1）了解什么是机械能，知道物体的动能和势能可以相互转化。

（2）理解机械能守恒定律的内容，知道它的含义和适用条件。

（3）在具体问题中，能判定机械能是否守恒，并能列出机械能守恒的方程式；能够从能量转化和守恒的观点来解释物理现象，分析问题。

（4）学会在具体的问题中判定物体的机械能是否守恒。

问题引入

本章学习了以下几种能：动能、重力势能、弹性势能。动能、重力势能、弹性势能属于力学范畴，统称为机械能，本节就来研究有关机械能的问题。

主要知识

（一）机械能

（1）概念：物体的动能、势能的总和称为机械能。即 $E = E_K + E_P$

（2）机械能是标量，具有相对性（需要设定势能参考平面）。

（3）机械能之间可以相互转化。

比如：① 竖直上抛的物体，在运动过程中能量的转化过程。

　　　② 滑雪运动员能量的转化过程。

　　　③ 撑竿跳运动员在起跳到落地的过程中能量的转化过程。

通过上面实例的分析，发现各种形式的能量之间可以发生相互转化，而且在转化过程当一种形式的能量增加时另外一种形式的能量减少，那么在整个过程小球的机械能如何变化的呢？

（二）机械能守恒定律的推导

如图 5-11 所示，一个质量为 m 的物体自由下落，取任意两点 A，B，经过 A 点时的高度为 h_1 速度为 v_1，下落到 B 点时的高度为 h_2，速度为 v_2，在此过程中机械能的变化情况：

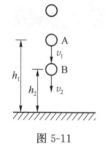

图 5-11

∵机械能等于物体的动能和势能之和

∴A 点的机械能等于 $\dfrac{1}{2}mv_1^2 + mgh_1$

B 点的机械能等于 $\dfrac{1}{2}mv_2^2 + mgh_2$

需要证明 $E_A = E_B$

由动能定理得：$W_合 = W_G = \dfrac{1}{2}mv_2^2 - \dfrac{1}{2}mv_1^2$

又据重力做功得到：$W_G = mgh_1 - mgh_2$

由分析可知,重力势能的减少量等于物体动能的增加量,所以 A、B 两点的机械能相等。

即:$\frac{1}{2}mv_2^2+mgh_2=\frac{1}{2}mv_1^2+mgh_1$

由于 A、B 是任意两点,所以可以得出如下结论:做自由落体运动的物体在下落过程中,重力势能转化为动能,但总的机械能始终保持不变,即守恒。

(三) 机械能守恒定律

(1) 内容:物体在只受重力的情况下,动能和势能发生相互转化的过程中,动能和重力势能的总量保持不变,即机械能守恒。

(2) 表达式:$\frac{1}{2}mv_2^2+mgh_2=\frac{1}{2}mv_1^2+mgh_1$。

(3) 机械能守恒的条件:

是不是在任何条件下机械能都守恒吗? 需不需要满足一定的条件?

分析摆球和自由落体的小球的受力情况和做功情况,得出条件:只有重力做功。

对只有重力做功的理解:

① 物体只受重力,不受其他的力。

② 物体除重力外还受其他的力,但其他力不做功。

实例思考: 下列情况机械能是否守恒

① 跳伞员利用降落伞在空中匀速下落。

② 抛出的篮球在空中运动(不计阻力)。

③ 用绳拉着一个物体沿着光滑的斜面匀速上升。

从能量角度分析:只有系统内部的动能和势能相互转化,既无外界能量和内部机械能之间的相互转化和转移,又无内部其他能量和内部机械能之间的转化。

机械能不变 $\neq$ 收支相抵,而是不进不出,内部流通。守恒意味着每时每刻的机械能都是一个定值。

(4) 应用机械能守恒定律解题步骤:

① 确定研究对象,分析研究的物理过程。

② 进行正确的受力分析。

③ 分析各力做功情况,明确守恒条件。

④ 选择零势面,确定始末状态的机械能。

⑤ 根据机械能守恒定律列方程求解。

例 1　质量为 m 的小球,从桌面上方高为 H 处自由落下,桌面离地面的高度为 h,不计空气阻力。若以桌面为重力势能为零的参考平面,那么小球落地时的机械能为

A. mgH　　　　　　B. mgh　　　　　　C. $mg(H+h)$　　　　D. $mg(H-h)$

解析:这道题很多同学容易误选 D,原因是对机械能概念和参考面的性质没有准确掌握。正确的分析为:机械能是物体动能和势能的总和,因为选取桌面为参考面,所以小球初状态的机械能为 mgH。而小球下落过程中只有重力做功,故机械能守恒,即落地瞬间小球的机械能仍为 mgH。所以正确答案应该为 A。

例 2　以 10 m/s 的速度将质量为 m 的物体竖直向上抛出,不计空气阻力,$g=10$ m/s²,一地面为参考面,求:

（1）物体上升的最大高度为多少？

（2）物体在上升过程中何处重力势能与动能相等？

解析：（1）此题用竖直上抛知识可解决，但由于物体在空中只有重力做功，机械能守恒。

以地面为参考面，则物体初状态的机械能 $E_1 = \frac{1}{2}mv_0^2$；在最高点物体的动能为零，所以末状态的机械能 $E_2 = mgh$。

由 $E_1 = E_2$，得 $\frac{1}{2}mv_0^2 = mgh$，$\therefore h = \frac{v_0^2}{2g} = \frac{10^2}{2 \times 10} = 5$ m

（2）初态设为地面 $E_1 = \frac{1}{2}mv_0^2$；末态设高为 h_1，

则末态机械能为 $E_2 = mgh_1 + \frac{1}{2}mv_1^2 = 2mgh_1$

由机械能守恒可得 $E_1 = E_2$，得 $\frac{1}{2}mv_0^2 = 2mgh_1$

$\therefore h_1 = \frac{v_0^2}{4g} = \frac{10^2}{4 \times 10} = 2.5$ m

附：用机械能守恒定律解决问题的关键在于正确找出初、末态的机械能。

例 3 某人以 $v_0 = 4$ m/s 的速度将质量为 m 的小球抛出，小球落地时的速度为 8 m/s，求小球刚抛出时的高度。（$g = 10$ m/s²）

解析：物体自抛出到落地，只有重力做功，机械能守恒。蛇物体抛出时的高度为 h，则抛出时机械能为 $E_1 = mgh + \frac{1}{2}mv_0^2$；落地时机械能为 $E_2 = \frac{1}{2}mv^2$

由机械能守恒可得 $E_1 = E_2$，得 $mgh + \frac{1}{2}mv_0^2 = \frac{1}{2}mv^2$

$\therefore h = \frac{v^2 - v_0^2}{2g} = \frac{8^2 - 4^2}{2 \times 10} = 2.4$ m

以上的机械能守恒公式，也可列为 $mgh - 0 = \frac{1}{2}mv^2 - \frac{1}{2}mv_0^2$，它表示在小球抛出后的运动中，重力势能的减少量全部转化为小球增加的动能。

例 4 某人用力将一质量为 m 的物体从离地面高为 h 的地方竖直上抛，上升的最大高度为 H（相对于抛出点）。设抛出时初速度为 v_0，落地时速度为 v_t，那么此人在抛出物体过程中对物体所做功为（ ）。

A. mgH B. mgh C. $\frac{1}{2}mv_t^2 - mgh$ D. $\frac{1}{2}mv_0^2$

解析：在抛出物体的过程中，只有人对物体做功，抛出前物体的速度 $v = 0$，抛出时物体的速度为 v_0，由动能定理可得

$W_人 = \frac{1}{2}mv_0^2 - 0$ 即人做功将其他形式的能转化为物体的动能，故 D 正确。

同时，在小球运动过程中，只有重力做功，所以机械能守恒，以抛出点为零势能参考面，则物体初状态的机械能为 $E_0 = \frac{1}{2}mv_0^2$

在最高点，物体的机械能为 $E_1 = mgH$

在落地瞬间，物体的机械能为 $E_2 = \frac{1}{2}mv_t^2 - mgh$

由于机械能守恒,所以 $E_0 = E_1 = E_2$,故 A、C 正确。

例 5　长为 L 的一根轻绳一端固定,另一端系一质量为 m 的小球,现将小球移至绳水平伸长状态。然后从静止释放,如图 5-12 所示。求小球摆至最低点时对绳子的拉力。(g 取 10 m/s²)

解析:由于不计空气阻力,在小球的运动过程中只有重力对小球做功,因而小球在摆动过程中机械能守恒,再利用牛顿第二定律求得其所受力。

图 5-12

小球在运动过程中只有重力做功,以初状态说位置为零势能面,则由机械能守恒定律可得:

$$0 = \frac{1}{2}mv^2 - mgL \Rightarrow v = \sqrt{2gL} \qquad \qquad ①$$

在最低点小球受力如图所示,则有　$T - mg = m\dfrac{v^2}{L}$ 　　　　②

将①代入,则可求得:$T = 3mg$

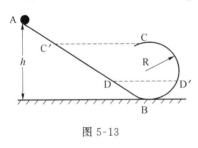

图 5-13

例 6　如图 5-13 所示,物体的质量为 m,沿光滑的弯曲轨道滑下,与弯曲轨道相接的圆轨道的半径为 R,要使物体沿光滑圆轨道运动恰能通过最高点,物体应从离轨道最低点多高的地方由静止滑下?

解析:(1) 小球在运动过程中机械能的转化

A →B;B →C;C →D

(2) 如果将小球从 D 点释放,则小球应能到达何处?为什么?

D′与 D 同高处。

(3) 如果将小球从 C′点释放,C′C 等高,小球能否到达 C 点,为什么?

(可自己做实验试试)小球如何运动→小球不能到达 C 点,在小球的上升过程中,v 减小到一定值时,将脱离轨道做斜抛运动。即小球在运动过程中,除了满足能量关系外,还必须满足力学上的要求。

物体在沿光滑轨道滑动的过程中,只有重力做功,机械能守恒。设物体应从离最低点高为 h 处开始滑下,轨道的最低点处的水平面为零势能秒年,物体在运动到圆轨道最高点时的速度为 v。则开始运动时,物体的机械能为 mgh,运动到圆轨道的最高点时的机械能为 $mg2R + \dfrac{1}{2}mv^2$。

由机械能守恒定律得:

$$mgh = mg2R + \frac{1}{2}mv^2 \qquad \qquad ①$$

要使物体刚好通过轨道的最高点,重力提供向心力,由牛顿第二定律有

$$mg = m\frac{v^2}{R} \Rightarrow v = \sqrt{gR} \qquad \qquad ②$$

代入①式可求得:$h = \dfrac{5}{2}R$

总之,不违背机械能守恒的情况不一定能实现,对每一种运动情况,都必须满足力学要求。

物理天地

过山车中的物理学

过山车的小列车是靠一个机械装置的推力推上最高点的,但在第一次向下行驶后,就再也没有任何装置为它提供动力了。从这时起,带动它沿着轨道行驶的唯一的"发动机"将是重力势能,翻滚过山车的过程就是重力势能转化为动能、动能转化为重力势能的循环转化的过程。当达到圆形轨道的最高点时,它会慢下来。一旦走完行程,机械制动装置就会非常安全地使过山车停下来。

势能属于系统所有

物体的重力势能严格地讲是物体与地球这个系统所共有的,而不是物体单独具有的。通常所说的物体具有多少重力势能,只是一种简略的说法。重力势能须理解为物理意义上的共有,而不是在数量上的共有。因为物体和地球互相靠拢,重力势能转化为物体的动能和地球的动能,两者的比等于地球质量和物体质量之比,所以地球获得的动能可以忽略不计。

体验蹦极:在空中寻求刺激

蹦极台通常建在一座小山峰的峰顶,台距地面或水面大约高50多米,人坐上缆车来到峰顶,踏上蹦极台,在工作人员帮助下系上绷带、脚链等。然后从蹦极台上落下,在空中先做自由落体然后在橡皮绳作用下减速,在空中上下运动,享受着飞翔的美妙感觉。到目前为止,世界上有很多国家都已建立了蹦极跳运动基地,如新加坡、日本、加拿大、澳大利亚以及一些欧洲国家。1997年5月1日,蹦极跳首次传入中国。

跳高时为什么要助跑

跳高运动员能腾起越过横杆,靠的是助跑的惯性和起跳蹬地的支撑反作用力。由于运动员的速度方向是水平向前的,而支撑反作用力是垂直(或近似垂直)向上的,所以起跳后的身体重心沿着一个抛物线轨迹运动。这个抛物线轨迹的高度,取决于起跳时腾起初速度和腾起角的大小,也就是说,腾起初速度和腾起角是增加跳高高度的关键。一般说来,应该尽可能增大这两项数值。

一次地震可以放出多少能量

一次强烈地震发生时,全世界大部分地区都可以记录到它所产生的震动,真可以说是"震撼全球"了。它所释放出来的能量是很大的。一次8.5级地震释放出来的能量,如果换算成电能,相当于我国甘肃刘家峡水电站(122.5万千瓦)工作八九年所能发出的电量总和。这还不是它所具有的全部能量,因为有一部分能量在地震发生过程中转变成热能和使岩层发生断裂位移的机械能了,还有一部分能量没有释放出来。

第六章 动　　量

第一节　动量　动量定理

学习目标

（1）理解和掌握冲量的概念,强调冲量的矢量性。

（2）理解和掌握动量的概念,强调动量的矢量性,并能正确计算一维空间内物体动量的变化。

（3）学习动量定理,理解和掌握冲量和动量改变的关系。

问题引入

有一种杂技表演,一个人躺在地上,上面压一个质量较大的石板。另一个人手持大锤狠狠地打到石板上。问躺着的人是否会有危险? 为什么?

主要知识

（一）冲量

力是产生加速度的原因。如果有恒力 F,作用在质量为 m、静止的物体上,经过时间 t,会产生什么效果呢? 由 $Ft=mat=mv$ 看出,力与时间的乘积 Ft 越大,静止的物体获得的速度 v 就越大;Ft 越小,物体的速度就越小。

由公式看出,如果要使静止的物体获得一定的速度 v,力大,所用时间就短;力小,所用时间就长一些。

力和时间的乘积在改变物体运动状态方面,具有一定的物理意义。

明确:力 F 和力作用时间 t 的乘积,称为力的冲量。用 I 表示冲量,$I=Ft$。

写出:$I=Ft$

力的国际单位是牛,时间的国际单位是秒,冲量的国际单位是牛·秒,国际符号是 N·s。

（1）单位:N·s。

（2）冲量是矢量。

力是矢量,既有大小,又有方向;冲量也既有大小,又有方向。冲量也是矢量。

冲量的方向由力的方向确定。如果在力的作用时间内,力的方向保持不变,则力的方向就是冲量的方向。如果力的方向在不断变化,如一绳拉一物体做圆周运动,则绳的拉力在时间 t

内的冲量,就不能说是力的方向就是冲量的方向。对于方向不断变化的力的冲量,其方向可以通过动量变化的方向间接得出。学习过动量定理后,自然也就会明白了。

(3) 计算冲量时,一定要注意计算的是一个力的冲量,还是合力的冲量。

(4) 冲量的物理意义:冲量是过程物理量,与具体的物理过程相关,冲量是力 F 在时间 t 内的积累效果。不是瞬时效果。如汽车启动时,为了达到相同的速度,牵引力要作用一段时间。而牵引力大小不同,作用时间也不同。牵引力大,加速时间短,牵引力小,加速时间就要长。冲量就是描述力在一段时间内总的"作用"多大和方向如何。

(5) 力和冲量的区别,力 F 和冲量 Ft 都是描述力的作用效果的物理量都是矢量。力是描述瞬时作用大小,力大则物体运动状态改变得快。而冲量是力在一段时间内总的效果,不只与力的大小有关还与作用时间有关。较大的力作用较短的时间,与较小的力作用较长的时间起的作用是相同的,使物体运动状态改变多少是相同的。冲量是过程量。

(6) 冲量的计算 $I=Ft$ 只适合于恒力计算冲量。

其中 F 是几个力的合力,即有几个力同时作用。

$I=F_合 t=F_1 t+F_2 t+\cdots\cdots$

若几个力作用时间不等 $I=F_1 t_1+F_2 t_2+\cdots\cdots+F_n t_n$

(7) 绝对性

由于力和时间的数值都跟参考系的选取无关,所以冲量也跟参考系的选取无关。

(8) 冲量与功有重要区别

冲量与物体是否运动无关,但功则不然,运动是功不为零的前提。

(二) 动量

(1) 定义:物体的质量与速度的乘积称为动量。

定义式 $P=mv$ 式中 v 取地球作参考系。

(2) 动量是矢量,方向与瞬时速度 v 方向相同。

(3) 动量单位:千克·米/秒记作 $kg \cdot m/s$。

(4) 物理意义:速度是状态量,速度与质量乘积也是状态量。动量具有瞬时性,当物体变速运动时,应明确是哪一时刻或哪一位置的动量。

相同动量的物体不管速度大小,质量大小,克服相同阻力运动的时间相同,即它们具有的做机械运动的本领是相同的。

(5) 瞬时性:动量是状态量,动量定义中的速度是瞬时速度。

(6) 相对性:物体的动量也与参考系的选取有关。

(7) 动量与速度、动能的区别:

速度是描述运动状态的物理量,只能"从它是如何运动"的角度来描述运动,不能反应物体与外界联系。

动量是从物体运动与外界的联系即相互作用角度来描述物体是怎样运动的,除了说明它现在怎样运动,还说明它将来克服阻力时会怎样。

动量与动能也不同,动能的大小是物体克服阻力,别的形式的能量可增加多少,如物体克服摩擦力做功,动能转化为内能,动能减少多少,内能就增加多少。而动量减少的值与内能增加的值不相等。

动量的改变是与外力的冲量相对应的,动能的变化与外力功相对应。

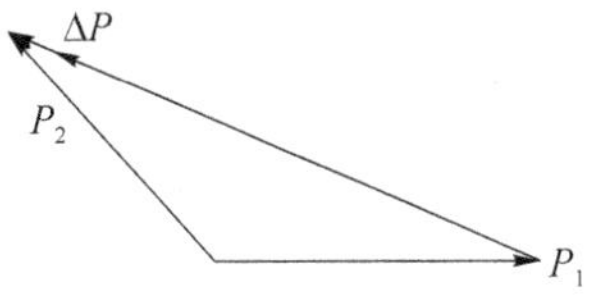

（8）动量变化

动量变化是末动量与初动量之差，公式为 $\Delta P = P_2 - P_1$ 它应是矢量之差，用平行四边形求出。

如图 6-1 所示，$|\Delta P| > |P_1|$，$|\Delta P| > |P_2|$

图 6-1

（三）动量定理

（1）表述：物体所受合外力的冲量等于物体动量的变化。

公式：$I = mv_t - mv_0 = P_t - P_0$

（2）动量定理的意义

① 力对时间的积累效果是物体的动量发生变化的原因。冲量是与作用过程有关的物理量，作用结果使物体的运动状态改变一定的量，所以力的冲量是动量变化（多少和方向）的原因。

② 动量定理是矢量关系，冲量与动量变化不只是大小相等，方向也相同，动量变化的方向与合外力或合外力的平均力方向相同，运算中要用矢量运算法则。

③ 动量定理的分量式

利用动量定理的分量可解一个方向上动量变化

由正交分解法可以把动量和冲量都分解到正交的 x,y 轴方向上，P_0 分解为 P_{0x} 和 P_{0y}，P_t 分解为 P_{tx} 和 P_{ty}，I 分解为 I_x 和 I_y

$$I_x = P_{tx} - P_{0x}, I_y = P_{ty} - P_{0y}$$

（3）冲力的意义

由动量定理得 $\overline{F} = \dfrac{\Delta P}{t}$，$\overline{F}$ 称为冲力

它是时间 t 内的平均值。实际的作用力是变化幅度很大，而变化的时间很短，F 变化是很快的。

（4）动量定理与牛顿第二运动定律的关系

由牛顿第二定律可导出动量定理，两条规律都反映了外力与运动状态改变之间的因果关系。但它们反映的侧面不同，牛顿第二定律说明了力与运动状态改变的瞬时关系，动量定理反映了一段时间内力作用效果与状态改变（多少、方向）关系。

动量定理是力作用与始末状态关系，可以不管某一时刻力的瞬时值，更适合于变力作用情况，如冲击、碰撞、反冲运动等。

牛顿第二定律只适用于宏观、低速运动。

动量定理适用范围要宽得多。

（5）应用动量定理的解题步骤

应用动量定理解决的两类题：一定已知冲量（冲力）求动量变化；一是已知动量变化求冲量（冲力）。

解题步骤是：

① 选择恰当的物体或物体组成的系统作为研究对象。

② 对研究对象进行受力分析，从而确定所研究过程中所受各力的冲量。

③ 选择正方向，确定初、末态动量。

④ 根据动量定理列方程、求解。

例1 下列关于动量及其变化说法正确的是(　　)。

A. 两物体的动量相等,动能也一定相等

B. 物体动能发生变化,动量也一定发生变化

C. 动量变化的方向一定与初末动量的方向都不同

D. 动量变化的大小,不可能等于初末状态动量大小之和

解析:选 B。由动量和动能的关系 $E_k=\dfrac{p^2}{2m}$ 可知,当动量 p 相等时,动能 E_k 不一定相等,A 项错;当动能 $E_k=\dfrac{1}{2}mv^2$ 变化时,速度 v 的大小一定变化,动量 $p=mv$ 一定变化,B 项正确;当物体以一定的初速度做匀加速直线运动过程中,Δp 的方向与 $p_初$、$p_末$ 均相同,C 项错;当物体在水平面上以一定的速度与竖直挡板碰撞后沿原速度相反的方向弹回的过程中,动量变化的大小等于初、末状态动量大小之和,D 项错。

例2 质量 $m=500$ g 的篮球,以 10 m/s 的初速度竖直上抛,当它上升到高度 $h=1.8$ m 处与天花板相碰,经过时间 $t=0.4$ s 的相互作用,篮球以碰前速度的 $\dfrac{3}{4}$ 反弹,设空气阻力忽略不计,g 取 10 m/s² ,则篮球对天花板的平均作用力为多大?

解析:设篮球与天花板碰前速度为 v,

由 $v^2-v_0^2=-2gh$,得

$v=\sqrt{v_0^2-2gh}=\sqrt{10^2-2\times10\times1.8}$ m/s$=8$ m/s,方向向上。

碰后速度 $v'=\dfrac{3}{4}v=6$ m/s,方向向下。

碰撞过程中球受向下的重力 mg 和天花板对球向下的平均作用力 F,以向下为正方向对球由动量定理得:

$(F+mg)t=mv'-mv$

$F=\dfrac{mv'-mv}{t}-mg=\dfrac{0.5\times6-0.5\times-8}{0.4}$ N-0.5×10 N$=12.5$ N

由牛顿第三定律知篮球对天花板的平均作用力 $F'=12.5$ N,方向向上。

答:12.5 N。

例3 质量 2 kg 的木块与水平面间的动摩擦因数 $\mu=0.2$,木块在 $F=5$ N 的水平恒力作用下由静止开始运动。$g=10$ m/s² ,求恒力作用木块上 10 s 末物体的速度。

解析1:恒力作用下的木块运动中共受到竖直向下的重力 mg,水平面向上的支持力 N,沿水平方向的恒力 F 和摩擦力。木块运动的加速度

$a=\dfrac{F-f}{m}=\dfrac{5-0.2\times2\times10}{2}$ m/s²$=0.5$ m/s²

木块运动 10 s 的速度

$v_t=at=0.5\times10$ m/s$=5$ m/s

解析2:木块的受力分析同上。在 10 s 内木块所受合力的冲量 $I=Ft-ft$。

木块初速度是零,10 s 末速度用 v 表示。10 s 内木块动量的改变就是 mv。根据动量定理 $I=mv$,10 s 末木块的速度

$$v=\dfrac{I}{m}=\dfrac{Ft-ft}{m}=\dfrac{5\times10-4\times10}{2}\text{ m/s}=5\text{ m/s}$$

两种解法相比较,显然利用动量定理比较简单。动量定理可以通过牛顿第二定律和速度公式推导出来,绕过了加速度的环节。用动量定理处理和时间有关的力和运动的问题时就比较方便。

例 4 质量 1 kg 的铁球从沙坑上方由静止释放,下落 1 s 落到沙子表面上,又经过 0.2 s,铁球在沙子内静止不动。假定沙子对铁球的阻力大小恒定不变,求铁球在沙坑里运动时沙子对铁球的阻力。($g = 10$ m/s^2)

解析 1:（用牛顿第二定律求解）

铁球下落 1 s 末,接触到沙坑表面时速度

$$v = gt = 10 \times 1 \text{ m/s}$$

铁球在沙子里向下运动时,速度由 $v = 10$ m/s 减小到零。铁球运动的加速度方向向上,

$$a = \frac{v_t - v}{t} = \frac{0 - 10}{0.2} \text{ m/s}^2 = -50 \text{ m/s}^2$$

铁球在沙子里运动时,受到向下的重力 mg 和沙子对它的阻力 f。根据牛顿第二定律,以向上为正方向。

$$f - mg = ma$$

沙子对铁球的作用力

$F = mg + ma = 1 \times (10 + 50)$ N $= 60$ N

解析 2:（使用动量定理）

铁球由静止下落 1 s 末,到与沙子接触时速度为

$V = gt = 10 \times 1$ m/s $= 10$ m/s

在沙子里运动时,铁球受到向下的重力 mg 和沙子对它向上的阻力 f。以向上为正方向,合力的冲量为 $(f - mg)t$,物体的动量由 mv 减小到零,动量的改变为 $0 - mv$。根据动量定理,

$$(f - mg)t = -mv$$

沙子对铁球的阻力

$$f = mg - \frac{mv}{t} = \left[1 \times 10 - \frac{1 \times (-10)}{2} \right] \text{ N} = 60 \text{ N}$$

说明: 因为规定向上为正方向,速度 v 的方向向下,所以 10 m/s 应为负值。

解析 3:（使用动量定理）

铁球在竖直下落的 1 s 内,受到重力向下的冲量为 mgt_1。铁球在沙子里向下运动时,受到向下的重力冲量是 mgt_2,阻力对它向上的冲量是 ft_2。取向下为正方向,整个运动过程中所有外力冲量总和为 $I = mgt_1 + mgt_2 - ft_2$。铁球开始下落时动量是零,最后静止时动量还是零。整个过程中动量的改变就是零。根据动量定理,

$$mgt_1 + mgt_2 - ft_2 = 0$$

沙子对铁球的作用力

$$f = \frac{mgt_1 + mgt_2}{t_2} = \frac{1 \times 10(1 + 0.2)}{0.2} \text{ N} = 60 \text{ N}$$

比较三种解法,解法 1 使用了牛顿第二定律,先用运动学公式求出落到沙坑表面时铁球的速度,再利用运动学公式求出铁球在沙子里运动的加速度,最后用牛顿第二定律求出沙子对铁球的阻力。整个解题过程分为三步。解法 2 先利用运动学公式求出铁球落到沙子表面的速度,然后对铁球在沙子里运动这一段使用动量定理,求出沙子对铁球的阻力。整个过程简化为两步。解法 3 对铁球的整个运动使用动量定理,只需一步就可求出沙子对铁球的阻力。解法

3 最简单。通过解法 3 看出,物体在运动过程中,不论运动分为几个不同的阶段,各阶段、各个力冲量的总和,就等于物体动量的改变。这就是动量定理的基本思想。

第二节　动量守恒定律

学习目标

(1) 理解动量守恒定律的确切含义。

(2) 了解动量守恒定律的适用条件和适用范围,能够用动量守恒定律解题。

问题引入

动量定理研究了一个物体受到力的冲量作用后,动量怎样变化,那么两个或两个以上的物体相互作用时,又会出现怎样的总结果呢? 例如,站在冰面上的甲乙两个同学,不论谁推一下谁,他们都会向相反的方向滑开,两个同学的动量都发生了变化。又如,在平静的湖面上有一艘小船,当人在船上走动时,船会同时沿着与人运动相反的方向运动,而且当人静止时,船也即时静止。生活还有很多其他的例子,这些过程中相互作用的物体的动量都发生了变化,但它们究竟遵循着什么样的规律呢? 那么本节内容就要探讨这个问题。

主要知识

(一) 系统　内力和外力

(1) 系统:两个或多个物体组成的研究对象称为一个力学系统。

(2) 内力:系统内两物体相互间的相互作用力。

(3) 外力:系统以外的物体对系统施加的力。

注意:内力和外力的区分依赖于系统的选取,只有在确定了系统后,才能确定内力和外力。

以光滑水平面上发生碰撞的两个物体为例,它们之间一定有相互作用,这是内力;他们还要受到重力和桌面对它们的支持力,这是外力。

在物理情境用牛顿运动定律推导动量守恒公式。

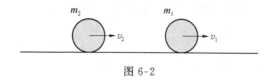

图 6-2

如图 6-2 所示,在光滑的水平面上做匀速直线运动的两个小球,质量分别为 m_1 和 m_2,沿着同一个方向运动,速度分别为 v_1 和 v_2(且 $v_2 >$ v_1),则它们的总动量(动量的矢量和) $p =$ $m_1 v_1 + m_2 v_2$。当第二个球追上第一个球并发生碰撞,碰撞后的速度分别为 v_1' 和 v_2',此时它们的动量的矢量和,即总动量 $p' = p_1' + p_2' = m_1 v_1' + m_2 v_2'$。下面从动量定理和牛顿第三定律出发讨论 p 和 p' 有什么关系。

推导过程:

根据牛顿第二定律,碰撞过程中两球的加速度分别是:$a_1 = \dfrac{F_1}{m_1}$,$a_2 = \dfrac{F_2}{m_2}$

根据牛顿第三定律,F_1、F_2 大小相等、方向相反,即:$F_1 = -F_2$

所以 : $m_1 a_1 = - m_2 a_2$

碰撞时两球之间力的作用时间很短,用 Δt 表示,这样,加速度与碰撞前后速度的关系就是 : $a_1 = \dfrac{v_1' - v_1}{\Delta t}, a_2 = \dfrac{v_2' - v_2}{\Delta t}$

把加速度的表达式代入 $m_1 a_1 = - m_2 a_2$,并整理得 :

$$m_1 v_1 + m_2 v_2 = m_1 v_1' + m_2 v_2'$$

上述情境可以理解为 : 以两小球为研究对象,系统的合外力为零,系统在相互作用过程中,总动量是守恒的——即动量守恒表达式。

由以上互动环节,可得出动量守恒的定义及表达式。

(二) 动量守恒定律

(1) 内容表述 : 一个系统不受外力或受外力矢量和为零,这个系统的总动量保持不变,这就是动量守恒定律。

(2) 数学表达式 :

$$m_1 v_1 + m_2 v_2 = m_1 v_1' + m_2 v_2'$$

相互作用的两个物体组成的系统,作用前系统的总动量等于作用后系统的总动量

(三) 动量守恒定律的"四性"

(1) 同一性 : 由于动量大小与参考系的选取有关,因此应用动量守恒定律是,应注意各物体的速度必须是相对同一惯性系的速度,一般以地面为参考系。

(2) 矢量性 : 动量守恒方程是一个矢量方程。对于作用前后物体的运动方向都在一条直线上的问题,解题时务必选取正方向,选取正方向之后,用正负表示方向,将矢量运算变为代数运算。

(3) 瞬时性 : 动量是一个矢量,动量守恒指的是系统任一瞬时的动量恒定,列方程 $m_1 v_1 + m_2 v_2 = m_1 v_1' + m_2 v_2'$ 时,等号左边是作用前(或某一时刻)个物体的动量和,等号右侧是作用后(或另一时刻)各物体的动量和,不同时刻动量不能相加。

(4) 普适性 : 它不仅适用于两个物体所组成的系统 ; 也适用于多个物体组成的系统。并且相互作用的物体无论是宏观的还是微观的,无论是低速的还是高速到接近光速的,动量守恒定律都适用。

(四) 成立条件

动量守恒定律有许多优点。其中最突出的一点是,它不需要考虑系统相互作用过程中的各个瞬间细节,只考虑始末状态的动量。即使在牛顿定律适用范围内,它也能解决许多由于相互作用力难以确定而不能直接应用牛顿定律的问题。能有效地处理一些过程变化复习的问题。但它的使用要满足一定的条件。请详细的研究动量守恒定律的内容并结自己的理解,总结出动量守恒定律的适用条件。

(1) 系统不受外力或受外力之和为零,系统的总动量守恒。

(2) 系统所受外力虽不为零,但内力远远大于外力,可忽略外力,系统的动量守恒(如碰撞问题中的摩擦力,爆炸过程中的重力等外力比起相互作用的内力来小得多,可以忽略不计)。

（3）系统所受外力虽不为零,但在某一方向上不受外力或合外力为零,则在该方向上系统的总动量的分量守恒。

例 1 如图 6-3 所示,在水平桌面上有两辆小车 A 和 B,质量分别为 0.5 kg 和 0.2 kg。这两辆小车分别靠在一根被压缩的轻弹簧的两端,并和细线拴在一起,烧断细线后,这两辆小车在弹簧弹力作用下分开,小车 A 以 0.8 m/s 的速度向左运动,小车 B 的速度是多大？方向如何？

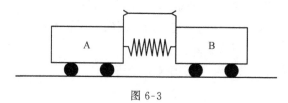

图 6-3

解析：A、B 系统水平方向不受外力,竖直方向所受合外力为零。因而整个系统遵循动量守恒定律,正确运用动量守恒定律即可。

取小车 A 向左运动为正方向,由系统动量守恒可得：

$0 = m_A v'_A + m_B v'_B$

$0 = 0.5 \times 0.8 + 0.2 v'_B$

$v'_B = -2$ m/s

"–"表示方向与正方向相反,所以 B 的方向水平向右。

答：略。

例 2 一炮挺总质量为 M,以速度 v_0 匀速行驶,从船上相对海岸的水平速度 v 沿前进方向射出一个质量为 m 的炮弹,发射后炮艇的速度为 v',若不计水的阻力,以下关系中正确的是（　　）。

A. $Mv_0 = (M-m)v' + mv$ 　　　　B. $Mv_0 = (M-m)v' + m(v+v_0)$

C. $Mv_0 = (M-m)v' + m(v+v')$ 　　D. $Mv_0 = Mv' + mv$

解析：由于放射过程极短,放射过程中其他外力均可不计,故发射炮弹的过程中动量守恒。则由动量守恒定律有 $Mv_0 = (M-m)v' + mv$,故 A 正确。

例 3 质量为 m 的人以大小为 v_0、与水平方向成 θ 的初速度跳入一个装着沙子的总质量为 M 的静止沙车中,如图 6-4 所示,沙车与地面间的摩擦力不计,人与沙车的共同速度为多少？

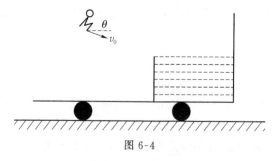

图 6-4

解析：把人和沙车看成一个系统,人竖直方向受重力,所以系统动量不守恒。但系统在整个过程中水平方向不受外力,则系统水平方向动量守恒。

所以 $mv_0\cos\theta = (M+m)v$,则 $v = \dfrac{mv_0\cos\theta}{M+m}$。

答：略。

第三节 碰 撞

学习目标

（1）知道弹性碰撞与非弹性碰撞。
（2）认识对心碰撞与非对心碰撞。
（3）知道碰撞的特点和规律。
（4）能够应用动量守恒定律解决碰撞问题。

问题引入

高速行驶的汽车发生碰撞，人为什么反应不过来？车子为什么严重变形？碰撞又有什么的特点？

主要知识

（一）碰撞的特点

（1）时间极短。（所以人反应不过来）
（2）作用力很大。（所以严重变形）碰撞过程车子还受其他外力，比如摩擦力，空气阻力，但与内力相比小很多。换句话说，内力远大于外力，这是碰撞的两个特点。
如果时间极短，碰撞瞬间物体位移会怎样？
（3）瞬间没有发生位移。

（二）碰撞的分类

在物理学上，两球相碰后速度仍沿同一直线，称为正碰，也称对心碰撞；另一种相碰后偏离球心连线称为斜碰，也称为非对心碰撞。

（三）碰撞的规律

1666年在英国皇家学会上表演的一个实验，如图6-5所示，在当时引起极大的轰动。实验仪器较为简单，用细绳悬挂两个钢球在同一水平高度，这两个钢球的大小、形状和质量均相同。

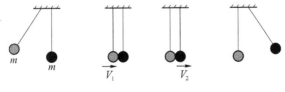

图 6-5

可以观察到小球1撞击小球2，结果小球1停止，而小球2开始运动。奇怪的是，为什么碰撞之后那个小球会停下来。

我们共同分析一下两个小球的碰撞过程。

小球 1 以速度 V 撞击静止的小球 2，碰撞之后小球 1 静止，小球 2 具有速度 V'，精确测量表明两小球运动的最大高度在同一水平线，由此可以说明 V 和 V' 是相等的。也就是说碰撞的结果是两个小球交换了速度，对于这个速度交换的碰撞结果用什么规律才能给出合理的解释？

可以从系统动量守恒进行解释吗？碰撞之前系统动量为 mv，碰撞之后系统动量也是 mv，碰撞过程系统动量守恒，所以碰前的动量和碰后的动量相等。即有：

$$mv+0=0+mv \tag{1}$$

这样的分析有没有道理？我们看这两种情况，以初速度 v 方向为正方向：

情形 1： $\qquad mv+0=m(-0.5v)+m(1.5v) \tag{2}$

情形 2： $\qquad mv+0=m(0.2v)+m(0.8v) \tag{3}$

它们均满足动量守恒，但是实验结果唯一，(2)和(3)是不可能出现的，这是动量守恒解释不了的。

既然解释不了，是不是可以认为除动量守恒在支配碰撞的结果之外，还有一个隐藏的规律也同时在支配着碰撞的结果。这个隐藏的规律可能是什么？

因为没有能量损失，所以是能量。

系统碰撞前后的动能好像应该相等，在(1)中满足，但是在(2)和(3)中不满足。

动量守恒是我们能够确定的，而动能也相等也就是说机械能守恒至多是个假设，人们常说大胆假设，小心求证。因此，机械能是否守恒还需要进一步加以验证。为此可以把碰撞前后系统机械能守恒作为一个假设。

现在,的目标是寻求办法验证碰撞前后系统机械能守恒这个假设是否成立。首先要建立模型。生活中的碰撞是很复杂的，要抓住主要矛盾，利用简化思想抽象出最简单的模型。比如光滑水平面上，质量为 m_1 的小球速度为 V_0，质量为 m_2 的小球静止，两球发生正碰，碰撞之后两小球的速度分别为 V_1 和 V_2。

推导：以初速度 V_0 方向为正方向

$$m_1v_0+0=m_1v_1+m_2v_2 \tag{1}$$

$$\frac{1}{2}m_1v_0^2+0=\frac{1}{2}m_1v_1^2+\frac{1}{2}m_2v_2^2 \tag{2}$$

求解： $v_1=\dfrac{m_1-m_2}{m_1+m_2}v_0 \qquad v_2=\dfrac{2m_1}{m_1+m_2}v_0$

讨论：

(1) 若 $m_1=m_2$，则 $V_1=0$，$V_2=V_0$（这就是实验结果，两球交换速度）

(2) 若 $m_1>m_2$，则 $V_1>0$，$V_2>0$（用实验加以验证）

(3) 若 $m_1<m_2$，则 $V_1<0$，$V_2>0$（用实验加以验证）

(4) 若 $m_1\gg m_2$，则 $V_1\approx V_0$，$V_2\approx 2V_0$

(5) 若 $m_1\ll m_2$，则 $V_1\approx -V_0$，$V_2\approx 0$（生活实例乒乓球撞墙原速率反弹，墙不动）

从上面推导过程看，理论推导的结果和实验结果吻合一致，到这里我们可以认为刚才提出的假设是符合实际情况，可以用来解释实际情况的。在物理学中，把这一类满足动能不损耗的碰撞称为弹性碰撞。

是不是所有的碰撞都满足系统机械能守恒呢？大家认真观察并思考下面两种情形：

情形 1：一个质量 $m=1$ kg 的钢球，以水平速度 $V_0=2$ m/s 运动，碰到一个静止的质量

$M=3$ kg 的橡皮泥球。碰撞后两球粘在一起向前运动。

情形 2：一个质量 $m=1$ kg 的木球，以水平速度 $V_0=2$ m/s 运动，碰到一个静止的质量 $M=3$ kg 的泥球。碰撞后两球分开，木球速度为 $V_1=0.2$ m/s；

（1）碰后两球的速度多大？

（2）碰前两球动能之和多大？

（3）碰后两球动能之和多大？

情形 1：碰后两球速度相等为 0.5 m/s；碰前动能之和为 2 J，碰后动能之和为 0.5 J。

情形 2：碰后木球速度 0.2 m/s，泥球速度 0.6 m/s；碰前动能之和为 2 J，碰后动能之和为 0.56 J。

计算表明这两种碰撞动能发生了损耗，在物理学中称之为非弹性碰撞。情形 1 动能损耗最大，碰撞的特征是碰后两球粘在一起具有相同的速度，这种碰撞是非弹性碰撞中系统动能损耗最大的，称为完全非弹性碰撞。情形 2 动能有损耗但没达到最大，称为一般碰撞。

碰撞分为三类，一是弹性碰撞，机械能守恒；二是一般碰撞，动能有损失；三是完全非弹性碰撞，动能损失最大。总言之，无论什么碰撞，机械能不增加。

需要说明的是：

（1）真正的弹性碰撞，只有在分子、原子以及更小的粒子之间才会遇到。因为微观粒子相互接近时并不发生直接接触，因此微观粒子的碰撞又称散射。

（2）钢球、玻璃球、硬木球等坚硬物体间的碰撞，通常情况下动能损失很小，因此我们可以把它们当成弹性碰撞来处理。

下面归纳总结出碰撞规律：

（1）碰撞过程由于内力远大于外力，遵循动量守恒定律。

（2）碰撞过程机械能不能增加，要么不变或者要么减少。

（3）碰撞要符合客观实际。

碰前：后面的小球 1 要追得上前面的小球 2，要求 $v_1>v_2$

碰后：如果两球同向：$v_1'\leqslant v_2'$

例 1　关于物体的动量，下列说法中正确的是（　　　　）。

A. 物体的动量越大，其惯性也越大

B. 同一物体的动量越大，其速度一定越大

C. 物体的加速度不变，其动量一定不变

D. 运动物体在任一时刻的动量方向一定是该时刻的速度方向

解析：此题考查有关动量大小的决定因素和矢量性。物体的动量越大，即质量与速度的乘积越大，不一定惯性（质量）大，A 项错；对于同一物体，质量一定，所以速度越大，动量越大，B 项对；加速度不变，但速度可以变，如平抛运动的物体，故 C 项错；动量的方向始终与速度方向相同，D 项对。

答案：BD。

例 2　如图 6-6 所示，质量分别为 m_1 和 m_2 的两个等半径小球，在光滑的水平面上分别以速度 v_1、v_2 向右运动，并发生对心正碰，碰后 m_2 被墙弹回，与墙碰撞过程中无能量损失，m_2 返回又与 m_1 相向碰撞，碰后两球都静止。求

第一次碰后 m_1 球的速度。

解析：设 m_1、m_2 碰后的速度大小分别为 v_1'、v_2'，

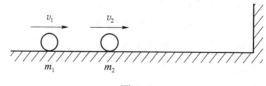

图 6-6

则由动量守恒知

$$m_1 v_1 + m_2 v_2 = m_1 v_1' + m_2 v_2'$$

$$m_1 v_1' - m_2 v_2' = 0$$

$$\therefore v_1' = \frac{m_1 v_1 + m_2 v_2}{2m_1} \quad 方向向右$$

答：$\dfrac{m_1 v_1 + m_2 v_2}{2m_1}$ 方向向右

例 3 光滑水平面上,用弹簧相连接的质量均为 2 kg 的 A、B 两物体都以 $v_0 = 6$ m/s 的速度向右运动,弹簧处于原长。质量为 4 kg 的物体 C 静止在前方,如图 6-7 所示,B 与 C 发生碰撞后黏合在一起运动,在以后的运动中,求：

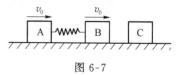

图 6-7

(1)弹性势能最大值为多少？(2)当 A 的速度为零时,弹簧的弹性势能为多少？

解析：(1)B、C 碰撞瞬间,B、C 的总动量守恒,由动量守恒定律得 $m_B v_0 = (m_B + m_C)v$

解得：$v = 2$ m/s

三个物体速度相同时弹性势能最大,

由动量守恒定律得：$m_A v_0 + m_B v_0 = (m_A + m_B + m_C)v_共$,解得：$v_共 = 3$ m/s

设最大弹性势能为 E_p,由能量守恒得：

$$E_p = \frac{1}{2}m_A v_0^2 + \frac{1}{2}(m_B + m_C)v^2 - \frac{1}{2}(m_A + m_B + m_C)v_共^2 = 12 \text{ J}.$$

(2)当 A 的速度为零时,由动量守恒定律得：

$$m_A v_0 + m_B v_0 = (m_B + m_C)v_{BC}$$

解得 $v_{BC} = 4$ m/s.

则此时的弹性势能 $E_p' = \frac{1}{2}m_A v_0^2 + \frac{1}{2}(m_B + m_C)v^2 - \frac{1}{2}(m_B + m_C)v_{BC}^2 = 0$

答：(1) 12 J,(2) 0。

 物理天地

有速度就有力度

运动是相对的。当鸟与飞机相对而行时,虽然鸟的速度不大,但飞机飞行速度很大,这样对于飞机来说,鸟的速度就很大。速度越大,撞击的力量就越大。比如一只 0.45 千克的鸟,撞在速度为每小时 80 千米的飞机上,就会产生 1500 牛顿的力,要是撞在速度为每小时

960千米的飞机上,那就要产生21.6万牛顿的力。如果一只1.8千克的鸟撞在速度为每小时700千米的飞机上,产生的冲击力比炮弹的冲击力还要大。所以浑身是肉的鸟也能变成击落飞机的"炮弹"。

动量和动能是分别量度物体运动的两个不同本质的物理量

动量是物体运动的一种量度,它是从机械运动传递的角度,以机械运动来量度机械运动的。在机械运动传递的过程中,机械运动的传递遵循动量守恒定律。动量相等的物体可能具有完全不同的速度,动量虽然与速度有关,但不同于速度,仅有速度还不能反映使物体获得这个速度,或以使这个速度运动的物体停下来的难易程度。动量作为物体运动的一种量度,能反映出使给定的物体得到一定速度需要多大的力,作用多长的时间。

动能也是物体运动的一种量度。它是从能量转化的角度,以机械运动转化为一定量的其他形式的运动的能力来量度机械运动的。在动能的转化过程中,动能的转化遵循能量的转化和守恒定律,动能作为物体运动的一种量度,能反映出使给定的物体得到一定速度需要在多大的力的作用下。沿着力的方向移动多长的距离。

动量和动能的变化分别对应着力的两个不同的累积效应

动量定理描述了冲量是物体动量变化的量度。动量是表征运动状态的量,动量的增量表示物体运动状态的变化,冲量则是引起运动状态改变的原因,并且是动量变化的量度。动量定理描述的是一个过程,在此过程中,由于物体受到冲量的作用,导致物体的动量发生变化。

动能定理揭示了动能的变化是通过做功过程来实现,且动能的变化是通过做功来量度的。动能定理所揭示的这一关系。也是功跟各种形式的能量变化的共同关系,即功是能量变化的量度。各种形式的能是可以相互转化的,这种转化也都是通过做功来实现的,且通过做功来量度。由此可见。动量和动能的根本区别,就在于它们描述物理过程的特征和守恒规律不同。每一个运动的物体都具有一定的动量和动能,但动量的变化和能量的转化,完全服从不同的规律。因此要了解和区别这两个概念,就必须从物理变化过程中去考虑。动量的变化表现着力对时间的累积效应,动量的变化与外力的冲量相等;动能的变化表现着力对空间的累积效应,动能的变化与外力做的功相等。

动量与冲量既是密切联系着的、又是有本质区别的物理量。动量决定物体反抗阻力能够移动多久;动能与功也是密切联系着的。又是有本质区别的物理量,动能决定物体反抗阻力能够移动多远。

第七章　机械振动　机械波

第一节　机械振动　简谐振动

学习目标

（1）了解回复力、平衡位置、机械振动、振幅、周期等的概念。
（2）知道什么是简谐运动及物体做简谐运动的条件。
（3）理解简谐运动在一次全振动过程中位移、回复力、加速度、速度的变化情况。
（4）理解简谐运动的对称性及运动过程中能量的变化及简谐运动周期公式。
（5）能够求解简谐运动与力学的综合题型。

问题引入

在自然界中，经常观察到一些物体来回往复的运动，如吊灯的来回摆动，树枝在微风中的摆动，下面就来研究一下这些运动具有什么特点。

主要知识

微风中树枝的颤动、心脏的跳动、钟摆的摆动、声带的振动……这些物体的运动都是振动，这些运动都有一个明显的中心位置。

（一）机械振动

物体或物体的一部分都在这个中心位置两侧往复运动。这样的运动称为机械振动。

（二）平衡位置

当物体不再往复运动时，都停在这个位置，就把这一位置称为平衡位置。

平衡位置是指运动过程中一个明显的分界点，一般是振动停止时静止的位置，并不是所有往复运动的中点都是平衡位置。存在平衡位置是机械运动的必要条件，有很多运动，尽管也是往复运动，但并不存在明显的平衡位置，所以并非机械振动。

如：拍皮球、人来回走动。

注意：在运动过程中，平衡位置受力并非一定平衡！如：小球的摆动。

机械振动的充要条件：（1）有平衡位置。（2）在平衡位置两侧往复运动。

自然界中的钟摆、心脏、活塞、昆虫翅膀的振动、浮标上下浮动、钢尺的振动都是机械振动。

（三）回复力

1. 回复力

分析:振动物体在平衡位置右侧时,有一个向左的力,在平衡位置左侧时,有一个向右的力,这个力总是促使物体回到平衡位置。

机械振动的物体,总是在平衡位置两侧往复运动的原因是受到一个总是指向平衡位置的力,它的作用是总使振子回复到平衡位置,这样的力称为回复力(在平衡位置时,回复力应该为零)。

回复力:使物体返回平衡位置的力,方向总是指向平衡位置。

特点:(1)是效果力(按效果命名的力)。

(2)可以是某个力,也可以是几个力的合力,还可以是某个力的分力。

2. 偏离平衡位置的位移

由于振子总是在平衡位置两侧移动,如果我们以平衡位置作为参考点来研究振子的位移就更为方便。这样表示出的位移称为偏离平衡位置的位移。它的大小等于物体与平衡位置之间的距离,方向由平衡位置指向物体所在位置。(由初位置指向末位置)用 x 表示。

偏离平衡位置的位移与某段时间内位移的区别:偏离平衡位置的位移是以平衡位置为起点,以平衡位置为参考位置。

某段时间内的位移,是默认以这段时间内的初位置为起点。

（四）简谐运动

弹簧振子。一个滑块通过一个弹簧连在底座上,底座上有许多小孔,和一个皮管相连,对着皮管吹气,底座上喷出的气流会使振子浮在底座上方,从而达到减小摩擦的作用,和前面的气垫导轨相似。分析之后可以发现:是机械振动。接下来研究弹簧振子振动的规律。

对弹簧振子振动规律的研究:

(1)弹簧振子运动过程中 F 与 x 之间的关系。

大小关系:根据胡克定律,$F=k|x|$。

方向关系:F 与 x 方向相反,取定一正方向后可得,$F=-kx$。

总结:$F=-kx$。

(2)弹簧振子运动过程中各物理量的变化情况分析

结合图 7-1 分析振子在一次全振动中回复力 F、偏离平衡位置的位移 x、加速度 a、速度 V 的大小变化情况及方向。

① A→O　$x\downarrow$,方向由 O　向 A

　　　　　$F\downarrow$,方向由 A　向 O

　　　　　$a\downarrow$,方向由 A　向 O

　　　　　$V\uparrow$,方向由 O　向 A

振子做加速度不断减小的加速运动

② 在 O 位置,$x=0$,$F=0$,$a=0$,V 最大;

③ O→A′　$x\uparrow$,方向由 O　向 A′

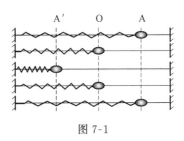

图 7-1

$F\uparrow$,方向由 A′向 O

$a\uparrow$,方向由 A′向 O

$V\downarrow$,方向由 O 向 A′

振子做加速度不断增大的减速运动

④ 在 A′位置,x 最大,F 最大,a 最大,$V=0$

⑤ A′→O　$x\downarrow$,方向由 O 向 A′

　　　　　$F\downarrow$,方向由 A′ 向 O

　　　　　$a\downarrow$,方向由 A′ 向 O

　　　　　$V\uparrow$,方向由 O 向 A′

振子做加速度不断减小的加速运动

⑥ 在 O 位置,$x=0$,$F=0$,$a=0$,V 最大;

⑦ O→A　$x\uparrow$,方向由 O 向 A

　　　　$F\uparrow$,方向由 A 向 O

　　　　$a\uparrow$,方向由 A 向 O

　　　　$V\downarrow$,方向由 O 向 A

振子做加速度不断增大的减速运动

⑧ 在 A 位置,x 最大,F 最大,a 最大,$V=0$

（3）简谐运动定义:

弹簧振子由于偏离平衡位置的位移和回复力具有明显的对称性,导致其速度、加速度等都具有明显的对称性,形成的运动是一种简单而和谐的运动一般称为简谐运动。

定义:物体在跟偏离平衡位置的位移大小成正比,方向总是指向平衡位置的平衡位置的回复力作用下的振动称为简谐运动。

条件:①有回复力。②$F=-kx$

证明物体运动是简谐运动的证明步骤:

①找平衡位置。②找回复力。③找 $F=kx$。④找方向关系。

简谐振动是一种机械运动,有关机械运动的概念和规律都适用,简谐振动的特点在于它是一种周期性运动,它的位移、回复力、速度、加速度以及动能和势能（重力势能和弹性势能）都随时间做周期性变化。

（五）描述振动的物理量

简谐振动是一种周期性运动,描述系统的整体的振动情况常引入下面几个物理量。

1. 振幅

振幅是振动物体离开平衡位置的最大距离,常用字母"A"表示,它是标量,为正值,振幅是表示振动强弱的物理量,振幅的大小表示了振动系统总机械能的大小,简谐振动在振动过程中,动能和势能相互转化而总机械能守恒。

振幅表示振动的强弱,等于振动物体的最大位移的绝对值

2. 全振动

一次完整的运动称为一次全振动。

3．周期和频率

周期是振子完成一次全振动的时间,频率是一秒内振子完成全振动的次数。振动的周期T跟频率f之间是倒数关系。

即
$$T = \frac{1}{f}$$

振动的周期和频率都是描述振动快慢的物理量,简谐振动的周期和频率是由振动物体本身性质决定的,与振幅无关,所以又称固有周期和固有频率。

注意:周期和振幅无关。

用一个大的电子钟,改变振幅,分别记一下半分钟内振动的次数。(在尺上标下平衡位置,从平衡位置开始计时)结果:周期与振幅无关。

周期与哪些因素有关?如果改变振子质量,改变弹簧劲度系数,周期改变。

结论:与振子质量和弹簧有关。$T = 2\pi\sqrt{\dfrac{m}{k}}$

推导:只要振子系统确定了,其周期就是一个固定值,不会改变!除了弹簧振子外,其他的振动物体也具有相同的特点,所以把一个振动物体的周期称之为固有周期,其频率称为固有频率。

用力拨动琴弦,拨的幅度不同,声音大小不同,但音调高低都一样。即振幅不影响频率。不同的琴弦或琴弦的张弛程度不同,即使拨动的幅度相同,音调高低不相同。

（六）简谐运动的位移图像——振动图像

简谐运动的振动图像是一条什么形状的图线呢?简谐运动的位移指的是相对平衡位置的位移。

演示:当弹簧振子振动时,沿垂置于振动方向匀速拉动纸带,毛笔 P 就在纸带上画出一条振动曲线,如图 7-2 所示。

说明:匀速拉动纸带时,纸带移动的距离与时间成正比,纸带拉动一定的距离对应振子振动一定的时间,因此纸带的运动方向可以代表时间轴的方向,纸带运动的距离就可以代表时间。

这种记录振动方法的实际应用还有:心电图仪、地震仪等。

理论和实验都证明:简谐运动的振动图像都是正弦或余弦曲线。

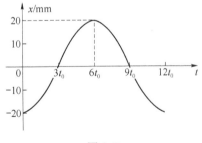

图 7-2

（七）阻尼振动、受迫振动、共振

简谐振动是一种理想化的振动,当外界给系统一定能量以后,如将振子拉离开平衡位置,放开后,振子将一直振动下去,振子在做简谐振动的图像中,振幅是恒定的,表明系统机械能不变,实际的振动总是存在着阻力,振动能量总要有所耗散,因此振动系统的机械能总要减小,其振幅也要逐渐减小,直到停下来。振幅逐渐减小的振动称为阻尼振动,阻尼振动虽然振幅越来越小,但振动周期不变,振幅保持不变的振动称为无阻尼振动。

振动物体如果在周期性外力——策动力作用下振动,那么它做受迫振动,受迫振动达到稳定时其振动周期和频率等于策动力的周期和频率,而与振动物体的固有周期或频率无关。

物体做受迫振动的振幅与策动力的周期(频率)和物体的固有周期(频率)有关,两者相差越小,物体受迫振动的振幅越大,当策动力的周期或频率等于物体固有周期或频率时,受迫振动的振幅最大,称为共振。

共振的应用和防止:

(1) 应用的实例:共振筛、音箱。

(2) 防止的实例:火车过桥慢开,控制机器的转速等。

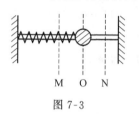

图 7-3

例 1 如图 7-3 所示,一弹簧振子在一条直线上做简谐运动,第一次先后经过 M、N 两点时速度 $v(v \neq 0)$ 相同,那么,下列说法正确的是(   )。

A. 振子在 M、N 两点受回复力相同

B. 振子在 M、N 两点对平衡位置的位移相同

C. 振子在 M、N 两点加速度大小相等

D. 从 M 点到 N 点,振子先做匀加速运动,后做匀减速运动

解析:建立弹簧振子模型如图 7-3 所示,由题意知,振子第一次先后经过 M、N 两点时速度 v 相同,那么,可以在振子运动路径上确定 M、N 两点,M、N 两点应关于平衡位置 O 对称,且由 M 运动到 N,振子是从左侧释放开始运动的(若 M 点定在 O 点右侧,则振子是从右侧释放的)。建立起这样的物理模型,这时问题就明朗化了。

因位移、速度、加速度和回复力都是矢量,它们要相同必须大小相等、方向相同。M、N 两点关于 O 点对称,振子回复力应大小相等、方向相反,振子位移也是大小相等,方向相反。由此可知,A、B 选项错误。振子在 M、N 两点的加速度虽然方向相反,但大小相等,故 C 选项正确。振子由 M→O 速度越来越大,但加速度越来越小,振子做加速运动,但不是匀加速运动。振子由 O→N 速度越来越小,但加速度越来越大,振子做减速运动,但不是匀减速运动,故 D 选项错误,由以上分析可知,该题的正确答案为 C。

例 2 如图 7-4 所示,一质点在平衡位置 O 附近做简谐运动,从它经过平衡位置起开始计时,经 0.13 s 质点第一次通过 M 点,再经 0.1 s 第二次通过 M 点,则质点振动周期的可能值为多大?

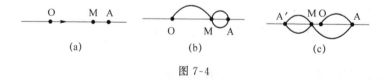

(a)   (b)   (c)

图 7-4

解析:将物理过程模型化,画出具体的图景如图(a)所示。设质点从平衡位置 O 向右运动到 M 点,那么质点从 O 到 M 运动时间为 0.13 s,再由 M 经最右端 A 返回 M 经历时间为 0.1 s,如图(b)所示。

另有一种可能就是 M 点在 O 点左方,如图(c)所示,质点由 O 点经最右方 A 点后向左经过 O 点到达 M 点历时 0.13 s,再由 M 向左经最左端 A,点返回 M 历时 0.1 s。

根据以上分析,质点振动周期共存在两种可能性。

如图(b)所示,可以看出 O→M→A 历时 0.18 s,根据简谐运动的对称性,可得到 $T_1 = 4 \times 0.18$ s $= 0.72$ s。

另一种可能如图(c)所示,由 O→A→M 历时 $t_1=0.13$ s,由 M→A′ 历时 $t_2=0.05$ s

设 M→O 历时 t,则 $4(t+t_2)=t_1+2t_2+t$,解得 $t=0.01$ s,则 $T_2=4(t+t_2)=0.24$ s

所以周期的可能值为 0.72 s 和 0.24 s。

例 3　甲、乙两弹簧振子,振动图像如图 7-5 所示,则可知(　　)。

图 7-5

A. 两弹簧振子完全相同

B. 两弹簧振子所受回复力最大值之比 $F_甲:F_乙=2:1$

C. 振子甲速度为零时,振子乙速度最大

D. 振子的振动频率之比 $f_甲:f_乙=1:2$

解析: 从图像可以看出,两弹簧振子周期之比 $T_甲:T_乙=2:1$,得频率之比 $f_甲:f_乙=1:2$,D 正确。弹簧振子周期与振子质量、弹簧劲度系数 k 有关,周期不同,说明两弹簧振子不同,A 错误。由于弹簧的劲度系数 k 不一定相同,所以两振子受回复力($F=kx$)的最大值之比 $F_甲:F_乙$ 不一定为 $2:1$,所以 B 错误,对简谐运动进行分析可知,在振子到达平衡位置时位移为零,速度最大;在振子到达最大位移处时,速度为零,从图像中可以看出,在振子甲到达最大位移处时,振子乙恰到达平衡位置,所以 C 正确。

答案: C、D。

例 4　在海平面校准的摆钟,拿到某高山山顶,经过 t 时间,发现表的示数为 $t′$,若地球半径为 R,求山的高度 h(不考虑温度对摆长的影响)。

解析: 由钟表显示时间的快慢程度可以推知表摆振动周期的变化,而这种变化是由于重力加速度的变化引起的,所以,可以得知由于高度的变化引起的重力加速度的变化,再根据万有引力公式计算出高度的变化,从而得出山的高度。

一般山的高度都不是很高(与地球半径相比较),所以,由于地球自转引起的向心力的变化可以不考虑,而认为物体所受向心力不变且都很小,物体所受万有引力近似等于物体的重力。

(1) 设在地面上钟摆摆长 l,周期为 T_0,地面附近重力加速度 g,拿到高山上,摆振动周期为 $T′$,重力加速度为 $g′$,应有 $T_0=2\pi\sqrt{\dfrac{l}{g}}$,$T′=2\pi\sqrt{\dfrac{l}{g′}}$

在高山上,t 时间内表的示数为 $t′$,应有 $\dfrac{t}{T′}\cdot T_0=t′$,可得 $\dfrac{T_0}{T′}=\dfrac{t′}{t}$,$2\pi\sqrt{\dfrac{l}{g}}/2\pi\sqrt{\dfrac{l}{g′}}=t′/t$.

从而 $g′/g=\dfrac{t′^2}{t^2}$

(2) 在地面上的物体应有 $G\dfrac{Mm}{R^2}=mg$,其中 m 为物体质量。

在高山上的物体应有 $G\dfrac{Mm}{(R+h)^2}=mg′$。

得 $\dfrac{g′}{g}=\dfrac{R^2}{(R+h)^2}$,将 $\dfrac{g′}{g}=\dfrac{t′^2}{t^2}$ 代入,有 $\dfrac{R}{R+h}=\dfrac{t′}{t}$,$h=\dfrac{t}{t′}R-R=\left(\dfrac{t}{t′}-1\right)R$。

所以,山的高度为 $\left(\dfrac{t}{t′}-1\right)R$。

例 5　在光滑水平面上,用两根劲度系数分别为 k_1、k_2 的轻弹簧系住一个质量为 m 的小球。开始时,两弹簧均处于原长,后使小球向左偏离 x 后放手,可以看到小球将在水平面上作往复振动。试问小球是否作简谐运动?

解析:为了判断小球的运动性质,需要根据小球的受力情况,找出回复力,确定它能否写成 $F=-kx$ 的形式。

以小球为研究对象,竖直方向处于力平衡状态,水平方向受到两根弹簧的弹力作用。设小球位于平衡位置 O 左方某处时,偏离平衡位置的位移为 x,则左方弹簧受压,对小球的弹力大小为 $f_1=k_1x$,方向向右。

右方弹簧被拉伸,对小球的弹力大小为 $f_2=k_2x$,方向向右。

小球所受的回复力等于两个弹力的合力,其大小为 $F=f_1+f_2=(k_1+k_2)x$,方向向右。

令 $k=k_1+k_2$,上式可写成 $F=kx$。

由于小球所受回复力的方向与位移 x 的方向相反,考虑方向后,上式可表示为 $F=-kx$。所以,小球将在两根弹簧的作用下,沿水平面作简谐运动。

例 6 若单摆的摆长不变,摆角小于 5°,摆球质量增加为原来的 4 倍,摆球经过平衡位置的速度减小为原来的 1/2,则单摆的振动( )。

A. 频率不变,振幅不变　　　　　B. 频率不变,振幅改变

C. 频率改变,振幅改变　　　　　D. 频率改变,振幅不变

解析单摆的周期 $T=2\pi\sqrt{L/g}$,与摆球质量和振幅无关,只与摆长 L 和重力加速度 g 有关。当摆长 L 和重力加速度 g 不变时,T 不变,频率 f 也不变。选项 C、D 错误。单摆振动过程中机械能守恒。摆球在最大位置 A 的重力势能等于摆球运动到平衡位置的动能,即

$$mgl(1-\cos\theta)=\frac{1}{2}mv^2 \quad v=\sqrt{2gl(1-\cos\theta)},$$当 v 减小为 $v/2$ 时,$\cos\theta$ 增大,θ 减小,振幅 A 减小,选项 B 正确。

单摆的周期只与摆长和当地重力加速度有关,而与摆球质量和振动幅无关,摆角小于 5° 的单摆是简谐振动,机械能守恒。

第二节　单　摆

学习目标

(1) 理解单摆的构造。

(2) 理解单摆的回复力是重力沿切线方向的分力。

(3) 知道单摆在偏角很小时可以近似地做简谐运动。

(4) 掌握单摆振动的特点及周期公式;并能应用公式解题。

问题引入

我们以弹簧振子为模型研究了简谐运动,知道了什么是简谐振动、简谐振动的特点及描述简谐振动的物理量和图像。日常生活中常见到摆钟、摆锤等的振动,这种振动有什么特点呢?

主要知识

1862 年,18 岁的伽利略离开神学院进入比萨大学学习医学,他的心中充满着奇妙的幻想

和对自然科学的无穷疑问,一次他在比萨大学忘掉了向上帝祈祷,双眼注视着天花板上悬垂下来摇摆不定的挂灯,右手按着左手的脉搏,口中默默地数着数字,在一般人熟视无睹的现象中,他却第一个明白了挂灯每摆动一次的时间是相等的,于是制作了单摆的模型,潜心研究了单摆的运动规律,给人类奉献了最初的能准确计时的仪器。

本节就来研究简谐运动的另一典型实例——单摆。

(一) 单摆的定义

如果悬挂小球的细线的伸缩和质量可以忽略,线长又比球的直径大得多,这样的装置称为单摆。

秋千和钟摆等摆动的物体最终都会停下来,是因为有空气阻力存在,能不能由秋千和钟摆摆动的共性,忽略空气阻力,抽象出一个简单的物理模型呢？如图 7-6 所示。

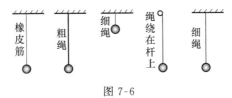

图 7-6

① 第一种摆的悬绳是橡皮筋,伸缩不可忽略,不是单摆。
② 第二种摆的悬绳质量不可忽略,不是单摆。
③ 第三种摆的悬绳长度不是远大于球的直径,不是单摆。
④ 第四种摆的上端没有固定,也不是单摆。
⑤ 第五种摆是单摆。

单摆是实际摆的理想化模型:线的伸缩和质量可以忽略——使摆线有一定的长度而无质量,质量全部集中在摆球上。线长比球的直径大得多,可把摆球当作一个质点,此时悬线的长度就是摆长,实际单摆的摆长是从悬点到小球的球心。单摆的运动忽略了空气阻力,实际的单摆在观察的时间内可以不考虑各种阻力。

(二) 单摆的回复力

摆球受到的重力 G 和悬线拉力 F',在单摆振动时,一方面要使单摆振动,另一方面还要提供摆球沿圆弧的运动的向心力。在研究摆球沿圆弧的运动情况时,可以不考虑与摆球运动方向垂直的力,而只考虑沿摆球运动方向的力,如图 7-7 所示。

因为 F' 垂直于 v,所以,可将重力 G 分解到速度平行于 v 的方向及垂直于 v 的方向。且 $G_1 = G\sin\theta = mg\sin\theta$,$G_2 = G\cos\theta = mg\cos\theta$。

重力 G 沿圆弧切线方向的分力 $G_1 = mg\sin\theta$ 是沿摆球运动方向的力,正是这个力提供了使摆球振动的回复力,也可以说成是摆球沿运动方向的合力提供了摆球摆动的回复力。

$$F = G_1 = mg\sin\theta$$

单摆做简谐运动的推证

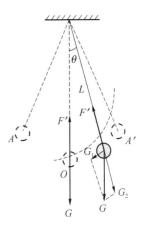

图 7-7

在偏角很小时，$\sin \theta = \dfrac{x}{L}$

又回复力 $F = mg \sin \theta$

所以单摆的回复力为 $F = -\dfrac{mg}{L}x$

（其中 x 表示摆球偏离平衡位置的位移，L 表示单摆的摆长，负号表示回复力 F 与位移 x 的方向相反）

对确定的单摆，m、g、L 都有确定的数值，$\dfrac{mg}{L}$ 可以用一个常数表示，上式可以写成

$$F = -kx$$

可见：在偏角很小的情况下，单摆所受的回复力与偏离平衡位置的位移成正比而方向相反，单摆做简谐运动。

（三）单摆振动的周期

伽利略发现了单摆运动的等时性，荷兰物理学家惠更斯（1629—1695 年）研究了单摆的摆动，定量得到单摆的周期：

$$T = 2\pi \sqrt{\dfrac{l}{g}}$$

单摆振动时具有如下规律：

（1）单摆的振动周期与振幅的大小无关——单摆的等时性。

（2）单摆的振动周期与摆球的质量无关。

（3）单摆的振动周期与摆长的平方根成正比。其中 L 为摆长，表示从悬点到摆球质心的距离，要区分摆长和摆线长。

（4）单摆的振动周期与重力加速度的平方根成反比。单摆周期公式中的 g 是单摆所在地的重力加速度。

（5）单摆的周期 $T = 2\pi \sqrt{\dfrac{l}{g}}$ 为单摆的固有周期，相应地 $f = \dfrac{1}{2\pi} \sqrt{\dfrac{g}{l}}$ 为单摆的固有频率。

（6）单摆的周期公式可以由简谐运动的周期公式 $T = 2\pi \sqrt{\dfrac{m}{k}}$，以 $k = \dfrac{mg}{l}$ 代入而得到。

（7）单摆的周期公式在最大偏角 $<5°$ 时成立（达 $5°$ 时，与实际测量值的相对误差为 0.01%）。利用单摆可测定当地的重力加速度 g。

（四）摆钟问题

（1）单摆的一个重要应用就是利用单摆振动的等时性制成摆钟。

（2）在计算摆钟类的问题时，利用以下方法比较简单：在一定时间内，摆钟走过的格子数 n 与频率 f 成正比（n 可以是分钟数，也可以是秒数、小时数……），再由频率公式可以得到：

$$n \propto f = \dfrac{1}{2\pi} \sqrt{\dfrac{g}{l}} \propto \dfrac{1}{\sqrt{l}}$$

（3）摆钟是靠调整摆长而改变周期，使摆钟的走时与标准时间同步。

（4）周期为 2 s 的单摆称为秒摆。

例1　关于单摆,下列说法正确的是(　　)。

A. 摆球运动的回复力是摆线张力和重力的合力

B. 摆球在运动中经过轨迹上的同一点,加速度是不变的

C. 摆球在运动过程中加速度的方向始终指向平衡位置

D. 摆球经过平衡位置时,加速度为零

解析:单摆摆动过程中的回复力是重力沿切线的分力,故 A 选项错误;摆球在同一位置时有相同的回复力,即有相同的加速度,故 B 选项正确;摆球摆动中,除了有回复力以外,还有向心力,指向圆心,即有回复加速度和向心加速度,摆球的加速度是时刻变化的,在平衡位置时,摆球受到向心力指向圆心,加速度不为零,故 C、D 选项错误。

例2　用绝缘细线悬吊着的带正电小球在匀强磁场中做简谐运动,则(　　)。

A. 当小球每次通过平衡位置时,动能相同

B. 当小球每次通过平衡位置时,速度相同

C. 当小球每次通过平衡位置时,丝线拉力相同

D. 撤去磁场后,小球摆动周期变大

解析:小球摆动过程中,洛伦兹力垂直速度,所以回复力不变,所以周期不变,因洛伦兹力不做功,每次通过平衡位置时动能相同,但速度不同,故 A 正确,B 错误;由于通过平衡位置时的速度方向不同,所受洛伦兹力方向不同,丝线的拉力大小不同,故 C 选项不正确。

例3　某学生利用单摆测重力加速度,在以下各实验步骤中,有错误的步骤是(　　)。

A. 在未悬挂之前先测定摆长

B. 测得摆长为 10 cm

C. 将摆球拉离平衡位置,摆角约 15° 后,让其在竖直平面内振动

D. 当摆球第一次通过平衡位置时,启动秒表开始计时,当摆球 n 次通过平衡位置时,制动秒表,记下时间 t,周期为 $\dfrac{t}{n}$

解析:应该在悬挂摆球后再测量摆长,因为摆线受到拉力后的长度与悬挂摆球前不受拉力时摆线长度不同,做单摆实验时,摆长不宜过短,因为摆长过小时在摆动中很容易使摆角超过 10°,从而就不能认为单摆做简谐运动。完全一次全振动的时间为周期,每个周期内摆球两次经过平衡位置,所以 D 选项的做法也是错误的。

例4　一根摆长为 2 m 的单摆,在地球上某地摆动时,测得完成 100 次全振动所用的时间为 284 s。

(1) 求当地的重力加速度 g;

(2) 将该单摆拿到月球上去,已知月球的重力加速度是 1.60 m/s²,单摆振动的周期是多少?

解析:(1) 周期 $T=\dfrac{284}{100}$ s$=2.84$ s

$$g=\frac{4\pi^2 l}{T^2}=\frac{4\times 3.14^2\times 2}{2.84^2}\ \text{m/s}^2\approx 9.78\ \text{m/s}^2$$

(2) $T'=2\pi\sqrt{\dfrac{l}{g}}=2\times 3.14\times\sqrt{\dfrac{2}{1.60}}\approx 7.02$ s

答:略。

例5　摆长为 l 的单摆在平衡位置 O 的左右做摆角小于 5° 的简谐运动,当摆球经过平衡

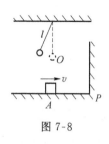

图 7-8

位置 O(O 在 A 点正上方)向右运动的同时,另一个以速度 v 在光滑水平面运动的小滑块,恰好经过 A 点向右运动,如图 7-8 所示,小滑块与竖直挡板 P 碰撞后以原来的速率返回,略去碰撞所用时间,试问:

(1) A、P 间的距离满足什么条件,才能使滑块刚好返回 A 点时,摆球也同时到达 O 点且向左运动?

(2) AP 间的最小距离是多少?

解析:(1)小滑块做匀速直线运动的往返时间为 t_1,$t_1 = \dfrac{2x}{v}$,单摆做简谐运动回到 O 点且向左运动所需时间为 t_2,$t_2 = \dfrac{T}{2} + nT(n=0,1,2\cdots)$,其中 $T = 2\pi\sqrt{\dfrac{l}{g}}$,由题意可知 $t_1 = t_2$,所以 $\dfrac{2x}{v} = \dfrac{T}{2} + nT$,即 $x = \dfrac{v}{2}\left(\dfrac{1}{2}+n\right)T = \dfrac{v}{4}(2n+1)T = \dfrac{v}{4}(2n+1)\cdot 2\pi\sqrt{\dfrac{l}{g}} = \dfrac{2n+1}{2}v\cdot\pi\sqrt{\dfrac{l}{g}}$ $(n=0,1,2\cdots)$。

(2) $n=0$ 时,AP 间的距离最小,$x_{\min} = \dfrac{\pi v}{2}\sqrt{\dfrac{l}{g}}$。

答:略。

第三节　机　械　波

学习目标

(1) 了解机械波的形成和传播;知道波的分类;理解波的图像。

(2) 掌握相关公式,并能应用解题。

问题引入

一物体(或质点)在受到一个大小与位移成正比,方向与位移方向相反的回复力作用时,就会做简谐运动。如果做简谐运动的物体(或质点)与周围的物体(或质点)有相互作用,那么它的振动对周围物体(或质点)会有什么影响?

主要知识

(一) 机械波的形成

(1) 机械波:由于介质(固体或液体)之间力的相互作用,开始振动的点带动后面的点开始振动,由此振动在介质中传播。我们把开始振动的点称为波源,传播振动的媒介称为介质。机械振动在介质中的传播形成机械波。振动是产生波的原因,而波是振动在介质中的传播。

(2) 产生实质:先振动的质点带动相邻的后一质点振动(受迫　依次　滞后)。

（3）产生条件：①波源；②介质。

（4）传播振动形式，传递能量、信息（如声音）。

（二）机械波的特征

（1）质点都在各自的平衡位置附近振动，并不随波迁移。

（2）各质点的振动周期均与波源的振动周期相同。

（3）各质点的起振方向均与波源的起振方向相同。

（4）若波源停止振动，它已引起的振动将继续传播。

（三）波的分类

按照质点的振动方向和传播方向的关系，可以把波分成：

（1）横波：质点的振动方向和波的传播方向垂直。

其中：凸起部分的最高点称为波峰，

凹下部分的最低点称为波谷。

（2）纵波：质点的振动方向和波的传播方向在一条直线上。

其中：质点分布较密的部分称为密部，

质点分布较密的部分称为疏部。

（四）波的图像

我们可以用照相机把波的形状摄下来，就是按下快门瞬间各个质点离开各自平衡位置时的情形。就把这些质点连成曲线，就是该时刻的波的图像。

（1）坐标轴：规定用横坐标 x 表示在波的传播方向上各个质点的平衡位置，纵坐标 y 表示某一时刻各个质点偏离平衡位置的位移，连结各质点位移量末端得到的曲线称为该时刻波的图像。

（2）波图像的重复性：相隔时间为周期的整数倍的两个时刻的波的图像是相同的；

波传播方向双向性：不指定波的传播方向时，图像中波可能向 x 轴正向或 x 轴负向传播。

（3）横波图像的应用：

① 可知波动中质点的振幅和波长

② 若已知波的传播方向，可知介质质点的振动方向，反之亦然。

③ 相邻的波峰波谷点间的质点振动方向相同。

④ 相邻平衡位置间以波峰（或波谷）对称的质点振动方向相反。

⑤ 若知波速 v，可求此时刻以后的波形图，方法是把波形图平移 $\Delta x = v\Delta t$ 的距离。

（4）波的传播方向与质点的振动方向关系确定方法。

① 微平移法：

所谓微移波形，即将波形沿波的传播方向平衡微小的一段距离得到经过微小一段时间后的波形图，据质点在新波形图中的对应位置，便可判断该质点的运动方向。如图 7-9 所示，原波形图（实线）沿传播方向经微移后得到微小一段时间的波形图（虚线），M 点的对应位置在 M' 处，便知原时刻 M 向下运动。

② 上下坡法

沿波的传播方向看去,"上坡"处的质点向下振动。"下坡"处的质点向上振动。如图 7-10 所示,简称"上坡下,下坡上"

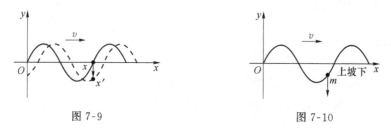

图 7-9   图 7-10

(五) 描述机械波的物理量关系

在一个周期的时间里,波所传播的距离为一个波长。

$$v=\frac{\lambda}{T}=\lambda \cdot f$$

注意:波的频率由振源决定,在任何介质中传播波的频率不变。波从一种介质进入另一种介质时,唯一不变的是频率(或周期),波速与波长都发生变化,波速取决于介质,一般与频率无关。

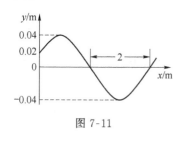

图 7-11

例 1 一简谐横波以 4 m/s 的波速沿 x 轴正方向传播。已知 $t=0$ 时的波形,如图 7-11 所示,则( )。

A. 波的周期为 1 s

B. $x=0$ 处的质点在 $t=0$ 时向 y 轴负向运动

C. $x=0$ 处的质点在 $t=\frac{1}{4}$ s 时速度为 0

D. $x=0$ 处的质点在 $t=\frac{1}{4}$ s 时速度值最大

解析:由波的图像可知半个波长是 2 m,波长是 4 m,周期是 $T=\frac{\lambda}{v}=\frac{4}{4}=1$ s,A 正确。波在沿 x 轴正方向传播,则 $x=0$ 的质点在沿 y 轴的负方向传播,B 正确。$x=0$ 的质点的位移是振幅的一半则要运动到平衡位置的时间是 $\frac{1}{3} \times \frac{T}{4}=\frac{1}{12}$ s,则 $t=\frac{1}{4}$ 时刻 $x=0$ 的质点越过了平衡位置速度不是最大,CD 错误。

例 2 一列间谐横波沿直线由 A 向 B 传播,A、B 相距 0.45 m,图 7-12(a)是 A 处质点的震动图像。当 A 处质点运动到波峰位置时,B 处质点刚好到达平衡位置且向 y 轴正方向运动,这列波的波速可能是( )。

A. 4.5/ s   B. 3.0 m/s   C. 1.5 m/s   D. 0.7 m/s

解析:在处理相距一定距离的两个质点关系时必须尝试作出两质点间在该时刻的最少波形,然后根据间距和波长关系求波长(注意波的周期性)。波是由 A 向 B 传播的,而且在 A 到达波峰的时刻,处于 B 平衡位置向上运动,则最少波形关系如图 7-12(b)所示。

所以有 $l=n\lambda+\frac{1}{2}\lambda$,$\lambda=\frac{4l}{4n+1}$,$v=\frac{\lambda}{T}=\frac{4l}{T(4n+1)}=\frac{4 \times 0.45}{0.4 \times (4n+1)}=\frac{4.5}{4n+1}$,

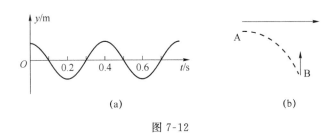

图 7-12

当 $n=0$ 时,$v=4.5$ m/s,当 $n=1$ 时 $v=0.9$ m/s,当 $n=2$ 时 $v=0.5$ m/s 等,正确答案为 A。

例3 图 7-13 示为一列沿 x 轴负方向传播的简谐横波,实线为 $t=0$ 时刻的波形图,虚线为 $t=0.6$ s 时的波形图,波的周期 $T>0.6$ s,则( )。

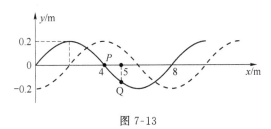

图 7-13

A. 波的周期为 2.4 s   B. 在 $t=0.9$ s 时,P 点沿 y 轴正方向运动

C. 经过 0.4 s,P 点经过的路程为 4 m   D. 在 $t=0.5$ s 时,Q 点到达波峰位置

解析: 根据题意应用平移法可知 $\frac{3}{4}T=0.6$ s,解得 $T=0.8$ s,A 错;由图可知振幅 $A=0.2$ m、波长 $\lambda=8$ m。$t=0.9$ s$=1\frac{1}{8}T$,此时 P 点沿 y 轴负方向运动,B 错;0.4 s$=\frac{1}{2}T$,运动路程为 $2A=0.4$ m,C 错;$t=0.5$ s$=\frac{5}{8}T=\frac{1}{2}T+\frac{1}{8}T$,波形图中 Q 正在向下振动,从平衡位置向下振动了 $\frac{1}{8}T$,经 $\frac{1}{8}T$ 到波谷,再过 $\frac{1}{2}T$ 到波峰,D 对。

例4 湖面上一点 O 上下振动,振幅为 0.2 m,以 O 点为圆心形成圆形水波,如图 7-14 所示,A、B、O 三点在一条直线上,OA 间距离为 4.0 m,OB 间距离为 2.4 m。某时刻 O 点处在波峰位置,观察发现 2 s 后此波峰传到 A 点,此时 O 点正通过平衡位置向下运动,OA 间还有一个波峰,将水波近似为简谐波。

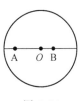

图 7-14

(1) 求此水波的传播速度、周期和波长。

(2) 以 O 点处在波峰位置为 O 时刻,某同学打算根据 OB 间距离与波长的关系确定 B 点在 O 时刻的振动情况,画出 B 点的振动图像。你认为该同学的思路是否可行? 若可行,画出 B 点振动图像;若不可行,请给出正确思路并画出 B 点的振动图像。

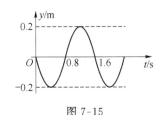

图 7-15

解析: (1) $v=\frac{\Delta x_1}{\Delta t}=2$ m/s

$\Delta t=\frac{5}{4}T$,$T=1.6$ s $\lambda=vT=3.2$ m

(2) 可行。振动图像如图 7-15 所示。

第四节　波的干涉与衍射　多普勒效应

学习目标

（1）了解什么是波的衍射现象和发生明显衍射现象的条件。

（2）掌握波的干涉现象是特殊条件下的叠加现象；理解两列频率相同的波才能发生干涉现象；知道衍射现象的特点。

（3）知道衍射和干涉现象是波动特有的现象。

（4）了解什么是多普勒效应，知道它是波源与观察者之间有相对运动时产生的现象。

问题引入

向平静的湖面上投入一个小石子，可以看到石子激起的水波形成圆形的波纹，并向周围传播。当波纹遇到障碍物后会怎样？如果同时投入两个小石子，形成了两列波，当它们相遇在一起时又会怎样？本节就要通过对现象的观察，对以上现象进行初步解释。

主要知识

（一）波的衍射

1. 波的衍射现象

首先观察水池中水波的传播：圆形的水波向外扩散，越来越大。

然后，在水池中放入一个不大的障碍屏，观察水波绕过障碍屏传播的情况。由此给出波的衍射定义。

波绕过障碍物的现象，称为波的衍射。

观察：在水池中放入一个有孔的障碍屏，水波通过孔后也会发生衍射现象。

2. 发生明显波的衍射的条件

观察：（1）在不改变波源的条件下，将障碍屏的孔由较大逐渐变小。可以看到波的衍射现象越来越明显。由此得出结论：障碍物越小，衍射现象越明显。

（2）可能的话，在不改变障碍孔的条件下，使水波的波长逐渐变大或逐渐变小。可以看到，当波长越小时，波的衍射现象越明显。由此指出：当障碍物的大小与波长相差不多时，波的衍射现象较明显。

发生明显衍射的条件是：障碍物或孔的大小比波长小，或者与波长相差不多。

需要指出的是：波的衍射现象是波所特有的现象。

在生活中，可遇到的波的衍射现象有：声音传播中的"隔墙有耳"现象；在房间中可以接收到收音机和电视信号，是电磁波的衍射现象。

（二）波的干涉

如图 7-16 所示，观察现象 1、在水槽演示仪上有两个振源的条件下，单独使用其中的一个振源,水波按照该振源的振动方式向外传播;再单独使用另一个振源,水波按照该振源的振动方式向外传播。现象的结论:每一个波源都按其自己的方式,在介质中产生振动,并能使介质将这种振动向外传播。

如图 7-17 所示,观察现象 2、同学拉着一条长橡皮管,同时分别抖动一下橡皮管的端点,则会从两端各产生一个波包向对方传播。当两个波包在中间相遇时,形状发生变化,相遇后又各自传播。现象的结论:波相遇时,发生叠加。以后仍按原来的方式传播。

图 7-16

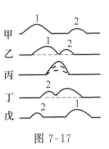

图 7-17

1. 波的叠加

在观察前面现象的基础上,可以理解什么是波的叠加。

两列波相遇时,在波的重叠区域,任何一个质点的总位移,都等于两列波分别引起的位移的矢量和。

解释时可以这样说:在介质中选一点 P 为研究对象,在某一时刻,当波源 1 的振动传播到 P 点时,若恰好是波峰,则引起 P 点向上振动;同时,波源 2 的振动也传播到了 P 点,若恰好也是波峰,则也会引起 P 点向上振动;这时,P 点的振动就是两个向上的振动的叠加,P 点的振动被加强了。(当然,在某一时刻,当波源 1 的振动传播到 P 点时,若恰好是波谷,则引起 P 点向下振动;同时,波源 2 的振动传播到了 P 点时,若恰好也是波谷,则也会引起 P 点向下振动;这时,P 点的振动就是两个向下的振动的叠加,P 点的振动还是被加强了。)用以上的分析,说明什么是振动被加强。

波源 1 经过半周期后,传播到 P 点的振动变为波谷,就会使 P 点的振动向下,但此时波源 2 传过来的振动不一定是波谷(因为两波源的周期可能不同),所以,此时 P 点的振动可能被减弱,也可能是被加强的。

如果希望 a 点的振动总能被加强,应有什么条件?

如果在介质中有另一质点 b,希望 b 点的振动总能被减弱,应有什么条件?

结论:波源 1 和波源 2 的周期应相同。

2. 波的干涉

观察现象③:水槽中的水波的干涉。对水波干涉图样的解释中,特别要强调两列水波的频率是相同的,所以产生了在水面上有些点的振动加强,而另一些点的振动减弱的现象,加强和减弱的点的分布是稳定的。

如图 7-18 所示。在解释和说明中,特别应强调的几点是:

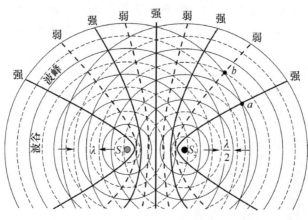

图 7-18 波的干涉示意图

（1）此图是某时刻两列波传播的情况；

（2）两列波的频率（波长）相等；

（3）当两列波的波峰在某点相遇时，这点的振动位移是正的最大值，过半周期后，这点就是波谷和波谷相遇，则这点的振动位移是负的最大值；

（4）振动加强的点的振动总是加强的，振动减弱的点的振动总是减弱的。

在以上分析的基础上，给出干涉的定义：频率相同的两列波叠加，使某些区域的振动加强，某些区域的振动减弱，并且振动加强和振动减弱的区域互相间隔，这种现象称为波的干涉，形成的图样称为波的干涉图样。

介质中某点的振动加强，是指这个质点以较大的振幅振动；而某点的振动减弱，是指这个质点以较小的振幅振动，这与只有一个波源的振动在介质中传播时，各质点均按此波源的振动方式振动是不同的。

3. 波的干涉与叠加的关系

干涉是一种特殊的叠加。任何两列波都可以进行叠加，但只有两列频率相同的波的叠加，才有可能形成干涉。

需要指出的是：干涉也是波特有的现象。

（三）多普勒效应

当汽车和火车向我们驶来或远去时，你注意过它们发出的声音有什么变化吗？

当汽车或火车向我们驶来时，我们听到它们发出的声音的音调变得更高了。

当汽车或火车向我们远去时，我们听到它们发出的声音的音调变得更低了。

声音变尖锐→音调变高→频率变大

多普勒效应：由于波源与观察者之间有相对运动，使观察者感到频率发生变化的现象。

注意：（1）在多普勒效应中，波源的频率是不改变的，只是由于波源和观察者之间有相对运动，观察者接受到的频率发生了变化。

（2）当波源与观察者有相对运动时，如果两者相互接近，观察者接收到的频率增大；如果两者远离，观察者接收到的频率减小。

（3）多普勒效应是波动过程共有的特征，不仅机械波，电磁波和光波也会发生多普勒效应。

多普勒效应的应用：

（1）根据汽笛声判断火车的运动方向和快慢，以炮弹飞行的尖叫声判断炮弹的飞行方向等。

（2）交通警察测定公路中行驶汽车的速度。

（3）可以测定人造卫星或星球相对地球的运行速度。

（4）在医学上，可以利用超声波的多普勒效应对心脏跳动情况进行诊断超声波检测仪。

（5）利用视频片断，通过对遥远星系发出来的光进行光谱分析，发现了"红移"现象，从而有力地证明了宇宙膨胀论。

例1　如图 7-19 所示，观察水面波衍射的实验装置，AC 和 BD 是两块挡板，AB 是一个孔，O 是波源，图中已画出波源所在区域波的传播情况，每两条相邻的波纹（图中曲线）之间的距离表示一个波长. 则关于波经孔之后的传播情况，下面描述中错误的是（　　）。

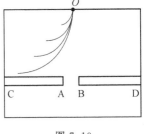

图 7-19

A. 此时能观察到明显的衍射现象

B. 如果将孔 AB 扩大，有可能观察不到明显的衍射现象

C. 挡板前后波纹间距离相等

D. 如果孔的大小不变，使波源的频率增大，能更明显地观察到衍射现象

解析：图示表明孔的尺寸略小于波长，所以能够明显地观察到衍射现象，并且衍射波继续在原介质中传播，波速和波长均不会改变，所以选项 A、C 都正确。若 AB 孔扩大，如果增大到比波长大得多，则衍射现象将可能观察不到，故选项 B 正确。若孔的大小不变，增大波的频率，由 $\lambda = \dfrac{v}{f}$ 可知，波长将减小，则衍射现象将越来越不明显。故选项 D 错误。

例2　在水波槽的衍射实验中，若打击水面的振子振动频率是 5Hz，水波在水槽中的传播速度为 0.05 m/s，为观察到显著的衍射现象，小孔直径 d 应为（　　）。

A. 10 cm　　　　B. 5 cm　　　　C. $d>1$ cm　　　　D. $d<1$ cm

解析：因为 $\lambda = \dfrac{v}{f} = 0.01$ m = 1 cm，若要在小孔后产生明显的衍射现象应取小孔的尺寸小于波长，故选项 D 正确。

例3　关于波的叠加和干涉，下列说法中正确的是（　　）。

A. 两列频率不相同的波相遇时，因为没有稳定的干涉图样，所以波没有叠加

B. 两列频率相同的波相遇时，振动加强的点只是波峰与波峰相遇的点

C. 两列频率相同的波相遇时，介质中振动加强的质点在某时刻的位移可能是零

D. 两列频率相同的波相遇时，振动加强的质点的位移总是比振动减弱的质点位移大

解析：根据波的叠加和干涉的概念可知，只要两列波相遇就会叠加，但如果两列波的频率不同，在叠加区域就没有稳定的干涉图样，所以选项 A 错；发生干涉时振动加强的点还有波谷和波谷相遇的点，所以选项 B 错；因为某质点振动加强仅是振幅加大，但只要仍在振动就一定有位移为零的时刻，所以选项 C 正确，选项 D 错误。

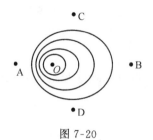

图 7-20

例 4 图 7-20 表示产生机械波的波源 O 做匀速运动的情况，图中的圆表示波峰，下列说法正确的是（ ）。

A. 该图表示的是衍射现象

B. 该图表示的是多普勒效应

C. 该图表示波源正在向 B 点移动

D. 观察者在图中的 A 点接收到的波的频率最低

解析：该图表示的是由于波源的移动而引起的多普勒效应，而不是衍射现象，由图可知，波正在向 A 点移动，故在 A 点处单位时间内接收到的完全波的个数最多，即在 A 点处接收到的波的频率最高。故只有选项 B 正确。

物理天地

> **牛顿环**
>
> 牛顿环是一个薄膜干涉现象。光的一种干涉图样，是一些明暗相间的同心圆环。例如用一个曲率半径很大的凸透镜的凸面和一平面玻璃接触，在日光下或用白光照射时，可以看到接触点为一暗点，其周围为一些明暗相间的彩色圆环；而用单色光照射时，则表现为一些明暗相间的单色圆圈。这些圆圈的距离不等，随离中心点的距离的增加而逐渐变窄。它们是由球面上和平面上反射的光线相互干涉而形成的干涉条纹。
>
> 应用：在加工光学元件时，广泛采用牛顿环的原理来检查平面或曲面的面型准确度。
>
> **关于增透膜**
>
> 在日常生活中，人们对光学增透膜的理解，存在着一些模糊的观念。这些模糊的观念不仅在高中生中有，而且在大学生中也是存在的。例如，有不少人认为入射光从增透膜的上、下表面反射后形成两列反射光，因为光是以波的形式传播的，这两列反射光干涉相消，使整个反射光减弱或消失，从而使透射光增强，透射率增大。然而他们无法理解：反射回来的两列光不管是干涉相消还是干涉相长，反射光肯定是没有透射过去，因增加了一个反射面，反射回来的光应该是多了，透射过去的光应该是少了，这样的话，应当说增透膜不仅不能增透，而且要进一步减弱光的透射，怎么是增强透射呢？也有人对增透膜的属性和技术含量不甚了解，对它进行清洁时造成许多不必要的损坏。随着人类科学技术的飞速发展，增透膜的应用越来越广泛。因此，利用光学及其他物理学知识对增透膜原理给以全面深入的解释，同时对增透膜的研究和应用现状作一介绍。让人们对增透膜有一个全面深入的了解，进而排除在应用时的无知感和迷惑感。
>
> **超声波及其应用**
>
> 人耳最高只能感觉到大约 20 000 Hz 的声波，频率更高的声波就是超声波了。超声波有两个特点，一是能量大，二是沿直线传播。超声波在介质中传播时，介质质点振动的频率很高，因而能量大。我国北方冬季干燥，如果把超声波通入水罐中，剧烈的振动会使罐中的水变成许多小雾滴，再用小风扇把雾滴吹入室内，就可以增加室内空气的温度。这就是超声波加湿器的原理。

多普勒雷达

20 世纪 70 年代以来,随着大规模集成电路和数字处理技术的发展,脉冲多普勒雷达广泛用于机载预警、导航、导弹制导、卫星跟踪、战场侦察、靶场测量、武器火控和气象探测等方面,成为重要的军事装备。装有脉冲多普勒雷达的预警飞机,已成为对付低空轰炸机和巡航导弹的有效军事装备。此外,这种雷达还用于气象观测,对气象回波进行多普勒速度分辨,可获得不同高度大气层中各种空气湍流运动的分布情况。

脉冲多普勒雷达具有下列特点:

①采用可编程序信号处理机,以增大雷达信号的处理容量、速度和灵活性,提高设备的复用性,从而使雷达能在跟踪的同时进行搜索并能改变或增加雷达的工作状态,使雷达具有对付各种干扰的能力和超视距的识别目标的能力;②采用可编程序栅控行波管,使雷达能工作在不同脉冲重复频率,具有自适应波形的能力,能根据不同的战术状态选用低、中或高三种脉冲重复频率的波形,并可获得各种工作状态的最佳性能;③采用多普勒波束锐化技术获得高分辨率,在空对地应用中可提供高分辨率的地图测绘和高分辨率的局部放大测绘,在空对空敌情判断状态可分辨出密集编队的群目标。

第八章 热　　学

第一节　分子动理论

学习目标

（1）理解分子动理论。

（2）掌握布朗运动的特点，了解布朗运动与扩散运动的区别。

（3）了解固体、液体、气体的微观结构。

问题引入

南宋诗人陆游在《村居书喜》中写道："花气袭人知骤暖，鹊声穿树喜新晴。"桂花开了，在很远的地方就会有阵阵花香扑鼻而来，令人心旷神怡。知道这是为什么吗？

主要知识

物体是由大量分子组成的，阿伏罗德罗常数

组成物质的分子数量特别巨大，分子的质量、体积非常微小。

一摩尔的物质所拥有的分子数量是一常量；等于阿伏伽德罗常数（$N_A = 6.02 \times 10^{23} \ mol^{-1}$）是联系微观量与宏观量的桥梁。

设分子体积 V_0、分子直径 d、分子质量 m；宏观量为。物质体积 V、摩尔体积 V_1、物质质量 M、摩尔质量 μ、物质密度 ρ。

（1）分子质量：$m = \dfrac{\mu}{N_A} = \dfrac{\rho V}{N_A}$

（2）分子体积：$V_0 = \dfrac{V_1}{N_A} = \dfrac{\mu}{P N_A}$

（对气体，V_0 应为气体分子占据的空间大小）

（3）分子直径

① 球体模型：$N_A \dfrac{4}{3} \pi \left(\dfrac{d}{2} \right)^3 = V$

$d = \sqrt[3]{\dfrac{6V}{\pi N_A}} = \sqrt[3]{\dfrac{6V_0}{\pi}}$（固体、液体一般用此模型）

② 立方体模型：$d = \sqrt[3]{V_0}$（气体一般用此模型）

（对气体，d 应理解为相邻分子间的平均距离）

（4）分子的数量

$$n = \frac{M}{\mu} N_A = \frac{\rho V}{\mu} N_A = \frac{M}{\rho V_1} N_A = \frac{V}{V_1} N_A$$

固体、液体分子可估算分子质量、大小（认为分子一个挨一个紧密排列）。

气体分子不可估算大小，只能估算气体分子所占空间、分子质量。

（二）用油膜法估测分子的大小（实验、探究）

在"用油膜法估测分子的大小"的实验中，有下列操作步骤，请补充实验步骤 C 的内容及实验步骤 E 中的计算式：

A. 用滴管将浓度为 0.05% 的油酸酒精溶液逐滴滴入量筒中，记下滴入 1 mL 的油酸酒精溶液的滴数 N；

B. 将痱子粉末均匀地撒在浅盘内的水面上，用滴管吸取浓度为 0.05% 的油酸酒精溶液，逐滴向水面上滴入，直到油酸薄膜表面足够大，且不与器壁接触为止，记下滴入的滴数 n；

C. _____。

D. 将画有油酸薄膜轮廓的玻璃板放在坐标纸上，以坐标纸上边长 1 cm 的正方形为单位，计算出轮廓内正方形的个数 m（超过半格算一格，小于半格不算）

E. 用上述测量的物理量可以估算出单个油酸分子的直径 $d =$ _____ cm。

（三）分子热运动、布朗运动

（1）扩散现象：不同物质彼此进入对方（分子热运动）。温度越高，扩散越快。

应用举例：向半导体材料掺入其他元素。

扩散现象直接说明：组成物体的分子总是不停地做无规则运动，温度越高分子运动越剧烈。

间接说明：分子间有间隙。

（2）布朗运动：悬浮在液体中的固体微粒的无规则运动。

布朗运动不是液体分子的无规则运动！因微粒很小，所以要用光学显微镜来观察。

布朗运动发生的原因是受到包围微粒的液体分子无规则运动地撞击的不平衡性造成的，因而布朗运动说明了分子在永不停息地做无规则运动。

① 布朗运动不是固体微粒中分子的无规则运动。

② 布朗运动不是液体分子的运动。

③ 课本中所示的布朗运动路线，不是固体微粒运动的轨迹。

④ 微粒越小，温度越高，布朗运动越明显。

注意：房间里一缕阳光下的灰尘的运动不是布朗运动。

（3）扩散现象是分子运动的直接证明；布朗运动间接证明了液体分子的无规则运动。

（四）分子间的作用力

（1）如图 8-1 所示，分子间引力和斥力一定同时存在，且都随分子间距离的增大而减小，随分子间距离的减小而增大，但斥力变化快。

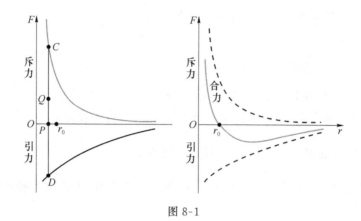

图 8-1

(2) 实际表现出来的分子力是分子引力和斥力的合力。随分子间距离的增大,分子力先变小后变大再变小(注意:这是指 r 从小于 r_0 开始到增大到无穷大)。

(3) 分子力的表现及变化,对于曲线注意两个距离,即 $r_0(10^{-10}$ m$)$ 与 $10r_0$。

① 当分子间距离为 r_0(约为 10^{-10} m)时,分子力为零,分子势能最小。

② 当分子间距离 $r>r_0$ 时,分子力表现为引力。当分子间距离由 r_0 增大时,分子力先增大后减小。

③ 当分子间距离 $r<r_0$ 时,分子力表现为斥力。当分子间距离由 r_0 减小时,分子力不断增大。

(4) 分子间的相互作用力是由于分子中带电粒子的相互作用引起的。

注意:压缩气体也需要力,不说明分子间存在斥力作用,压缩气体需要的力是用来反抗大量气体分子频繁撞击容器壁(活塞)时对容器壁(活塞)产生的压力。

例 1 1 cm³ 的水里含有 $3.35×10^{22}$ 个水分子,100 g 水中有多少个水分子。

解析:本题有两种解法:

解法一:先求出 1 cm³ 水的质量,再计算水分子数

$m=\rho V=10^3$ kg/m³ $×10^{-6}$ m³$=10^{-3}$ kg

$n=\dfrac{M}{m}×3.35×10^{22}=3.35×10^{24}$

解法二:先求出 100 g 水的体积,再计算水分子数

$V'=\dfrac{M}{\rho}=0.1×10^{-3}$ m³$=100$ cm³

$n=\dfrac{V'}{V}×3.35×10^{22}=3.35×10^{24}$

例 2 在下面所列举的生活现象中,不能说明分子运动的是(   )。

A. 用扫帚扫地时,能看见从门窗射进的阳光中尘土飞扬

B. 在医院的走廊里随处都可闻到消毒水的气味

C. 洒在地上的水,过一会儿就干了

D. 把糖放入一杯水中,水就会有甜味了

解析:扫地时看见的尘土飞扬是扫帚扫起来的,它不是分子做不停息无规则运动的结果;在医院的走廊里闻到消毒水的气味是消毒水中扩散出来的;洒在地上的水,由于扩散到空气中去而干了;糖放入一杯水中,糖扩散到水中使水变甜。

答案:A。

点拨:分子是很小的,人们用眼睛不能直接观察到分子的运动。所以,人们生活中能用眼睛观察到的现象,不是分子的运动。

例3 下列现象中属于扩散现象的是( )。

A.将面粉放在水中搅成浆状　　　　　B.用来包铅块的纸经过较长时间会变黑

C.洒水车向马路上喷水　　　　　　　D.冬天湖面上的雾向四处飞散

解析:扩散现象指的是不同的物质相互接触时彼此进入对方的现象,它是物质分子无规则运动的直接结果,它不同于用机械的方法对物体进行搅拌或因重力、风力等动力使物体发生的宏观运动。

答案:B。

例4 两块光滑干燥的玻璃,紧贴在一起不能结合成一整块,是因为( )。

A.玻璃的分子运动缓慢

B.玻璃是固体,固体分子间不存在作用力

C.两块玻璃分子间距离太小,作用力主要表现为斥力

D.两块玻璃分子间距离太大,作用力太小

解析:由分子运动理论的初步知识可知,分子的体积极其微小。所以分子间的距离也非常小,通常只有百亿分之几米,所以两块光滑干燥的玻璃紧贴在一起不能结合一整块的原因,是因为两块玻璃接触面的绝大多数分子间距离远大于分子直径的 10 倍,这些分子间没有作用力,即使少数分子间距较小,作用力也十分微弱。

答案:D。

第二节　热　和　功

学习目标

(1) 理解温度是分子平均动能的标志,能够分析分子力、分子势能。

(2) 理解热力学第一定律,了解热力学第二定律,能用能量守恒定律分析与气体有关的热现象。

(3) 掌握理想气体状态方程。

问题引入

如果物体只与外有热交换,没有做功,外界传给物体 4 J 热量物体的内能增加了多少? 物体若向外界传出了 4 J 热量,物体内能如何变化?

主要知识

(一) 温度和温标

(1) 温度:反映物体冷热程度的物理量(是一个宏观统计概念),是物体分子平均动能大小的标志。任何同温度的物体,其分子平均动能相同。

① 只有大量分子组成的物体才谈得上温度,不能说某几个氧分子的温度是多少多少。因为这几个分子运动是无规则的,某时刻它们的平均动能随机性较大,无稳定的"冷热程度"。

② 1 ℃的氧气和 1 ℃的氢气分子平均动能相同,1 ℃的氧气分子平均速率小于 1 ℃的氢气分子平均速率。

(2) 热力学温度(T)与摄氏温度(t)的关系为:$T = t + 273.15(K)$。

说明:

① 两种温度数值不同,但改变 1 K 和 1℃的温度差相同。

② 0 K 是低温的极限,只能无限接近,但不可能达到。

③ 这两种温度每一单位大小相同,只是计算的起点不同。摄氏温度把 1 大气压下冰水混合物的温度规定为 0 ℃,热力学温度把 1 大气压下冰水混合物的温度规定为 273 K(即把-273 ℃规定为 0 K),所以 $T = t + 273$。

(3) 分子动理论是热现象微观理论的基础。

热学包括:研究宏观热现象的热力学、研究微观理论的统计物理学。

统计规律:单个分子的运动都是不规则的、带有偶然性的;大量分子的集体行为受到统计规律的支配。

(二) 内能

内能是物体内所有分子无规则运动的动能和分子势能的总和,是状态量。

决定分子势能的因素。

从宏观上看:分子势能跟物体的体积有关。

从微观上看:分子势能跟分子间距离 r 有关。

改变内能的方法有做功和热传递,它们是等效的。三者的关系可由热力学第一定律得到。

(三) 热力学第一定律

用 ΔU 表示物体内能的增量,用 Q 表示吸收的热量,用 W 表示外界对物体所做的功,那么:

$$\Delta U = W + Q$$

符号法则

	做功 W	热量 Q	内能的改变 ΔU
取正值"+"	外界对系统做功	系统从外界吸收热量	系统的内能增加
取负值"-"	系统对外界做功	系统向外界放出热量	系统的内能减少

固体、液体的内能与物体所含物质的多少(分子数)、物体的温度(平均动能)和物体的体积(分子势能)都有关。

气体:一般情况下,气体分子间距离较大,不考虑气体分子势能的变化(即不考虑分子间的相互作用力)。

一个具有机械能的物体,同时也具有内能;一个具有内能的物体不一定具有机械能。它们之间可以转化。

理想气体的内能:理想气体是一种理想化模型,理想气体分子间距很大,不存在分子势能,所以理想气体的内能只与温度有关。温度越高,内能越大。

注意：

① 理想气体与外界做功与否，看体积，体积增大，对外做了功（外界是真空则气体对外不做功），体积减小，则外界对气体做了功。

② 理想气体内能变化情况看温度。

③ 理想气体吸不吸热，则由做功情况和内能变化情况共同判断（即从热力学第一定律判断）。

理解内能概念需要注意几点：

① 内能是宏观量，只对大量分子组成的物体有意义，对个别分子无意义。

② 物体的内能由分子数量（物质的量）、温度（分子平均动能）、体积（分子间势能）决定，与物体的宏观机械运动状态无关，内能与机械能没有必然联系。

关于分子平均动能和分子势能理解时要注意。

① 温度是分子平均动能大小的标志，温度相同时任何物体的分子平均动能相等，但平均速率一般不等（分子质量不同）。

② 分子力做正功分子势能减少，分子力做负功分子势能增加。

③ 分子势能为零一共有两处，一处在无穷远处，另一处小于 r_0。分子力为零时分子势能最小，而不是零，如图 8-2 所示。

④ 理想气体分子间作用力为零，分子势能为零，只有分子动能。

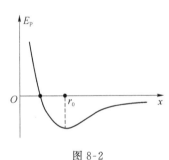

图 8-2

例 1 一定量的气体从外界吸收了 2.6×10^5 J 的热量，内能增加了 4.2×10^5 J，外界对物体做了多少功？

解析：根据热力学第一定律得

$W = \Delta U - Q = 4.2 \times 10^5 \text{ J} - 2.6 \times 10^5 \text{ J} = 1.6 \times 10^5 \text{ J}$

答：外界对物体做的功为 1.6×10^5 J。

例 2 在一个标准大气压下，水在沸腾时，1 g 的水由液态变成同温度的水汽，其体积由 1.043 cm³ 变为 1 676 cm³。已知水的汽化热为 2 263.8 J/g。求：

（1）体积膨胀时气体对外界做的功 W；

（2）气体吸收的热量 Q；

（3）气体增加的内能 ΔU。

解析：取 1 g 水为研究系统，1 g 沸腾的水变成同温度的水汽需要吸收热量，同时由于体积膨胀，系统要对外做功，所以有 $\Delta U < Q_{吸}$。

（1）气体在等压（大气压）下膨胀做功：

$W = p(V_2 - V_1) = 1.013 \times 10^5 \times (1\ 676 - 1.043) \times 10^{-6} \text{ J} = 169.7 \text{ J}$。

（2）气体吸热：$Q = mL = 1 \times 2\ 263.8 \text{ J} = 2\ 263.8 \text{ J}$。

（3）根据热力学第一定律：$\Delta U = Q + W = 2\ 263.8 \text{ J} + (-169.7) \text{ J} = 2\ 094.1 \text{ J}$

答：略。

（三）气体实验定律　理想气体

（1）探究一定质量理想气体压强 p、体积 V、温度 T 之间关系，采用的是控制变量法。

（2）三种变化（图 8-3）：

玻意耳定律：$pV = C$

查理定律：$p/T = C$

盖—吕萨克定律：$V/T = C$

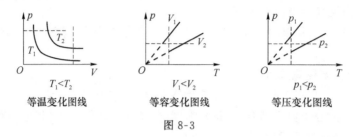

$T_1 < T_2$　　　　　$V_1 < V_2$　　　　　$p_1 < p_2$

等温变化图线　　　　等容变化图线　　　　等压变化图线

图 8-3

提示：

① 等温变化中的图线为双曲线的一支，等容(压)变化中的图线均为过原点的直线(之所以原点附近为虚线，表示温度太低了，规律不再满足)。

② 图中双线表示同一气体不同状态下的图线，虚线表示判断状态关系的两种方法。

③ 对等容(压)变化，如果横轴物理量是摄氏温度 t，则交点坐标为 -273.15。

(3) 理想气体状态方程

理想气体，由于不考虑分子间相互作用力，理想气体的内能仅由温度和分子总数决定，与气体的体积无关。

对一定质量的理想气体，有 $\dfrac{p_1 V_1}{T_1} = \dfrac{p_2 V_2}{T_2}$ (或 $\dfrac{pv}{T} =$ 恒定)

(4) 气体压强微观解释：由大量气体分子频繁撞击器壁而产生的，与温度和体积有关。

① 气体分子的平均动能，从宏观上看由气体的温度决定。

② 单位体积内的分子数(分子密集程度)，从宏观上看由气体的体积决定。

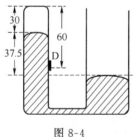

图 8-4

例 3　如图 8-4 所示，U 形管右管内径为左管的两倍，外界大气压强 $p_0 = 75$ cmHg。左端封闭，封有长为 30 cm 气柱，左右两管水银面高度差为 37.5 cmHg，左管封闭端下 60 cm 处有一小塞子 D，若将小塞子 D 拔去(空气能进入，但水银不会流出)，会在左管内产生一段新的气柱。那么

(1) 此时左管封闭端的气柱长度变为多少？

(2) 新产生的气柱长为多少？

解析：将塞子拔去，空气从孔进入，将左端汞柱隔为两段，上段的汞柱仅 30 cm，对左端空气柱，m、T 一定。

$p_1 = p_0 - \rho g h_1 = (75 - 37.5)$ cmHg $= 37.5$ cmHg

$L_1 = 30$ cm，$p_2 = p_0 - \rho g h_2 = 75$ cm $- (60 - 30)$ cmHg $= 45$ cmHg

由 $p_1 L_1 S = p_2 L_2 S$，得 $L_2 = \dfrac{p_1 L_1}{p_2} = \dfrac{37.5 \times 30}{45}$ cm $= 25$ cm

上段汞柱上移，形成空气柱长：$L_1' = 60$ cm $- (30 + 25)$ cm $= 5$ cm

下段汞柱下移，形成空气柱长：$7.5 - L_2' = 025 L_2'$，即 $L_2' = 6$ cm

所以，空气柱长为 $L' = L_1' + L_2' = 11$ cm

答：略。

（四）能量守恒定律

（1）能量既不会凭空产生，也不会凭空消失，它只能从一种形式转化为另一种形式，或者从一个物体转移到别的物体，在转化或转移的过程中其总量不变。这就是能量守恒定律。

（2）第一类永动机：不消耗任何能量，却可以源源不断地对外做功，人们把这种不消耗能量的永动机称为第一类永动机。

根据能量守恒定律，任何一部机器，只能使能量从一种形式转化为另一种形式，而不能无中生有地制造能量，因此第一类永动机是不可能制成的

（五）热力学第二定律

1．可逆与不可逆过程

（1）热传导的方向性

热传导的过程可以自发地由高温物体向低温物体进行，但相反方向却不能自发地进行，即热传导具有方向性，是一个不可逆过程。

（2）说明

① "自发地"过程就是在不受外来干扰的条件下进行的自然过程。

② 热量可以自发地从高温物体传向低温物体，热量却不能自发地从低温物体传向高温物体。

③ 要将热量从低温物体传向高温物体，必须有"外界的影响或帮助"，就是要由外界对其做功才能完成。电冰箱、空调就是例子。

2．热力学第二定律的两种表述

① 克劳修斯表述：热量不能自发地从低温物体传递到高温物体。

② 开尔文表述：不可能从单一热库吸收热量，使之完全变成功，而不产生其他影响。

3．热机

① 热机是把内能转化为机械能的装置。其原理是热机从热源吸收热量 Q_1，推动活塞做功 W，然后向冷凝器释放热量 Q_2。

② 由能量守恒定律可得：$Q_1 = W + Q_2$。

③ 我们把热机做的功和它从热源吸收的热量的比值称为热机效率，用 η 表示，即 $\eta = W/Q_1$。热机效率不可能达到 100%。

4．第二类永动机

① 设想：只从单一热源吸收热量，使之完全变为有用的功而不引起其他变化的热机。

② 第二类永动机不可能制成，表示尽管机械能可以全部转化为内能，但内能却不能全部转化成机械能而不引起其他变化；机械能和内能的转化过程具有方向性。

5．热力学第二定律的微观解释

① 熵增加原理：一个孤立系统总是从熵小的状态向熵大的状态发展，而熵值较大代表着较为无序，所以自发的宏观过程总是向无序度更大的方向发展。因此热力学第二定律也称为熵增加原理。

② 热力学第二定律的微观意义：一切自然过程总是沿着分子热运动无序性增大的方向进行。

6. 热力学第三定律

不可能通过有限的过程把一个物体冷却到绝对零度。热力学第三定律不阻止人们想办法尽可能地接近绝对零度。

（六）能源与环境　能源的开发和应用

能量耗散：各种形式的能量向内能转化，无序程度较小的状态向无序程度较大的状态转化。

能量耗散虽然不会使能的总量不会减少，却会导致能的品质降低，它实际上将能量从可用的形式降级为不大可用的形式，煤、石油、天然气等能源储存着高品质的能量，在利用它们的时候，高品质的能量释放出来并最终转化为低品质的内能。故能量虽然不会减少但能源会越来越少，所以要节约能源。

三种常规能源是：煤、石油、天然气。石油和煤燃烧产生的二氧化碳增加了大气中的二氧化碳的含量，产生了温室效应，引发了一系列问题，如：两的冰雪融化，海平面上升，海水倒灌，耕地盐碱化……这些都是自然对人类的报复。还有一些问题，如：煤燃烧时形成的二氧化硫等物质使雨水形成"酸雨"。

开发和利用新能源：新能源主要指太阳能、生物能、风能、水能等。这些能源一是取之不尽、用之不竭，二是不会污染环境，等等。

第三节　固体与液体

学习目标

（1）了解晶体、非晶体、表面张力、饱和汽、相对湿度等概念。

（2）了解固体、液体的一般性质。

问题引入

晶体的宏观特点是由晶体的内部结构决定的，人们从对晶体微观结构的探索中，建立起了晶体的点阵结构理论。根据这一理论，组成晶体的物质微粒按照一定的规律规则排列形成空间点阵。组成点阵结构的物质微粒间具有很强的相互作用，这使得处在点阵结构上的物质微粒足能在结点附近做微小的振动，这就是晶体的微观结构模型。

主要知识

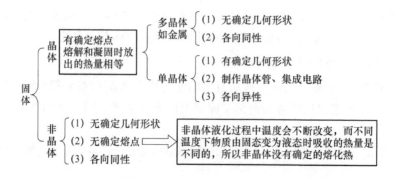

（一）晶体和非晶体　晶体的微观结构

说明：

（1）具体到某种晶体，它可能只是某种物理性质各向异性较明显。例：云母片就是导热性明显，方解石则是透光性上明显，方铅矿则在导电性上明显。但笼统提晶体就说各种物理性质是各向异性。

（2）同种物质可能以晶体和非晶体两种不同的形式出现，物质是晶体还是非晶体不是绝对的，在一定条件下可以相互转化。

（3）通过 X 射线在晶体上的衍射实验，发现各种晶体内部的微粒按各自的规则排列，具有空间上的周期性。有的物质组成它们的微粒能够按照不同规则在空间分布，因此在不同条件下可以生成不同的晶体。例如：碳原子由于排列不同可以生成石墨或金刚石。

（4）晶体达到熔点后由固态向液态转化，分子间距离要加大。此时晶体要从外界吸收热量来破坏晶体的点阵结构，所以吸热只是为了克服分子间的引力做功，只增加了分子的势能。

（二）液体的表面张力现象

液体——非晶体的微观结构跟液体非常相似

（1）表面张力：表面层分子比较稀疏，$r > r_0$ 在液体内部分子间的距离在 r_0 左右，分子力几乎为零。液体的表面层由于与空气接触，所以表面层里分子的分布比较稀疏、分子间呈引力作用，在这个力作用下，液体表面有收缩到最小的趋势，这个力就是表面张力。

太空中的液体，形状由表面张力决定，由于使液体表面收缩至最小，故呈球状。

（2）浸润和不浸润现象：

有的液体能够附着在固体表面上的现象称为浸润现象，对这个固体来说，这种液体是浸润液体。有的液体不能够附着在固体表面上的现象称为不浸润现象，对这个固体来说，这种液体是不浸润液体。在认识浸润和不浸润现象时，需要注意的是对一种液体来说，它对某些固体是浸润的，而对另一些固体则可能是不浸润的。所以浸润液体总是相对于某一种（或某一些）固体而言的。

（3）毛细现象：浸润液体在细管中上升的现象，以及不浸润液体在细管中下降的现象，称为毛细现象。

对于一定液体和一定材质的管壁，管的内径越细，毛细现象越明显。

① 管的内径越细，液体越高。

② 土壤锄松，破坏毛细管，保存地下水分；压紧土壤，毛细管变细，将水引上来。

③ 由于液体浸润管壁，液面边缘部分的表面张力斜向上方，这个力使管中液体向上运动，当管中液体上升到一定高度，液体所受重力与液面边缘所受向上的力平衡，液面稳定在一定高度。

（三）液晶

（1）液晶具有流动性、光学性质各向异性。

（2）不是所有物质都具有液晶态，通常棒状分子、碟状分子和平板状分子的物质容易具有液晶态。天然存在的液晶不多，多数液晶为人工合成。

（3）向液晶参入少量多色性染料，染料分子会和液晶分子结合而定向排列，从而表现出光学各向异性。当液晶中电场强度不同时,它对不同颜色的光的吸收强度也不一样,这样就能显示各种颜色。

(4) 在多种人体结构中都发现了液晶结构。

★饱和气和饱和气压

在密闭容器中的液面上同时进行着两种相反的过程:一方面分子从液面飞出来;另一方面由于液面上的气分子不停地做无规则的热运动,有的气分子撞到液面上又会回到液体中去。随着液体的不断蒸发,液面上气的密度不断增大,回到液体中的分子数也逐渐增多。最后,当汽的密度增大到一定程度时,就会达到这样的状态:在单位时间内回到液体中的分子数等于从液面飞出去的分子数,这时汽的密度不再增大,液体也不再减少,液体和汽之间达到了平衡状态,这种平衡称为动态平衡。我们把跟液体处于动态平衡的气称为饱和气,把没有达到饱和状态的汽称为未饱和气。在一定温度下,饱和汽的压强一定,称为饱和气压。未饱和气的压强小于饱和气压。

1. 饱和气压

(1) 饱和气压只是指空气中这种液体蒸汽的分气压,与其他气体的压强无关。

(2) 饱和气压与温度和物质种类有关。

在同一温度下,不同液体的饱和气压一般不同,挥发性大的液体饱和气压大;同一种液体的饱和气压随温度的升高而迅速增大。[对于某种液体而言单位时间、单位面积(液面)飞出的液体分子数只与温度有关]

(3) 将不饱和汽变为饱和气的方法:①降低温度②减小液面上方的体积③等待(最终此种液体的蒸气必然处于饱和状态)

2. 空气的湿度

(1) 空气的绝对湿度:用空气中所含水蒸气的压强来表示的湿度称为空气的绝对湿度。

(2) 空气的相对湿度:相对湿度 $= \dfrac{\text{水蒸气的实际汽压}}{\text{同温度下水的饱和汽压}}$

相对湿度更能够描述空气的潮湿程度,影响蒸发快慢以及影响人们对干爽与潮湿感受。

相对湿度大,人感觉潮湿;人们感到干爽是指相对湿度小。离饱和程度越远,空气相对湿度越小。

3. 气化热

液体气化时体积会增大很多,分子吸收的能量不只是用于挣脱其他分子的束缚,还用于体积膨胀时克服外界气压做功,所以汽化热还与外界气体的压强有关。

 物理天地

> **高空的气温为什么低**
>
> 研究大气现象时,通常把温度、压强相同的一部分空气称为气团。由于气团的直径达上千米,边缘部分和外界的热交换对整个气团没有明显的影响,所以气团的内能增减等于外界对它做功或它对外界做功的多少。阳光烤暖了大地,会使得下层的气团温度升高,密度减小,因而上升。气团膨胀的时候推挤周围的空气,对外做的功,根据热力学第一定律可知内能减小、温度降低。对于干燥的空气,大约每升高 1 km 温度降低 10 ℃。

能量守恒定律是提出的

1842 年迈尔在《论无机界的力》一文中,曾提出了机械能和热量的相互转原理,并由空气的定压比热容同定容比热容之差计算出热功当量的数值。焦耳从 1840 年起做了大量有关电流热效应和热功当量方面的实验。他通过各种精确的实验,直接求得了热功当量的数值,给能量守恒定律奠定了坚实的实验基础。

什么是等离子体

等离子体又称"电浆",是由部分电子被剥夺后的原子及原子被电离后产生的正、负电子组成的离子化气体状物质,它是除固、液、气外物质存在的第四态。等离子体是一种很好的导电体利用经过巧妙设计的磁场可以捕捉、移动和加速等离子体。等离子体物理为材料、能源、信息、空间物理、地球物理等学科的进一步飞展提供了新的技术和工艺。现在等离子体已广泛应用于多种生产领域,它在电脑芯片蚀刻中的运用,让网络时代成为现实。

科学家开尔文简介

(1824—1907 年)开尔文是英国著名物理学家、发明家,原名 W.汤姆孙。他是 20 世纪的最伟大的人物之一,是一个伟大的数学物理学家兼电学家。他被看作英帝国的第一位物理学家,同时受到世界其他国家的赞赏。1824 年 6 月 26 日开尔文生于爱尔兰的贝尔法斯特。他从小聪慧好学,10 岁时就进格拉斯哥大学预科学习。1846 年受聘为格拉斯哥大学自然哲学(物理学当时的别名)教授,任职达 53 年之久。由于装设第一条大西洋海底电缆有功,英政府于 1866 年封他为爵士,并于 1892 年晋升为开尔文勋爵,开尔文这个名字就是从此开始的。1890—1895 年任伦敦皇家学会会长。研究领域:(1)电磁学;(2)热力学:1848 年提出并于 1854 年修改的绝对热力学温标,是现代科学上的标准温标。开尔文指出:"这个温标的特点是它完全不依赖于任何特殊物质的物理性质。"这是现代科学上的标准温标。他是热力学第二定律的两个主要奠基人之一(另一个是克劳修斯),1851 年他提出热力学第二定律:"不可能从单一热源吸热使之完全变为有用功而不产生其他影响。"这是公认的热力学第二定律的标准说法。1852 年他与焦耳合作进一步研究气体的内能,对焦耳气体自由膨胀实验作了改进,进行气体膨胀的多孔塞实验,发现了焦耳—汤姆孙效应,即气体经多孔塞绝热膨胀后所引起的温度的变化现象。这一发现成为获得低温的主要方法之一,广泛地应用到低温技术中。1856 年他从理论研究上预言了一种新的温差电效应,即当电流在温度不均匀的导体中流过时,导体除产生不可逆的焦耳热之外,还要吸收或放出一定的热量(称为汤姆孙热)。这一现象称为汤姆孙效应。(3)电学的工程应用;(4)波动和涡流、以太学说。

第九章 电 场

第一节 库仑定律

学习目标

(1) 理解电荷、电荷守恒定律、点电荷;掌握库仑定律的内容及其应用。

(2) 体会研究物理问题的一些常用的方法,如:控制变量法、理想模型法、测量变换法、类比法等。

(3) 渗透物理方法的教育,运用理想化模型的研究方法,突出主要因素、忽略次要因素,抽象出物理模型——点电荷,研究真空中静止点电荷相互作用力问题。

(4) 通过静电力与万有引力的对比,体会自然规律的多样性与统一性。

问题引入

《三国志·吴书》中写道"琥珀不取腐芥",意思是腐烂潮湿的草不被琥珀吸引。但是,由于当时社会还没有对电力的需求,加上当时也没有测量电力的精密仪器,因此,人们对电的认识一直停留在定性的水平上。直到 18 世纪中叶人们才开始对电进行定量的研究。现在就让我们踏着科学家的足迹去研究电荷之间的相互力。

主要知识

(一)电荷 电荷守恒定律 点电荷

(1) 自然界中只存在正、负两种电荷,电荷在它的周围空间形成电场,电荷间的相互作用力就是通过电场发生的。电荷的多少称为电量。基本电荷 $e=1.6\times10^{-19}$ C。带电体电荷量等于元电荷的整数倍($Q=ne$)

(2) 使物体带电也称为起电。使物体带电的方法有三种:①摩擦起电。②接触带电。③感应起电。

(3) 电荷既不能创造,也不能被消灭,它只能从一个物体转移到另一个物体,或从物体的这一部分转移到另一个部分,这称为电荷守恒定律。

带电体的形状、大小及电荷分布状况对它们之间相互作用力的影响可以忽略不计时,这样的带电体就可以看作带电的点,称为点电荷。

感应起电机起电,然后利用带电的物体吸引轻小物体的性质使通草球与感应起电机的一

端相接触,通草球带同种电荷后弹开,如图 9-1 最后改变两者之间的距离观察有什么现象产生?(注意:观察细线的偏角)

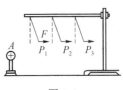

猜想:电荷间相互作用力的大小与哪些因素有关?

可能因素:距离、电荷量及其他因素。

我们的任务是:设计实验方案定性探究 F 与 r 之间、F 与 q 之间的关系

图 9-1

(2) 定性探究一:探究 F 与 r 之间的定性关系

为了探究 F 与 r 之间的定性关系,对其他因素(如:电荷量、带电体的形状)我们应该如何处理?

只改变 r 的大小,保持其他条件不变(控制变量法)。

实验设计方案

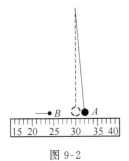

图 9-2

实验器材:如图 9-2 所示。其中 A、B 是两个直径为 1.5 cm 泡沫小球,小球的外层均匀涂有墨水,使之可以通过接触带电,A 球用长为 60 cm 左右的绝缘棉线悬挂于铁架台上。

实验操作:使 A、B 两球带上同种电荷,发现 B 球离 A 球越近,A 球偏离竖直方向就越大(实验中最好保持两球在同一水平面上)。

现象说明:

大家是如何判断小球 A 所受的库仑力 F 大小的变化的?

(通过偏离竖直方向的角度 θ 的大小,角度 θ 越大 A 所受的库仑力就越大。)

偏转角 θ 与小球 A 所受的库仑力 F 的大小关系如何?($F=mg\tan\theta$)

特别提醒:由于在这里我们没法直接测量出力 F 的大小,而是通过偏转角 θ 的变化来判断 F 的变化这种方法就是测量变换法(间接测量法)。

实验结论:电荷量不变时,改变带电体间距离 r,两电荷间的作用力 F 随距离 r 的减小而增大。

(二) 定性探究二:F 与 q 之间的定性关系

只改变 q 的大小,保持其他条件不变。

实验设计方案

实验器材:将两个直径为 1.5 cm、外层均匀涂有墨水的泡沫小球,用长为 60 cm 左右的细导线连起来,然后用绝缘棉线悬挂于铁架台上。再将导线接到手摇静电感应器的一个小球上。

实验操作:摇动手柄,使 A、B 两球带上等量的同种电荷,发现手摇得越快,两球间的距离越大,即偏角越大。

特别提醒:由于要保持距离不变,通过改变电荷量的大小比较困难,而前面已经得出了 F 与 R 的定性关系,这里我们能够看出 q 越大,F 就越大。

现象说明:

(1) 转得越快说明什么?(转得越快,说明两小球的带电荷量越多。)

(2) 两球距离(偏角)越大说明什么?(两球距离(偏角)越大说明两球间的相互作用力越大。)

实验结论:若距离不变,改变电荷量,两电荷间的作用力 F 随电荷量 q 的增大而增大。

电荷间的作用力与它们带的电荷量以及距离有关,那么电荷之间相互作用力的大小会不会与万有引力的大小具有相似的形式呢?

(三) 物理学史:类比法的成功

(1) 普利斯特利(1733—1804 年):德国人,氧气的发现者,化学家。

(2) 富兰克林的空罐实验

用丝线将一小块软木悬挂在带电金属罐外的附近,软木受到吸引。但把它悬挂在罐内时,不论在罐内何处,它都不受电力。当富兰克林写信将这一现象告之普利斯特利后,普氏想到:1687 年牛顿曾证明:万有引力若服从平方反比定律,则均匀的物质球壳对壳内物体应无作用。普利斯特利将空罐实验与牛顿推理类比,联想到电力也表现了这种特性,所以也应遵从平方反比定律。

(四) 库仑定律

(1) 定律内容:真空中两个静止点电荷之间的相互作用力,与它们电荷量的乘积成正比,与它们的距离的二次方成反比,作用力的方向在它们的连线上。

(2) 公式:$F = k\dfrac{q_1 q_2}{r^2}$,其中 k 为静电力常量,$k = 9.0 \times 10^9$ N·m²/C²。

(3) 说明:

① 关于"点电荷",我们应该理解这是相对而言的,只要带电体本身的大小跟它们之间的距离相比可以忽略,带电体就可以看作点电荷。严格地说点电荷是一个理想模型,实际上是不存在的。

这里可以回顾力学中的质点的概念。容易出现的错误是:只要体积小就能当点电荷,这一点在学习中特别需要注意。

② 要强调说明这里表述的库仑定律只适用于真空,也可近似地用于气体介质,对其他介质对电荷间库仑力的影响不便向学生多作解释,只能简单地指出:为了排除其他介质的影响,将实验和定律约束在真空的条件下。

③ 扩展:任何一个带电体都可以看成是由许多点电荷组成的。任意两点电荷之间的作用力都遵守库仑定律。用矢量求和法求合力。利用微积分计算得:带电小球可等效看成电荷量都集中在球心上的点电荷。静电力同样具有力的共性,遵循牛顿第三定律,遵循力的平行四边形定则。

*介绍库仑扭秤实验:人类对静电力的探究过程

1767 年,英国物理学家普利斯特利通过实验发现静电力与万有引力的情况非常相似,为此他首先提出了静电力平方成反比定律猜测。

1772 年,英国物理学家卡文迪许遵循普利斯特利的思想以实验验证了电力平方反比定律。

1785 年法国物理学家库仑设计制作了一台精确的扭秤,用扭秤实验证明了同号电荷的斥力遵从平方反比律,用振荡法证明异号电荷的吸引力也遵从平方反比定律。

(1) 库仑扭秤实验

扭秤的结构如图 9-3 所示。在细银丝下悬挂一根绝缘棒,棒的一端是一个带电的小球 A,

另一端是一个不带电的球 B,B 与 A 所受的重力平衡。为了研究带电体之间的作用力,把另一个带电的金属球 C 插入容器并使它靠近球 A 时,A 和 C 之间的作用力使悬丝扭转,转动悬丝上端的悬钮,使小球回到原来位置。这时悬丝的扭力矩等于施于小球 A 上电力的力矩。如果悬丝的扭力矩与扭转角度之间的关系已事先校准、标定,则由旋钮上指针转过的角度读数和已知的秤杆长度,可以得知在此距离下 A、B 之间的作用力。

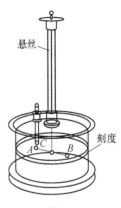

图 9-3

（2）为实现 F 与 r^2 关系的验证

① 他们的实验思想:放大、转化

他们的设计思想:控制变量法——控制 Q 不变

结果:库仑精确地用他的扭秤实验测量了两个带电小球在不同距离下的静电力,证实了自己的猜测。基本上验证了 F 与 r 之间的平方反比关系。

为了验证 F 与 Q 的关系,库仑将两个完全相同的金属小球,一个带电、一个不带电,两者相互接触后电荷量被两球等分,各自带有原有总电荷量的一半。这样库仑就巧妙地解决了这个问题,用这个方法依次得到了原来电荷量的 1/2、1/4、1/16 等的电荷,从而顺利地验证得出 $F \propto Q_1 Q_2$。

② 他们的思想方法:守恒、对称

例 1　试比较电子和质子间的静电引力和万有引力。已知电子的质量 $m_1 = 9.10 \times 10^{-31}$ kg,质子的质量 $m_2 = 1.67 \times 10^{-27}$ kg。电子和质子的电荷量都是 1.60×10^{-19} C。

分析:这个问题不用分别计算电子和质子间的静电引力和万有引力,而是列公式,化简之后,再求解。

解析:电子和质子间的静电引力和万有引力分别是

$$F_1 = k \frac{Q_1 Q_2}{r^2}, \quad F_2 = G \frac{m_1 m_2}{r^2}, \quad \frac{F_1}{F_2} = \frac{k Q_1 Q_2}{G m_1 \cdot m_2}$$

$$\frac{F_1}{F_2} = \frac{9.0 \times 10^9 \times 1.60 \times 10^{-19} \times 1.60 \times 10^{-19}}{6.67 \times 10^{-11} \times 9.10 \times 10^{-31} \times 1.67 \times 10^{-27}} = 2.3 \times 10^{39}$$

答:略。

可以看出,万有引力公式和库仑定律公式在表面上很相似,表述的都是力,这是相同之处;它们的实质区别是:首先万有引力公式计算出的力只能是相互吸引的力,绝没有相排斥的力。其次,由计算结果看出,电子和质子间的万有引力比它们之间的静电引力小很多,因此在研究微观带电粒子间的相互作用时,主要考虑静电力,万有引力虽然存在,但相比之下非常小,所以可忽略不计。

例 2　如图 9-4 所示,A、B、C 三点在一条直线上,各点都有一个点电荷,它们所带电荷量相等。A、B 两处为正电荷,C 处为负电荷,且 BC=2AB。那么 A、B、C 三个点电荷所受库仑力的大小之比为_____。

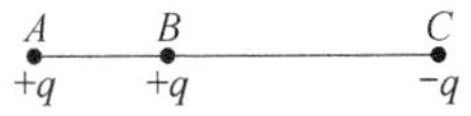

$$
\begin{array}{c}
A \\
+q
\end{array}
\qquad
\begin{array}{c}
B \\
+q
\end{array}
\qquad\qquad
\begin{array}{c}
C \\
-q
\end{array}
$$

图 9-4

解析:$F_A = k \dfrac{q^2}{r^2} - k \dfrac{q^2}{(3r)^2} = \dfrac{8}{9} k \dfrac{q^2}{r^2}$,

$$F_B = k \frac{q^2}{r^2} + k \frac{q^2}{(2r)^2} = \frac{5}{4} k \frac{q^2}{r^2},$$

$$F_C = k\frac{q^2}{(2r)^2} - k\frac{q^2}{(3r)^2} = \frac{5}{36}k\frac{q^2}{r^2},$$

$$F_A : F_B : F_C = 32 : 45 : 5$$

答:略。

例 3 如图 9-5 所示,竖直绝缘墙壁上的 Q 处有一固定的质点 A,在 Q 的正上方的 P 点用丝线悬另一质点 B,A、B 两质点因为带电而相互排斥,致使悬线与竖直方向成 θ 角,由于漏电使 A、B 两质点的带电荷量逐渐减少,在电荷漏电完之前悬线对悬点 P 的拉力大小(　　)。

A. 变小　　　　　　B. 变大　　　　　　C. 不变　　　　　　D. 无法确定

解析:受力分析如图 9-6 所示,设 PA=L,PB=1

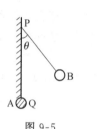

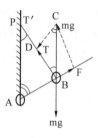

图 9-5　　　　　　　　　图 9-6

由几何知识知:△APB∽△BDC

则:$\dfrac{T}{PB} = \dfrac{mg}{PA}$,即:$T = \dfrac{mgl}{L}$

∵ T 和 T′ 是作用力和反作用力,故 T=T′

故选 C。

第二节　电场　电场强度

学习目标

(1) 知道电荷间的相互作用是通过电场发生的,知道电场是客观存在的一种特殊物质形态。

(2) 理解电场强度的概念及其定义式,会根据电场强度的定义式进行有关的计算,了解电场强度是矢量,以及电场强度的方向是怎样规定的。理解电场线及匀强电场。

(3) 能根据库仑定律和电场强度的定义式推导点电荷场强的计算式,并能用此公式进行有关的计算。

(4) 了解电场的叠加原理,并应用这个原理进行简单的计算。

问题引入

通过库仑定律的学习,我们知道电荷之间存在相互作用力。那么电荷间的相互作用力是怎样产生的呢?而且电荷之间没有接触也会产生相互作用,他们之间的相互作用一定是通过其他媒介物质的传递产生的。

主要知识

(一) 电场

(1) 电荷之间的相互作用是通过特殊形式的物质——电场发生的,电荷的周围都存在电场。

特殊性:不同于生活中常见的物质,看不见,摸不着,无法称量,可以叠加。

物质性:是客观存在的,具有物质的基本属性——质量和能量。

(2) 基本性质:主要表现在以下几方面。

① 引入电场中的任何带电体都将受到电场力的作用,且同一点电荷在电场中不同点处受到的电场力的大小或方向都可能不一样。

② 电场能使引入其中的导体产生静电感应现象。

③ 当带电体在电场中移动时,电场力将对带电体做功,这表示电场具有能量。

可见,电场具有力和能的特征

提出问题:同一电荷 q 在电场中不同点受到的电场力的方向和大小一般不同,这是什么因素造成的? 因为电场具有方向性以及各点强弱不同,所以靠成同一电荷 q 在电场中不同点受到的电场力的方向和大小不同,我们用电场强度来表示电场的强弱和方向。

(二) 电场强度(E)

由图 9-7 已知带电金属球 Q 及 $-Q$ 周围存在电场。且从小球 q 受力情况可知,电场的强弱与小球带电和位置有关。

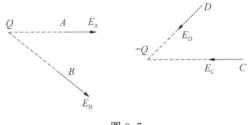

图 9-7

1. 检验电荷和场源电荷

检验电荷是一种理想化模型,它是电量很小的点电荷,将其放入电场后对原电场强度无影响。

场源电荷是指引起(形成)电场的电荷。

虽然可用同一电荷 q 在电场中 A、B、C、D 各点所受电场力 F 的大小来比较各点的电场强弱,但是电场力 F 的大小还和电荷 q 的电量有关,所以不能直接用电场力的大小表示电场的强弱.实验表明:在电场中的同一点,电场力 F 与电荷电量 q 成正比,比值 F/q 由电荷 q 在电场中的位置所决定,跟电荷电量无关,是反映电场性质的物理量,所以用这个比值 F/q 来表示电场的强弱。

2. 电场强度

(1) 定义：电场中某一点的电荷受到的电场力 F 跟它的电荷量 q 的比值，称为该点的电场强度，简称场强。用 E 表示。

公式(大小)：$E=F/q$(适用于所有电场)

单位：N/C。

提出问题：电场强度是矢量，怎样表示电场的方向呢？

(2) 方向性：物理学中规定，电场中某点的场强方向跟正电荷在该点所受的电场力的方向相同；与负电荷在电场中某点所受的电场力的方向跟该点的场强方向相反。

特点：唯一性和固定性

电场中某一点处的电场强度 E 是唯一的，它的大小和方向与放入该点电荷 q 无关，它决定于电场的源电荷及空间位置，电场中每一点对应着的电场强度与是否放入电荷无关。

(3) 真空中点电荷周围电场；电场强度的叠加

点电荷周围的电场

① 大小：$E=k\dfrac{Q}{r^2}$(只适用于点电荷的电场)。

② 方向：如果是正电荷，E 的方向背离 Q；如果是负电荷：E 的方向指向 Q。

3. 说明

公式 $E=kQ/r^2$ 中的 Q 是场源电荷的电量，r 是场中某点到场源电荷的距离。从而使学生理解：空间某点的场强是由产生电场的场源电荷和该点距场源电荷的距离决定的，与检验电荷无关。

如图 9-8 所示，提出问题：如果空间中有几个点电荷同时存在，此时各点的场强是怎样的呢？带领学生由检验电荷所受电场力具有的叠加性，分析出电场的叠加原理。

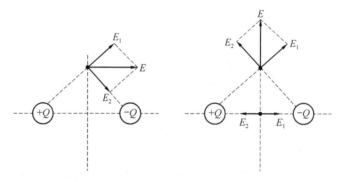

图 9-8

4. 电场强度的叠加原理

某点的场强等于该点周围各个电荷单独存在时在该点产生的场强的矢量和。

(三) 电场线

(1) 电场线：电场线是画在电场中的一条条有方向的曲线，曲线上每点的切线方向表示该点的电场强度的方向。

（2）电场线的基本性质

① 电场线上每点的切线方向就是该点电场强度的方向。

② 电场线的疏密反映电场强度的大小（疏弱密强）。

③ 静电场中电场线始于正电荷或无穷远，止于负电荷或无穷远。它不封闭，也不在无电荷处中断。

④ 任意两条电场线不会在无电荷处相交（包括相切）。

说明：电场线是为了形象描述电场而引入的，电场线不是实际存在的线。

如图 9-9 所示，是一组常见的电场线。

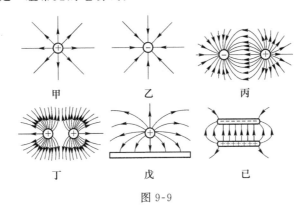

图 9-9

（四）匀强电场

（1）定义：电场中各点场强的大小相等、方向相同的电场就称为匀强电场。

（2）匀强电场的电场线：是一组疏密程度相同（等间距）的平行直线。例如，两等大、正对且带等量异种电荷的平行金属板间的电场中，除边缘附近外，就是匀强电场，如图 9-10 所示。

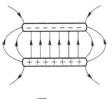

图 9-10

例 1　如图 9-11 所示，实线是一簇未标明方向的由点电荷 Q 产生的电场线，若带电粒子 $q(|Q|\gg|q|)$ 由 a 运动到 b，电场力做正功。已知在 a、b 两点粒子所受电场力分别为 F_a、F_b，则下列判断正确的是（　　）

A. 若 Q 为正电荷，则 q 带正电，$F_a > F_b$

B. 若 Q 为正电荷，则 q 带正电，$F_a < F_b$

C. 若 Q 为负电荷，则 q 带正电，$F_a > F_b$

D. 若 Q 为负电荷，则 q 带正电，$F_a < F_b$

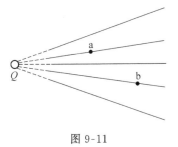

图 9-11

解析：q 从 a 点移到 b 点，电场力做正功，表明 Q、q 一定带同种电荷，要么同为正，要么同为负，又因为 $E_a > E_b$，故 $F_a > F_b$，A 选项正确。

例 2　如图 9-12 所示，一个带正电的小球，系于长为 L 的不可伸长的轻线一端，线的另一端固定在 O 点，它们处在匀强电场中，电场的方向水平向右，场强的大小为 E。已知电场对小球的作用力大小等于小球的重力。现在先把小球拉到图中的 X 处，使轻线拉直，并与场强方向平行，然后由静止释放小球。则小球到达与 X 处等高的 Y 处时速度的大小为（　　）。

A. $\sqrt{gl}$　　　　　B. $\sqrt{2gl}$　　　　　C. $2\sqrt{gl}$　　　　　D. 0

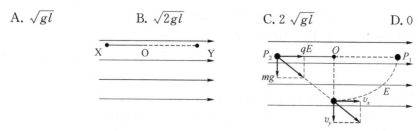

图 9-12

解析：根据题意，当把小球拉到图中的 P_2 处，由静止释放小球时，在电场力和重力的合力作用下，由静止开始做匀加速直线运动，因为 $qE=mg$，所以运动方向与水平方向成 45°角。因此运动到 O 点正下方的最低点恰与绳绷直，其速度的竖直分量 v_y 突变为零，如图 9-12 所示，只剩下水平分量 v_x，接着开始做圆周运动。对第一个过程，求出小球在最低点速度的水平分量 v_x。

由水平方向的分运动可知：$v_x^2=2gl$

对第二个过程的圆周运动，由动能定理可得：$qEl-mgl=mv^2-mv_x^2$

即 $mv^2=mv_x^2$

得 $v=v_x$，故 B 对。

第三节　电势能　电势　电势差

学习目标

（1）理解静电力做功的特点、电势能的概念、电势能与电场力做功的关系。

（2）理解电势的概念，知道电势是描述电场的能的性质的物理量。明确电势能、电势、静电力的功、电势能的关系。

（3）了解电势与电场线的关系，了解等势面的意义及与电场线的关系；理解掌握电势差的概念、定义式与应用；掌握电势差与电场强度的关系。

问题引入

类比法是根据两个（两类）对象之间在某方面的相同或相似，而推出它们在其他方面也可能相同或相似的逻辑推理方法。具体说来，A 事物具有属性 a、b、c，又具有属性 d。如果 B 事物具有属性 a、b、c，那么，B 事物也可能具有属性 d。是否真是这样，需要得到实验的验证，如表 9-1 所示。

表 9-1　类比静电场和重力场（一）

特征或性质	静电场	重力场
a	对场中的电荷有力的作用	对场中的物体有力的作用
b	用比值"F/q"表示场的强弱	用比值"F/m"表示场的强弱

主要知识

可见,静电场与重力场有某些特征是相似的。根据两者的相似性,是否可以大胆的推测静电场的其他性质?

(一) 电场力做功及其特点

在重力场中,重力做功与路径无关,静电力做功也与路径无关吗?

如图 9-13 所示,让试探电荷 q 在电场强度为 E 的匀强电场中沿几条不同路径从 A 点运动到 B 点,下面来计算这几种情况下静电力对电荷所做的功。

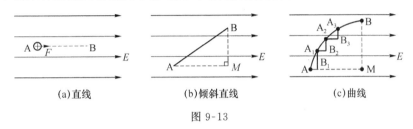

(a)直线 (b)倾斜直线 (c)曲线

图 9-13

$$W=F|AB|=qE|AB|$$
$$W=F|AB|\cos\theta=qE|AM|$$
$$W=W_1+W_2+W_3+\cdots=qE|AM|$$

分析三种情况下的做功的数据结果,结合具体的问题情景,从中找到共同点和不同点,联系前面所学的知识,归纳得出:

结论:静电力做的功只与电荷的起始位置和终点位置有关,与电荷经过的路径无关。

拓展:该特点对于非匀强电场中也是成立的。

(二)电势能

如图 9-14 所示,移动物体时重力做的功与路径无关,同一物体在地面附近的同一位置才具有确定的重力势能。静电力做功也与路径无关,是否隶属势能?可以给它一个物理名称吗?

(1)由于移动电荷时静电力做功与移动的路径无关,电荷在电场中也具有势能,这种势能称为电势能。在重力场中由静止释放质点,质点一定加速运动,动能增加,势能减少;如图 9-15所示,在静电场中,静电力做功使试探电荷获得动能,是什么转化为试探电荷的动能?(这种能量为电势能)。

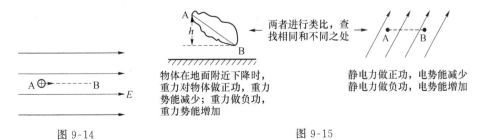

物体在地面附近下降时,
重力对物体做正功,重力
势能减少;重力做负功,
重力势能增加

两者进行类比,查找相同和不同之处

静电力做正功,电势能减少
静电力做负功,电势能增加

图 9-14   图 9-15

（2）重力做的正功等于减少的重力势能,克服重力做的功等于增加的重力势能,用公式表示为 $W_{AB}=E_{pA}-E_{pB}=-\Delta E_p$。那么静电力做的正功也等于减少的电势能吗? 克服静电力做的功也等于增加的电势能吗? 用公式表示也是 $W_{AB}=E_{pA}-E_{pB}=-\Delta E_p$ 吗?

根据动能定理,$W_{AB}=E_{kB}-E_{kA}=\Delta E_k$。因为,根据能量守恒增加的动能等于减少的电势能,$E_{kB}-E_{kA}=E_{pA}-E_{pB}$,所以 $W_{AB}=E_{pA}-E_{pB}=-\Delta E_p$。

（3）通过计算静电力做的功只能确定电势能的变化量,只有把电场中的某点的电势能规定为零,才能确定电荷在电场中其他点的电势能的数值。可见电势能的确有相对性。

（4）质点在某点的重力势能等于把它从该点移动到零势能处的过程中重力做的功,电荷在某点的电势能也等于把它从该点移动到零势能处的过程中静电力做的功吗?

如果规定 B 点的电势能为零,根据 $W_{AB}=E_{pA}-E_{pB}$,可知 $W_{AB}=E_{pA}$,

所以:电荷在某点的电势能也等于静电力把它从该点移动到零势能处所做的功。

电场力做正功,电荷的电势能减小;电场力做负功,电荷的电势能增加。

电场力做多少功,电势能就变化多少,在只受电场力作用下,电势能与动能相互转化,而它们的总量保持不变。

电荷在电场中某一点 A 具有的电势能 E_p 等于将该点电荷由 A 点移到电势零点电场力所做的功 W,即 $E_p=W$。

（5）如果只有试探电荷而不存在电场,就不存在静电力的作用,试探电荷也不可能有电势能;如果只有电场而没有试探电荷,也不存在静电力作用,也就不存在电势能。只有在试探电荷处于电场中时,讨论与静电力做功紧密联系的电势能才有意义。所以,电势能属于电荷与电场组成的系统。

总结类比列表如表 9-2 所示。

表 9-2　类比重力场和静电场（二）

特征或性质	重力场	静电场
a	对场中的物体有引力的作用	对场中的电荷有电场力的作用
b	用比值"F/m"表示场的强弱	用比值"F/q"表示场的强弱
c	重力做功与路径无关	静电力做功与路径无关
d	重物在重力场中有重力势能	电荷在电场中有电势能
e	重力做的正功等于减少的重力势能,克服重力做的功等于增加的重力势能,用公式表示为 $W_{AB}=E_{pA}-E_{pB}=-\Delta E_p$。	静电力做的正功等于减少的电势能,克服静电力做的功等于增加的电势能,用公式表示是 $W_{AB}=E_{pA}-E_{pB}=-\Delta E_p$
f	重力势能具有相对性	电势能具有相对性
g	质点在某点的重力势能等于把它从该点移动到零势能处的过程中重力做的功	电荷在某点的电势能等于把它从该点移动到零势能处的过程中静电力做的功
h	重力势能属于物体与重力场组成的系统	电势能属于电荷与静电场组成的系统

例 1　如果电荷沿不同路径移动到达同一点时静电力做功不一样,还能建立电势能的概念吗? 为什么?

答:电势能的大小是由电荷与电场的相对位置决定的,同一电荷在电场中同一点的电势能应该有确定的值。不妨假设,电荷从电势能为 0 处沿不同路径移动到电场中的另一点 P。如果静电力做的功不同,那么同一电荷在同一点 P 的"电势能"就不同,这样 P 点的"电势能"就没有确定值,就不能建立电势能的概念。

例 2　物体在重力场中重力做功,与电荷在电场中移动时静电力做功虽然相似,但还存在差异。能具体说一说这种差异吗?

答:在重力场中移动的质点的质量都是正值,在重力场中确定的两点间移动等质量的质点,重力做功一定相等,重力势能的变化量一定相等;在电场中移动的电荷可正、可负,在电场中确定的两点间移动电荷量大小相等的电荷,静电力做的功绝对值相等(有正、负两个可能值),电势能的变化量也有正、负两个可能值。

思考:若取无穷远为零势能面,在场源电荷为正点电荷的电场中,正电荷的电势能一定大于负电荷的电势能吗? 在场源电荷为负点电荷的电场中呢?

求电荷在电场中 A、B 两点具有的电势能高低,将电荷由 A 点移到 B 点根据电场力做功情况判断,电场力做正功,电势能减小,电荷在 A 点电势能大于在 B 点的电势能,反之电场力做负功,电势能增加,电荷在 B 点的电势能小于在 B 点的电势能。

(6) 电势能零点的规定:若要确定电荷在电场中的电势能,应先规定电场中电势能的零位置。关于电势能零点的规定:大地或无穷远默认为零。

所以:电荷在电场中某点的电势能,等于静电力把它从该点移动到零电势能位置时电场力所有做的功。如上式若取 B 为电势能零点,则 A 点的电势能为

$$E_{PA}=W_{AB}=qEL_{AB}$$

(三) 电势

(1) 电荷在电场中某一点的电势能与它的电荷量的比值,称为这一点的电势。用 φ 表示。它是标量,只有大小,没有方向,但有正负。

(2) 公式:$\varphi=\dfrac{E_p}{q}$(与试探电荷无关)。

(3) 单位:伏特(V)。

(4) 电势与电场线的关系:电势顺线降低(电场线指向电势降低的方向)。

(5) 零电势位置的规定:电场中某一点的电势的数值与零电势的选择有关,即电势的数值决定于零电势的选择(大地或无穷远默认为零)。

(四) 等势面

(1) 定义:电场中电势相等的点构成的面。

(2) 等势面的性质:

① 在同一等势面上各点电势相等,所以在同一等势面上移动电荷,电场力不做功。

② 电场线跟等势面一定垂直,并且由电势高的等势面指向电势低的等势面。

③ 等势面越密,电场强度越大。

④ 等势面不相交,不相切。

(3) 等势面的用途:由等势面描绘电场线。

(4) 几种电场的电场线及等势面(图 9-16,图 9-17)。

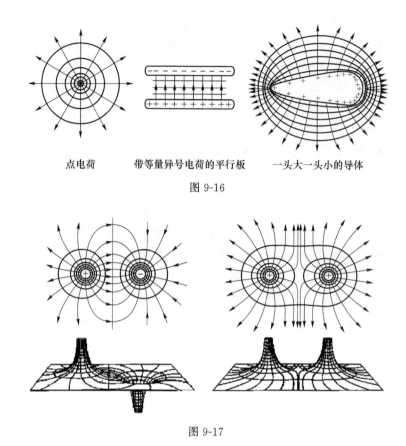

点电荷　　　带等量异号电荷的平行板　　　一头大一头小的导体

图 9-16

图 9-17

（五）电势差

（1）定义：电场中两点间电势的差值，也称电压。用 U_{AB} 表示。

（2）公式：$U_{AB}=\varphi_A-\varphi_B$　或　$U_{BA}=\varphi_B-\varphi_A$　　　　　　　　　①

所以有：$U_{AB}=-U_{BA}$　　　　　　　　　　　　　　　　　　　　　②

注意：电势差也是标量，可正，可负。

（六）静电力做功与电势差的关系

电荷 Q 在电场中从 A 移动到 B 时，静电力做的功 W_{AB} 等于电荷在 A、B 两点的电势能之差。

推导：$W_{AB}=E_{PA}-E_{PB}=q\varphi_A-q\varphi_B=q(\varphi_A-\varphi_B)=qU_{AB}$

所以有：$W_{AB}=qU_{AB}$　或　$U_{AB}=\dfrac{W_{AB}}{q}$　　　　　　　　③

即：电场中 A、B 两点间的电势差等于电场力做的功与试探电荷 Q 的比值。

注意：电场中 A、B 两点间的电势差跟移动电荷的路径无关，只与 AB 位置有关。

（七）电势差与电场强度的关系

如图 9-18 所示，通过推导得出匀强电场中电势差与电场强度的关系：$U_{AB}=Ed$。

即:匀强电场中两点间的电势差等于电场强度与这两点沿电场方向的距离的乘积。

电势差与电场强度的关系也可以写作:$E=\dfrac{U_{AB}}{d}$

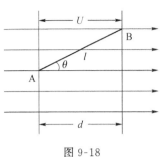

图 9-18

它的意义为:在匀强电场中,电场强度的大小等于两点间的电势差与两点沿电场线方向的距离的比值。

注意:

(1) 上式的适用条件:匀强电场。

(2) d 为匀强电场中两点沿电场线方向的距离(等势面间的距离)。

(3) 电场强度与电势无直接关系。

① 电场强度为零的地方电势不一定为零,电势为不为零取决于电势零点。如:处于静电平衡的导体内部场强为零,电势相等,是一个等势体,若不选它为电势零点,导体上电势就不为零。若选它为电势零点,则导体电势就为零(结合说一说)。

② 电势为零的地方电场强度不一定为零。如:点电荷产生的电场中某点定为电势零点,但该点电场强度不为零,无穷远处场强和电势都可认为是零。

③ 电场强度相等的地方电势不一定相等,如在匀强电场中场强相等,但各点电势不等。而处于静电平衡的导体内部场强为零,处处相等,电势也相等。

④ 电势相等的地方电场强度不一定相等。如在等量的异种电荷的电场中,两电荷连线的中垂面是一个等势面,但场强不相等。而处于静电平衡的导体内部场强为零,处处相等,电势也相等。

例 1　将一电量为 $q=2\times10^{-6}$ C 的点电荷从电场外一点 P 移至电场中某点 A,电场力做功 4×10^{-5} J,求 A 点的电势。

解析:设场外一点 P 的电势为 $\varphi_p=0$

从 P 到 A,电场力做的功 $W=E_{PP}-E_{PA}=-E_{PA}$

$E_{PA}=-W=-4\times10^{-5}$ J

$\varphi_A=\dfrac{E_{PA}}{q}=\dfrac{-4\times10^{-5}}{2\times10^{-6}}$ V $=-20$ V

答:-20 V。

例 2　在静电场中,下列说法中错误的是(　　)。

A. 电场强度为零的点,电势也一定为零

B. 电场强度处处相等的区域内,电势也一定处处相等

C. 只在电场力作用下,正电荷一定从电势高的地方向电势低的地方移动

D. 沿着电场线方向电势一定越来越低

解析:电场强度和电势是从不同的角度描述电场性质的两个物理量,前者从力的角度,后者从能量的角度,两者之间没有直接的对应关系。

在等量同种电荷形成的电场中,它们连线的中点电场强度为零,但电势却不为零;匀强电场的场强处处相等,而沿着电场线方向电势却在不断降低;正电荷在电场中的移动方向还和它的初速度方向有关,如果初速度是逆着电场线方向的,那么它移动的开始阶段从低电势向高电势。电场线的方向是电势的降落的方向。综上所述:A、B、C 中的表述都是错误的。

例3 在电场中把一个电量为 6×10^{-6} C 的负电荷从 A 点移到 B 点,反抗电场力做功 3×10^{-5} J,再将电荷从 B 移到 C 点,电场力做功 1.2×10^{-5} J,求 A 与 B,B 与 C,A 与 C 两点间电势差。

解析: 电荷从 A 移到 B 时,反抗电场力做功,表示电场力做负功。相当于在重力场中把物体举高反抗重力做功。因此 $W_{AB}=-3\times10^{-5}$ J。电荷从 B 移到 C,$W_{BC}=1.2\times10^{-5}$ J。

根据电荷移动时电场力的功和电势差的关系,得:

$$U_{AB}=\frac{W_{AB}}{q}=\frac{-3\times10^{-5}}{-6\times10^{-6}}\text{ V}=5\text{ V}$$

$$U_{BC}=\frac{W_{AB}}{q}=\frac{12\times10^{-5}}{-6\times10^{-6}}\text{ V}=-2\text{ V}$$

$$\therefore U_{AC}=U_{AB}+U_{BC}=5\text{ V}+(-2\text{ V})=3\text{ V}$$

电势差定义式 $U=\frac{W}{q}$ 中的 W,必须是电场力做的功;公式中 W、q、U 均可以有正负。

例4 两平行金属板 A、B 相距 $d=3$ cm,接在电压 $U=12$ V 的电池组上,电池组的中点接地,如图 9-19 所示。

(1) 计算两板间场强;

(2) 在距 A 板 $d'=1$ cm 处平行板面插入一块薄金属片 C,计算 AC、CB 两区域的场强及 AC、CB 间电势差;

(3) 把 C 板接地后,AC、CB 两区域的场强有何变化。

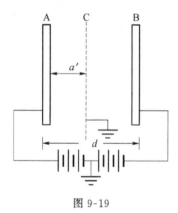

图 9-19

解析: (1)AB 两板间场强大小为

$$E=\frac{U}{d}=\frac{12}{3\times10^{-2}}=400\text{ V/m 方向由 A 板指向 B 板。}$$

(2) 插入 C 板,AC、CB 间场强不变,

即 $E_{AC}=E_{CB}=400$ V/m。

所以 AC、CB 间电势差为

$U_{AC}=E_{AC}d'=400\times1\times10^{-2}$ V $=4$ V,

$U_{CB}=E_{CB}(d-d')=400\times2\times10^{-2}$ V $=8$ V。

(3) C 板接地,相当于与电池中点相连,AC、CB 电势均变为 $U'_{AC}=U'_{CB}=\frac{U}{2}=6$ V

所以 AC、CB 间场强度为

$$E'_{AC}=\frac{U'_{AC}}{d'}=\frac{6}{0.01}\text{ V/m}=600\text{ V/m}$$

$$E'_{CB}=\frac{U'_{CB}}{d-d'}=\frac{6}{0.02}\text{ V/m}=300\text{ V/m}$$

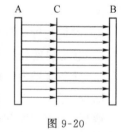

图 9-20

说明: 当如图插入一块单薄金属片 C 后,并不影响 A、B 两板间电场的分布,两板间的电场线,如图 9-20 所示。

例5 在电场强度为 $E=10^4$ N/C,方向水平向右的匀强电场中,用一根长 $L=1$ m 的绝缘细杆(质量不计)固定一个质量为 $m=0.2$ kg 的电量为 $q=5\times10^{-6}$ C 带正电的小球,细杆可绕轴 O 在竖直平面内自由转动(图 9-21)。现将杆从水平位置 A 轻轻释放,在小球运动到最低点 B 的过程中,电场力对小球做功多少? A、B 两位置的电势差多少? 小球的电势能如何变化? 小球到达 B 点时的速度多大? 取 $g=10$ m/s^2。

解析： 小球所受的电场力大小，方向恒定，根据在电场力方向上的位移可算出电场力的功。然后由电势差与电势能的关系，就可算出 U_{AB} 和 $\Delta\varepsilon$ 小球下落过程中，除电场力做功外，还有重力做功，根据功能关系，即可算出小球到达 B 点的速度。

小球所受的电场力 $F_E=qE=5\times10^{-6}\times10^4$ N $=5\times10^{-2}$ N。方向水平向右。

小球从 A 落到 B 时，在电场力方向上通过的位移 $S=L=1$ m，所以电场力对小球做功

$$W_E=F_ES=5\times10^{-2}\times1 \text{ J}=5\times10^{-2} \text{ J}。$$

根据电势差的定义，得 A、B 两位置的电势差。

$$U_{AB}=\frac{W_E}{q}=\frac{5\times10^{-2}}{5\times10^{-6}} \text{ V}=10^4 \text{ V}$$

因为电场力对电荷做功的多少，等于电荷电势能的减少，所以小球从位置 A 到 B 时电势能减少。

$$\Delta E=W_E=5\times10^{-2} \text{ J}$$

小球从位置 A 到 B，重力对小球做功。$W_G=mgL=0.2\times10\times1 \text{ J}=2 \text{ J}$。

根据做功与动能变化的关系，得小球在 B 时的动能为

$$E_k=\Delta E_p=5\times10^{-2}+2=2.05(\text{J})$$

$$\frac{1}{2}mv^2=2.05 \quad v\approx4.53(\text{m/s})$$

答： 略。

第四节　带电粒子在匀强电场中的运动

学习目标

（1）了解带电粒子在电场中的运动——只受电场力，带电粒子做匀变速运动。

（2）重点掌握初速度与场强方向垂直的带电粒子在电场中的运动规律。

（3）通过带电粒子在电场中加速、偏转过程分析，提高分析、推理能力。

问题引入

带电粒子在电场中受到电场力的作用会产生加速度，使其原有速度发生变化。在现代科学实验和技术设备中，常常利用电场来控制或改变带电粒子的运动。现在就来研究这个问题。

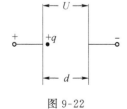

图 9-22

主要知识

（1）带电粒子的加速：如何使带电粒子在电场中只被加速而不改变运动方向？如图 9-22 所示。

方案 $1:v_0=0$,仅受电场力就会做加速运动。

方案 $2:v_0\neq0$,仅受电场力,电场力的方向应同 v_0 同向。

匀强电场中,带正电粒子在静电力的作用下由静止开始从正极板出发,计算到达负极板的速度。

方法一:先求出带电粒子的加速度:$a=\dfrac{qU}{md}$

再根据 $v_t^2-v_0^2=2ad$

可求得当带电粒子从静止开始被加速时获得的速度为

$$v_t=\sqrt{2\times\dfrac{qU}{md}\times d}=\sqrt{\dfrac{2qU}{m}}$$

方法二:由 $W=qU$ 及动能定理:

$$W=\Delta E_k=\dfrac{1}{2}mV^2-0$$

得:$qU=\dfrac{1}{2}mv^2$　到达另一板时的速度为 $v=\sqrt{\dfrac{2qU}{m}}$。

注意: 如果是非匀强电场,应该选择应用能量的观点研究加速问题,动能定理也适用于非匀强电场。故后一种可行性更高,应用程度更高。

(2)带电粒子的偏转:如果带电粒子的初速度方向与加速度方向不在同一条直线上,带电粒子的运动情况又如何呢? 如图 9-23 所示。

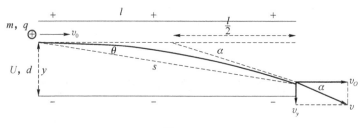

图 9-23

分析: 带电粒子的受力情况:受力方向与初速度方向垂直,类似于平抛。

对于基本粒子,如电子、质子、α粒子等,由于质量 m 很小,所以重力比电场力小得多,重力可忽略不计。对于带电的尘埃、液滴、小球等,m 较大,重力一般不能忽略。

带电粒子以初速度 v_0 垂直于电场线方向飞入匀强电场时,受到恒定的与初速度方向成 $90°$ 角的作用而做匀变速曲线运动,类似于力学中的平抛运动,平抛运动的研究方法是运动的合成和分解;带电粒子垂直进入电场中的运动也可采用运动的合成和分解的方法进行。

① 带电粒子在垂直于电场线方向上不受任何力,做匀速直线运动。

② 在平行于电场线方向上,受到电场力的作用做初速度为零的匀加速直线运动。

推导侧向位移 y 及偏转角 θ 的表达式。

粒子 v_0 在电场中做类平抛运动

沿电场方向匀速运动所以有 $L=v_0t$

电子射出电场时,在垂直于电场方向偏移的距离为 $y=\dfrac{1}{2}at^2$

粒子在垂直于电场方向的加速度：$a=\dfrac{F}{m}=\dfrac{eE}{m}=\dfrac{eU}{md}$　得：$y=\dfrac{1}{2}\cdot\dfrac{eU}{md}\cdot\left(\dfrac{L}{v_0}\right)^2$

电子射出电场时沿电场方向的速度不变仍为 v_0，而垂直于电场方向的速度：

$$v_\perp=at=\dfrac{eU}{md}\cdot\dfrac{L}{v_0}$$

故电子离开电场时的偏转角 θ 为：$\tan\theta=\dfrac{v_\perp}{v_0}=\dfrac{eUL}{mdv_0^2}$

例1　下列粒子从初速度为零的状态经过加速电压为 U 的电场之后，哪种粒子的速度最大？

A. a 粒子　　　　　B. 氚核　　　　　C. 质子　　　　　D. 钠离子 Na^+

解析：解答本题需要把带电粒子在电场中加速的知识原子核知识联系起来，本题已知电场的加速电压为 U，要判断的是粒子被加速后的速度 v 的大小，因此采用 $qU=\dfrac{1}{2}mv^2$ 分析问题比较方便。

（1）若以 m_p 表示质子 ^1_1H 的质量、以 e 表示质子的电量，则根据以前所学过的原子核知识可知——a 粒子 ^4_2He 的质量应为 $4m_p$、电量应为 $2e$；氚核 ^3_1H 的质量应为 $3m_p$、电量应为 e；钠离子 Na^+ 的质量比其他三种粒子的质量都大（由于是选择判断题，对此未记质量数也无妨）、电量应为 e。根据 $gU=\dfrac{1}{2}mv^2$ 可以导出下式 $v=\sqrt{\dfrac{2qU}{m}}$

由于可知：对于各种粒子来说，加速电压 U 都是相同的。因此 v 与 $\sqrt{q}$ 成正比；v 与 $\sqrt{m}$ 成反比。

因为质子和钠离子所带的电量相同，而钠离子的质量却比质子大得多，所以可断定：电场加速后的质子速度应比钠离子大得多。因此选项 D 首先被淘大。

（2）为了严格和慎重起见，我们对被加速后的 a 粒子、氚核、质子的速度进行下列推导：对于 a 粒子——质量为 $4m_p$、电量为 $2e$

$$va=\sqrt{\dfrac{2q_aU}{m_a}}=\sqrt{\dfrac{2\times2eU}{4m_p}}=\sqrt{\dfrac{eU}{m_p}}$$

对于氚核——质量为 $3m_p$、电量为 e

$$v_氚=\sqrt{\dfrac{2eU}{3m_p}}=\sqrt{\dfrac{2}{3}\cdot\dfrac{eU}{m_p}}$$

对于质子——质量为 m_p 电量为 e

$$v_p=\sqrt{\dfrac{2eU}{m_p}}=\sqrt{2\dfrac{eU}{m_p}}$$

从比较推导的结果中知：质子的速度 V_P 最大。

答案：C。

例2　一束电子流在 $U_1=500$ V 的电压作用下得到一定速度后垂直于平行板间的匀强电场飞入两板间的中央，如图 9-24 所示。若平行板间的距离 $d=1$ cm，板长 $l=5$ cm，问至少在平行板上加多大电压 U_2 才能使电子不再飞出平行板？

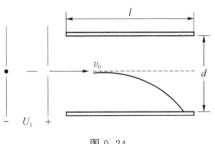

图 9-24

解析：电子经 U_1 加速时，电场力做正功，根据动能定理可得：$eU_1 = mv_0^2/2$。

电子飞入平行板电场后做类似平抛运动，在水平方向电子做匀速直线运动，

最大运动时间：$t = l/v_0$

在竖直方向电子做初速为零的匀加速运动，

其加速度为 $a = ev_2/md$

根据运动学公式：$d/2 = at^2/2$

由以上各式解得：$U_2 = 2U_1 \, a^2/l^2 = 400$ V

答：略。

第五节　电容器　电容

学习目标

（1）了解电容器及常见的电容器的构成；知道电容器充电和放电时的能量转换。

（2）通过"水容量"和"电容量"的动态变化过程掌握电容器电容的概念及定义式，并能用来进行有关的计算；了解电容器的分类、参数等。

（3）理解平行板电容器的电容与哪些因素有关，有什么关系；掌握平行板电容器的决定式并能运用其讨论有关问题，培养分析问题与解决问题的能力。

（4）了解电容的概念，影响电容大小的因素；电容的概念，电容器的电量与电压的关系，电容的充、放电。

问题引入

带电粒子在电场中受到电场力的作用会产生加速度，使其原有速度发生变化。在现代科学实验和技术设备中，常常利用电场来控制或改变带电粒子的运动。下面就来研究这个问题。

主要知识

用充了电的电容器短路放电产生白炽的火花使我们感受到电容器有"容纳（储存）电荷"的功能。为使大家理解充、放电的抽象过程。用充放电的电路中的示教电流表显示充、放电过程，为使我们理解电容器电量与电压的抽象关系，不同电压、不同电容的电容器充电再放电时的声音与亮光形象的展示这一抽象关系。

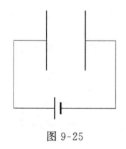

图 9-25

两块相互靠近，平行放置的金属板，如果分别带上等量异种电荷，它们之间有电场；如图 9-25 所示，且两金属板间有电势差。

由此可见，相互靠近的两金属板构成的装置具有储存电荷的作用，或者说它可以容纳电荷，而两板所带正、负电荷越多，板间电场就越强，两板间的电势差就越大。

将两金属极分别按到电源的正、负两板上就可以使两金属板带上正、负电荷。

（一）电容器

（1）构造：任何两个彼此绝缘又相隔很近的导体都可以看成一个电容器（如：电容器中将两片锡箔纸作为电容器的两个极板，两个极板非常靠近，中间的绝缘层用薄绝缘纸充当，分别用两根导线连接两极，这就是电容器的结构）。

（2）电容器的充电、放电：

［实验1］如图9-26所示把电容器的一个极板与电池组的正极相连，另一个极板与负极相连，两个极板上就分别带上了等量的异种电荷。这个过程称为充电。

现象：从灵敏电流计可以观察到短暂的充电电流。充电后，切断与电源的联系，两个极板间有电场存在，充电过程中由电源获得的电能储存在电场中，称为电场能。

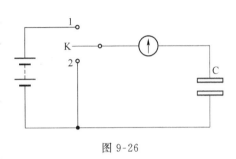

图 9-26

［实验2］把充电后的电容器的两个极板接通，两极板上的电荷互相中和，电容器就不带电了，这个过程称为放电。

现象：从灵敏电流计可以观察到短暂的放电电流。放电后，两极板间不存在电场，电场能转化为其他形式的能量。

充电——带电量 Q 增加，板间电压 U 增加，板间场强 E 增加，电能转化为电场能。

放电——带电量 Q 减少，板间电压 U 减少，板间场强 E 减少，电场能转化为电能。

电容器可以充入的电量 Q 是无限的么？如何描述电容器容纳电荷的本领？物理学中用电容器来表示电容器容纳电荷的本领的大小。

（二）电容

如图9-27所示，与水容器类比后得出。说明：对于给定电容器，相当于给定柱形水容器，C（类比于横截面积）不变。这是量度式，不是关系式。

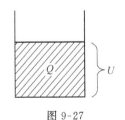

图 9-27

在 C 一定情况下，$Q=CU$，Q 正比于 U。

定义：电容器所带的电量 Q 与电容器两极板间的电势差 U 的比值，称为电容器的电容。

公式：$C=\dfrac{Q}{U}$　单位：法拉（F）还有微法（μF）和皮法（pF）

$1\ \text{F}=10^{-6}\ \mu\text{F}=10^{-12}\ \text{pF}$

电容的物理意义：电容是表示电容器容纳电荷本领的物理量，是由电容器本身的性质（由导体大小、形状、相对位置及电介质）决定的，与电容器是不是带电无关。

（三）平行板电容器的电容

（1）［实验3］感应起电机给静电计带电（图9-28）

说明：静电计是在验电器的基础上制成的，用来测量电势差。把它的金属球与一个导体相连，把它的金属外壳与另一个导体相连，从指针的偏转角度可以量出两个导体之间的电势差 U。平等板电容器由两块平行相互绝缘金属板构成：①两极间距 d；②两极正对面积 S。

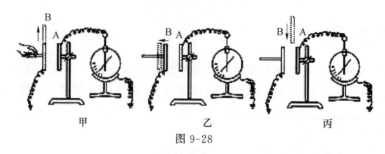

图 9-28

（2）量度：$C=\dfrac{Q}{U}$，Q 是某一极板所带电量的绝对值。

（3）影响平行板电容器电容的因素：

① $c\propto\dfrac{1}{d}$，（Q、S 不变），d 越大，偏转角度越小，C 越小。

② $c\propto s$，（Q、d 不变），S 越小，静电计的偏转角度越大，U 越大，电容 C 越小；

③ 保持 Q、d、S 都不变，在两极板间插入电介质板，静电计的偏转角度并且减小，电势差 U 越小电容 C 增大。说明插入比不插入电介质时电容大。

ε 为介电常数，k 为静电力恒量。这里也可以用能的观点加以分析：电介质板插入过程中，由于束缚电荷与极板上电荷相互吸引力做功，电势能减少，故电势差降低。

④ 结论：平行板电容器的电容 C 与介电常数 ε 成正比，跟正对面积 S 成正比，跟极板间的距离 d 成反比。

平行板电容器的决定式：真空 $C=\dfrac{S}{4\pi kd}$　　介质　$C=\dfrac{\varepsilon_r S}{4\pi kd}$

（四）电容器的作用

广泛用于各种高、低频电路和电源电路中，起退耦、耦合、滤波、旁路、谐振、降压、定时等作用。

（1）退耦——指消除或减轻两个以上电路之间在某方面相互影响的方法。

（2）耦合——指将两个或两个以上的电路连接起来并使之相互影响的方法。

（3）滤波——指滤除干扰信号、杂波等。

（4）旁路——指与某元器件或某电路相并联，其中某一端接地，将有关信号短接到地。

（5）谐振——指与电感并联或串联后，其自由振荡频率与输入频率相同时产生的现象。

（五）电容器的种类

（1）按极性分：无极性、有极性。

（2）按结构分：固定、可变、微调。

（3）按电介质分：有机、无机、电解、液体介质、气体介质。

（4）按作用及用途的不同分：高频、低频、高压、低压、耦合、旁路、滤波、中和、谐振等。

（5）按封装外形的不同分：圆柱形、圆片形、管形、叠片形、长方形、珠状、方块状、异形等。

（6）按引出线的不同分：轴向引线型、径向引线型、同向引线型、无引线型（贴片式）。

（六）电容器的主要参数

（1）标称容量；（2）允许误差；（3）额定电压；（4）漏电流；（5）绝缘电阻；（6）损耗因数；（7）温度系数 ；（8）频率特性。

(七) 电容器的型号命名及标识(图 9-29)

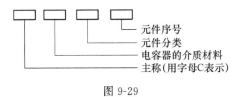

元件序号
元件分类
电容器的介质材料
主称(用字母C表示)

图 9-29

例 1　板间距为 d 的平行板板电容器所带电荷量为 Q 时,两极板间电势差为 U_1,板间场强为 E_1 现将电容器所带电荷量变为 $2Q$,板间距变为 $d/2$,其他条件不变,这时两极板间电势差 U_2,板间场强为 E_2,下列说法正确的是(　　)。

A. $U_2 = U_1$,$E_2 = E_1$　　　　　　　　B. $U_2 = 2U_1$,$E_2 = 4E_1$

C. $U_2 = U_1$,$E_2 = 2E_1$　　　　　　　　D. $U_2 = 2U_1$,$E_2 = 2E_1$

解析:由板间距为 d 的平形板电容器所带电荷量为 Q 时,两极板间电势差为 U_1,板间场强为 E_1,可知板间距为 d 的平形板电容器电容量 $C = Q/U_1$;板间场强为 $E_1 = U_1/d$。根据平行板电容器电容量决定式,将电容器板间距变为 $\frac{1}{2}d$,其电容量为 $2C$。电容器所带电荷量变为 $2Q$,其电势差 $U_2 = 2Q/2C = U_1$,板间场强 $E_2 = U_2/\left(\dfrac{1}{2}d\right) = 2U_1/d = 2E_1$,所以选项 C 正确。

例 2　如图 9-30 所示,$E = 10$ V,$R_1 = 4$ Ω,$R_2 = 6$ Ω,$C = 30$ μF,电池内阻可忽略。

(1) 闭合开关 K,求稳定后通过 R_1 的电流;

(2) 然后将开关 K 断开,求这以后通过 R_1 的总电量。

解析:电容器稳定后相当于断路,K 断开前电容器相当于和 R_2 并联,K 断开前,电容器相当于直接接到电源上,K 断开前后通过 R_1 的电量即为前后两状态下电容器带电量之差.电容器稳定后相当于断路,则:

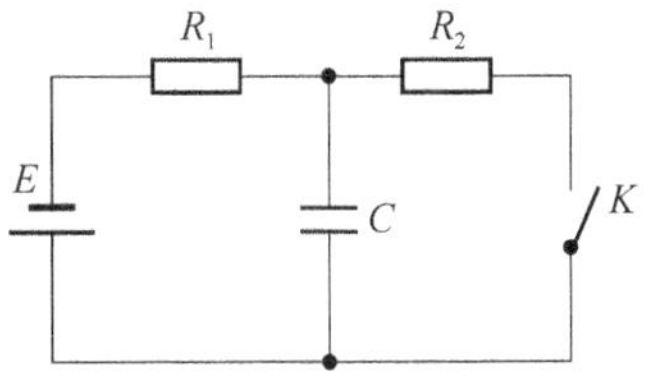

(1) $I_1 = I_{总} = \dfrac{E}{R_1 + R_2} = \dfrac{10}{(4+6)}$ A $= 1$ A

图 9-30

(2) 断开 K 前,电容器相当于和 R_2 并联,电压为 $I_2 R_2$,储存的电量为 $Q_1 = CI_1 R_2$,断开 K 稳定后,总电流为零,电容器上电压为 E,储存电量为 $Q_2 = CE$,所以通过 R_1 的电量为 $\Delta Q = Q_2 - Q_1 = C(E - I_1 R_2) = 1.2 \times 10^{-3}$ C

答:略。

 物理天地

库仑生平

　　库仑曾就学于巴黎马扎兰学院和法兰西学院,服过兵役。1774 年当选为法国科学院院士。1784 年任供水委员会监督官,后任地图委员会监督官。1802 年,拿破仑任命他为教育委员会委员,1805 年升任教育监督主任。

1773 年发表有关材料强度的论文，所提出的计算物体上应力和应变分布情况的方法沿用到现在，都是结构工程的理论基础。1777 年开始研究静电和磁力问题。当时法国科学院悬赏征求改良航海指南针中的磁针问题。库仑认为磁针支架在轴上，必然会带来摩擦，提出用细头发丝或丝线悬挂磁针。研究中发现线扭转时的扭力和针转过的角度成比例关系，从而可利用这种装置测出静电力和磁力的大小，这导致他发明扭秤。他还根据丝线或金属细丝扭转时扭力和指针转过的角度成正比，因而确立了弹性扭转定律。他根据1779 年对摩擦力进行分析，提出有关润滑剂的科学理论，于 1781 年发现了摩擦力与压力的关系，表述出摩擦定律、滚动定律和滑动定律。设计出水下作业法，类似现代的沉箱。1785—1789 年，用扭秤测量静电力和磁力，导出著名的库仑定律。库仑定律使电磁学的研究从定性进入定量阶段，是电磁学史上一块重要的里程碑。

静电的应用

虽然静电在生活中的危害无处不在，但是明白了静电的产生机理与静电"脾性"，静电还可以化害为益，在许多方面给我们的生活带来好处。例如：静电印花、静电喷涂、静电植绒、静电除尘和静电分选技术等，已在工业生产和生活中得到广泛应用。另外静电也开始在淡化海水、碰洒农药、人工降雨、低温冷冻等许多方面大显身手，甚至在宇宙飞船上也安装有静电加料器等静电装置。静电危害中最严重的是静电放电引起可燃物的起火和爆炸。最简单又最可靠的方法是用导线把设备接地，这样可以把电荷引入大地，避免静电积累。细心的乘客大概会发现：在飞机的两侧翼尖及飞机的尾侧都装有放电线，飞机着陆时，为了防止乘客下飞机时被电击，飞机起落架上大都使用特制的接地轮胎或接地线，以放掉飞机在空中所放出的静电荷。我们还经常看到油罐车的尾部拖一条铁链，这就是车的接地线。

闪电一次电流多大，电压多大，做功多少，如果按照收电费来算，这些电需要花多少钱，闪电一次多长时间。

虽然雷电的电流很大，电压也很高，不过，因为时间很短，所以，不可能让一个城市用一个月的。雷电的电压上亿伏。电流几十万安培，时间为千分之一秒到百分之一秒，所以，一次释放的能量如果按照这样算，电压 1 亿伏，电流假设 20 万安培，时间百分之一秒，则释放的总能量为 100 000 000×200 000×0.01＝200 000 000 000，在除以 360 000，就得到多少度电，等于 55.5 万度电，对于沿海一些经济发达的省份，这些电力。只够支撑 2～3 分钟而已。对于一个小县城，可能够用好几个小时，当然，这只是算着玩而已，都是按照最大的情况来计算的，首先。雷电放电过程并不是电流一直这么大。主放电过程可能只有几微秒。而后电流，电压迅速降低，所以。可能一次释放的总能量只相当于几百度电而已也有可能！只是因为雷电释放的时间短，所以才惊天动地的！其实没多少能量。

第十章 恒 定 电 流

第一节 欧 姆 定 律

学习目标

(1) 能根据实验探究得到的电流、电压、电阻的关系得出欧姆定律。

(2) 理解欧姆定律,记住欧姆定律的公式,并能利用欧姆定律进行简单的计算。

问题引入

欧姆定律是研究电路问题的一条重要规律,在复习欧姆定律之前,先来了解跟电路有关的基础知识。

主要知识

(一) 电路及电路图(图 10-1)

手电筒大家都很熟悉,由电池、开关、灯泡、导线四部分组成。电池给灯泡供电,但只有在开关闭合的前提下,才会发亮。所以电池相当于电源,灯泡是供电的对象,称为负载,开关决定着灯亮与灭,所以开关便是控制元件,导线连接整个电路,使其为一闭合回路。电源、负载、控制元件、回路为组成电路的四要素,如图 10-2 所示。

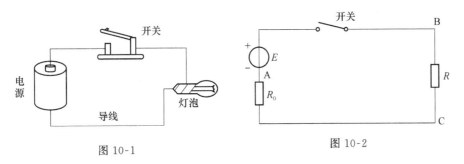

图 10-1　　　　　　　　　　图 10-2

1. 电路组成的四要素

(1)电源;(2)负载;(3)控制元件;(4)回路。

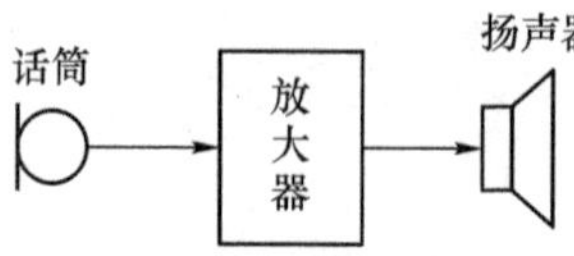

2. 电路的作用

（1）能量的传输和转换。如手电筒电路,灯泡发光,电池能转换为光能和热能。

（2）信号的传递和处理。如扩音机电路,如图 10-3 所示,放大器用来放大电信号,而后传递到扬声器,把电信号还原为语言或音乐,实现"声—电—声"的放大、传输和转换作用。

话筒 → 放大器 → 扬声器

图 10-3

（二）电路中的几个基本物理量

1. 电流

（1）定义:由电荷(带电粒子)有规则的定向运动而形成。

若在 1 秒内通过导体横截面的电子所带的电荷数为 1 库仑(1 C),则导体中的电流为 1 安培(1 A)。

（2）电流的单位:安培,缩写为安,符号为 A。其他还有 μA、mA 等。

$$1 \ \mu A = 10^{-3} \ mA = 10^{-6} \ A$$

2. 电流的方向

规定正电荷运动的方向为电流的方向。

在计算和分析时,可先选择一个参考方向,再根据计算结果来判别电流的方向。若计算得到的电流值是正值,则说明电流的实际方向和参考方向一致;反之亦然(参考方向可先任意确定)。

电流的参考方向表示方法:(1)标"＋""－"表示,如图 10-4 所示。

（2）箭头表示。

图 10-4

（三）电压

（1）定义:电荷的电势差在电学名词中称为电压。符号为 U。电压定义为单位正电荷 Q,在电场力作用下,沿外电路从一点移到另一点所做的功。

$$U = \frac{W}{Q}$$

功的单位为焦耳(J),电荷的单位为库仑(C)。

（2）电压的单位:伏特,符号为 V。另外还有 kV,mV 等。

$$1 \ mV = 10^{-3} \ V = 10^{-6} \ kV$$

例 1 如果移动 10 C 的电荷需要消耗 50 J 的能量,求电压是多少?

解析: $U = \dfrac{W}{Q} = \dfrac{50 \ J}{10 \ C} = 5 \ V$

说明: 电场力做功越多,电压就越大,所以电压是衡量电场力移动电荷做功本领大小的物理量。

（3）方向：规定为由高电位端指向低电位端（可结合水流来对比讲解）。

在计算和分析时，可先选择一个参考方向，再根据计算结果来判定。若计算得到的电压值是正值，则说明电压的实际方向和参考方向一致；反之亦然（参考方向是可由自己任意假定的）。

电压的参考方向表示方法：(1)标"＋""－"表示，如下左图所示。

（2）箭头表示，如图 10-5 表示。

$$+\quad U\quad-\qquad\qquad\qquad\qquad U$$

图 10-5

（四）电位（相当于电场中的电势）

（1）定义：电路中某点的电位是这一点与参考点之间的电压。或者说电路中某两点之间的电压等于这两点之间的电位差（相当于电场中的电势差）。即：$U_{AB}=V_A-V_B$。

V_A、V_B 分别代表 A、B 点的电位。单位为伏特（V）。

注意：电位与参考点有关，是个相对值。参考点不同，电位的值也不同，电位随参考点的变化而变化。而电压是个绝对值，与参考点无关。

（五）电动势

（1）定义

电动势：电源力将单位正电荷从电源的负极移到正极所做的功。

$$E=W/q$$

符号 E，单位 V。

（2）电动势的方向：规定为电源力推动正电荷运动的方向，即从负极指向正极的方向，也就是电位升高的方向，如图 10-6 所示。

（3）电动势的符号和方向表示

可见其方向和电压方向是刚好相反的，而数值上 $U=E$。

电动势描述的是电源内部电源力克服电场力把正电荷从低电位推到高电位的正极所做的功，是其他形式能量转换为电能的过程。

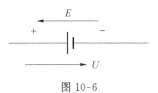

图 10-6

电压描述的是电源外部的负载电路中（外电路）电场力推动正电荷从高电位移到低电位，同时克服负载中的阻力所做的功，是电能转换为其他形式能量的过程。

（六）电阻

（1）定义：阻碍电流（或电荷）流动的物质能力。

（2）电阻的单位：

电阻的符号为 R，单位是欧姆，用希腊字母 Ω 来表示。

（3）物理意义表达式：$R=\rho\dfrac{L}{S}$

说明：

(1) 电流用电流表测量，串联在被测电路中，测量直流电时需注意正负极性。

(2) 电压用电压表测量，并联在被测电路两端，测量直流电时需注意正负极性。

(3) 电阻的阻值不仅与本身材料、长度、横截面积有关，而且还与温度有关，而与流过的电流和两端电压并无直接关系。

(七) 欧姆定律

(1) 定义：导体中的电流跟这段导体两端的电压成正比，跟这段导体的电阻成反比。

(2) 表达式：$I = \dfrac{U}{R}$。

说明：这个定律只适用于金属导体和电解液导电的情况。

例 1 一根电阻丝，将其对折后，它的电阻是多大？

解析：利用 $R = \rho \dfrac{L}{S}$ 公式解答。

例 2 关于公式 $R = \dfrac{U}{I}$ 的物理意义，下面说法中正确的是（　　　）。

A. 导体的电阻与它两端的电压成正比，和通过它的电流成反比

B. 导体中通过的电流越大，则电阻越小

C. 加在导体两端的电压越大，则电阻越大

D. 导体的电阻与电压和电流有直接关系

解析：电阻的阻值不仅与本身材料、长度、横截面积有关，而且还与温度有关，而与流过的电流和两端电压并无直接关系。正确答案选 D。

第二节　焦耳定律

学习目标

(1) 知道电流的热效应。

(2) 理解焦耳定律的内容、公式、单位及其应用。

(3) 探究焦耳定律实验的过程。

问题引入

用手去摸正在工作的电灯、电视机的后盖，会有什么样的感觉？

主要知识

(一) 焦耳定律

(1) 内容：电流通过某导体，在时间 t 内产生的热量，跟电流的平方、导体的电阻和通电时间成正比。

（2）公式：$Q = I^2Rt$

说明：焦耳定律适用于纯电阻电路，也适用于非纯电阻电路。

纯电阻电路：只含有电阻的电路、如电炉、电烙铁等电热器件组成的电路，白炽灯及转子被卡住的电动机也是纯电阻器件。

非纯电阻电路：电路中含有电动机在转动或有电解槽在发生化学反应的电路。

（二）热功率

（1）定义：导体在单位时间内发出的热量。

（2）公式：$P_热 = Q/t = I^2R$

（3）单位：国际单位 W，常用单位 kW。

说明：$Q = I^2Rt$ 是电热的计算式，可以计算任何电路中电流 I 通过电阻 R 时在 t 时间内产生的热量（电热）；$P = I^2R$ 是热功率的计算式。

（三）电功率与热功率

（1）在纯电阻电路中：电流通过用电器以发热为目的，例如电炉、电熨斗、电饭锅，电烙铁、白炽灯泡等。这时电能全部转化为内能，电功等于电热

即 $W = UIt = I^2Rt = \dfrac{U^2}{R}t$

同理 $P = UI = I^2R = \dfrac{U^2}{R}$

（2）在非纯电阻电路中：电流通过用电器是以转化为内能以外的形式的能为目的，发热不是目的，而是难以避免的内能损失。例如电动机、电解槽、给蓄电池充电、日光灯等。

这时电路消耗的电能，即 $W = UIt$ 分为两部分，一大部分转化为其他形式的能（例如电流通过电动机，电动机转动，电能转化为机械能）；另一小部分不可避免地转化为电热 $Q = I^2Rt$（电枢的电阻生热）。这里 $W = UIt$ 不再等于 $Q = I^2Rt$，应该是 $W = E_{其他} + Q$。

（3）电功和电热是两个不同的物理量，只有在纯电阻电路中，电功才等于电热，

$W = Q = UIt = I^2Rt = \dfrac{U^2}{R}t$；在非纯电阻电路中，电功大于电热，$W > Q$，这时电功只能用 $W = UIt$ 计算，电热只能用 $Q = I^2Rt$ 计算，两式不能通用。

（四）电功和电功率

1. 电功

（1）定义：在一段电路中电场力所做的功，也就是通常所说的电流所做的功，简称为电功。

（2）公式：$W = UIt$。

（3）单位：J，kW·h，1 kW·h = 3.6×10^6 J。

在相同的时间里，电流通过不同用电器所做的功一般不同。例如，在相同时间里，电流通过电力机车的电动机所做的功要显著大于通过电风扇的电动机所做的功。电流做功不仅有多少，而且还有快慢，为了描述电流做功的快慢，引入电功率的概念。

2. 电功率

（1）定义：单位时间内电流所做的功称为电功率。用 P 表示电功率。

（2）定义式：$P=IU$。

（3）单位：瓦（W）、千瓦（kW）　1 kW$=10^3$ W。

（4）$P_额$是个定值，$P_实$是个变值。$P_额 \geqslant P_实$。

说明：电流做功的"快慢"与电流做功的"多少"不同。电流做功快，但做功不一定多；电流做功慢，但做功不一定少。

例1　不考虑温度对电阻的影响，一个"220 V　40 W"的灯泡，下列说法正确的是（　　）。

A.接在 110 V 的线路上的功率为 20 W

B.接在 110 V 的线路上的功率为 10 W

C.接在 440 V 的线路上的功率为 160 W

D.接在 55 V 的线路上的功率为 2.5 W

解析：$P=U^2/R$ 可知，对 R 一定的用电器 P 与 U^2 成正比，所以 BD 正确。

点拨：利用比例法解答实际功率的习题是一种常用的方法。

例2　对计算任何类型的用电器的电功率都适用的公式是（　　）。

A. $P=I^2R$　　　　　　B. $P=U^2/R$　　　　　　C. $P=UI$　　　　　　D. $P=W/t$

解析：D 是定义式，C 是通过定义式推导而得，而 A、B 都是通过欧姆定律推导，所以 A、B 只适用于纯电阻电路。选 CD。

点拨：通过该道题理解电流做功的过程，即是电能转化成其他形式能的过程，要区分电功率和热功率以及电功和电热。

例3　一个电阻为 20 Ω 的导体，当它每通过 3 C 电量时，电流做功 18J，那么此导体所加的电压为_____V，通过 3 C 电量的时间为_____s。

点拨：可利用公式 $W=qU$ 和欧姆定律 $U=IR$ 及 $I=q/t$ 求解。

答：6 V　　10。

第三节　串联电路　并联电路

学习目标

（1）掌握串、并联电路的性质与作用。

（2）理解串联分压、并联分流和功率分配的原理。

问题引入

大家在初中已经学过串、并联电路的一些基础知识，今天我们要在初中学习的基础上，进一步学习串联、并联电路的有关知识。温故而知新！

主要知识

（一）电阻的串联

（1）定义：在串联电路中，各个电阻首尾相接成一串，只有一条电流通道，如图 10-7 所示。

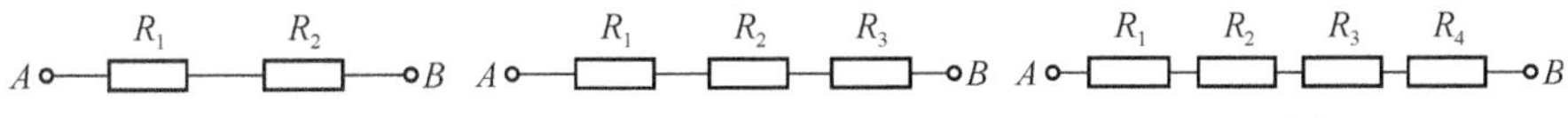

图 10-7

由图可见：串联电路的两点之间只有一条电流通路，所以通过每个电阻的电流是一样的。

（2）串联电路的识别

无论图中的电阻如何分布，只要两点之间只有一个电流通道，那么两点之间的电阻就是串联的。

（3）串联电路中的电流

由试验所得数据分析可知，$I=I_1=I_2$，所以在串联电路中，电流处处相等。

（4）串联电路的总电阻

分析试验所测数据可得，$R=R_1+R_2$，所以串联电路中各个串联电阻可以等效为一个总电阻。即：串联电路的总电阻 R_T 等于电路中各个串联电阻阻值的总和。

串联电阻公式：$R_T=R_1+R_2+R_3+\cdots+R_n$

等阻值电阻的串联公式：$R_T=nR$

（5）分压公式

图 10-7（a）电路，根据欧姆定律可推导出 R_1，R_2 上的电压分别为

$$U_1=IR_1=[U/(R_1+R_2)]R_1=[R_1/(R_1+R_2)]U$$
$$U_2=IR_2=[U/(R_1+R_2)]R_2=[R_2/(R_1+R_2)]U$$

该公式可以推广到多个电阻串联的电路，即：串联电路中任意电阻或电阻组合上的电压降，等于该电阻值占总电阻的比例和电源电压的乘积。

例 1　有一伏特计，其量程为 50 V，内阻为 2 000 Ω。今欲使其量程扩大到 300 V，问还需串联多大电阻的分压器？

解析：根据分压公式可得：

$$U_0=\frac{R_0}{R_0+R_V}U$$

即：$R_V=R_0\left(\dfrac{U}{U_0}-1\right)=2\,000\times\left(\dfrac{300}{50}-1\right)=10\,000\ \Omega$

（二）电阻的并联

（1）定义：两个或两个以上的电阻各自连接在两个相同的节点上，则称它们是互相并联的。并联电路提供一个以上的电流通路，如图 10-8 所示。

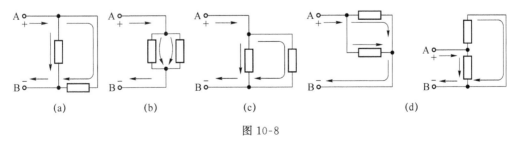

图 10-8

（2）并联电路的识别

识别并联电路的原则：

如果两个独立的节点之间有一条以上的电路通路（支路），且两点之间的电压通过每个支路，则此两点之间是并联电路。

（3）电压

由试验所得数据分析可知，$U=U_1=U_2$，即各个并联支路（电阻）上的电压相等。

（4）并联电路的电流

由试验所得数据分析可知，$I=I_1+I_2$，即电路中的总电流等于各支路分电流之和。

（5）并联电路的总电阻

$$\frac{1}{R_总}=\frac{1}{R_1}+\frac{1}{R_2}+\cdots+\frac{1}{R_n}$$

即：总电阻的倒数等于各电阻的倒数之后。

当两个电阻并联连接时，电路的总电阻会降低。

并联电路中的总电阻总是低于并联支路中最小的电阻阻值。三者之间有这样的关系：

$$R_T=\frac{R_1R_2}{R_1+R_2} \qquad R_T=\frac{1}{\left(\dfrac{1}{R_1}\right)+\left(\dfrac{1}{R_2}\right)}$$

该公式可以推广为多个电阻并联的电路。

即：

$$\frac{1}{R_T}=\frac{1}{R_1}+\frac{1}{R_2}+\frac{1}{R_3}+\cdots+\frac{1}{R_N}$$

（6）分流公式

根据欧姆定律可推导出流过 R_1，R_2 上的电流分别为

$I_1=U/R_1=IR/R_1=[R_2/(R_1+R_2)]\times I \qquad I_2=U/R_2=IR/R_2=[R_1/(R_1+R_2)]\times I$

该公式可以推广到多个电阻并联的电路。

例 2 如图 10-9 所示，有一磁电式安培计，当使用分流器时，表头的满标值电流为 5 mA。表头电阻为 20 Ω。今欲使其量程（满标值）为 1 A，问分流的电阻应为多大？

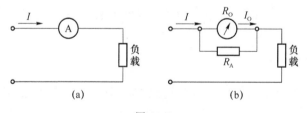

图 10-9

解析：根据分流公式，可得：

$I_0=I\dfrac{R_A}{R_0+R_A}$ 即：分流电阻为

$$R_A=\frac{R_0}{\dfrac{I}{I_0}-1}=\frac{20}{\dfrac{1}{0.005}-1}=0.100\ 5\ \Omega$$

答：略。

第四节　闭合电路的欧姆定律

学习目标

(1) 熟练掌握闭合电路欧姆定律的两种表达式 $E=U+Ir$ 和 $I=\dfrac{E}{R+r}$ 及其适用条件。

(2) 掌握电源的总功率 $P_总=IE$，电源的输出功率 $P_输=IU$，电源内阻上损耗的功率 $P_损=I^2r$ 及它们之间的关系 $P_总=P_输+P_损$。

问题引入

前面学习了欧姆定律，但是那适用于部分电路，而日常生活中一般都属于完整的电路，俗称为全电路，下面就一起研究全电路的特点和作用。

主要知识

(一) 闭合电路欧姆定律

如图 10-10 所示，电动势为 E，内阻为 r 的电源与一个负载（不一定是纯电阻）接成一闭合电路，设负载两端电压为 U，电路中的电流为 I，通电时间为 t。电源的非静电力做功为

$$W_{非}=qE=IEt$$

即有这么多的其他形式的能转化为电能。同时在电源内部电流要克服内电阻的阻碍作用做功 $W_2=I^2rt$，即在电源内部有这么多的电能要转化为内能。在电源内部同时有两种作用，一是"产生"电能，同时又要"消耗"一部分电能。在负载上（外电路）电流所做的功 $W_1=IUt$，即在负载上要"消耗"这么多电能。

由能量转化和守恒定律可知，电源"产生"的电能应当等于在内阻上和负载上"消耗"的电能之和，即 $W_{非}=W_1+W_2$

$$IEt=IUt+I^2rt \tag{1}$$

(1) 式两端消去 t 得：

$$IE=IU+I^2r \tag{2}$$

(2) 式中的 IE 为电源的总功率，即 $P_总=IE$；IU 为负载上消耗的电功率，也就是电源供给负载的电功率，称为电源的输出功率，即 $P_输=IU$；I^2r 为在电源内阻上消耗的功率，即 $P_损=I^2r$。

(2) 式也可表示为

$$P_总=P_输+P_损$$

(2) 式两端再消去 I，得

$$E=U+Ir \tag{3}$$

(3) 式中 E 为电源的电动势；U 为负载两端的电压，也就是电源两极之间的电压，称为路端电压；Ir 为在电源内阻上的电势降，也称为内电压。当负载为纯电阻时，设其阻值为 R，则有 $U=IR$，则 (3) 式可写成

$$E = IR + Ir$$

$$I = \frac{E}{R+r} \qquad (4)$$

(3)、(4)两式均称为闭合电路欧姆定律，也称为全电路欧姆定律。

请分析(3)、(4)这两式的适用条件有何不同？

（二）路端电压

负载两端的电压，也就是电源两极之间的电压，称为路端电压。当负载是纯电阻时，路端电压 $U = IR$，其中 R 是负载电阻的阻值，I 是通过负载的电流。

$$E = U + Ir \quad U = E - Ir \quad I = \frac{E}{R+r}$$

电源的电动势和内阻 r 是一定的，当负载电阻 R 增大时，电流 I 将减小，则电源内阻上的电势降 Ir 将减小，所以路端电压 U 增大，所以路端电压 U 随外电阻的增大而增大。

有两个极端情况：

(1) 当 $R \to \infty$，也就是当电路断开时，$I \to 0$ 则 $U = E$。当开路（亦称开路）时，路端电压等于电源的电动势。

在用电压表测电源的电压时，是有电流通过电源和电压表，外电路并非开路，这时测得的路端电压并不等于电源的电动势。只有当电压表的电阻非常大时，电流非常小，此时测出的路端电压非常近似地等于电源的电动势。

(2) 当 $R \to 0$ 时，$I \to E/r$，可以认为 $U = 0$，路端电压等于零。这种情况称为电源短路，发生短路时，电流 I 称为短路电流，$I = \dfrac{E}{r}$ 一般电源的内阻都比较小，所以短路电流很大。

一般情况下，要避免电源短路。

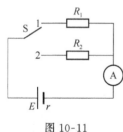

图 10-11

例 1 已知如图 10-11 所示，$E = 6$ V，$r = 4$ Ω，$R_1 = 2$ Ω，R_2 的变化范围是 $0 \sim 10$ Ω。求：①电源的最大输出功率；②R_1 上消耗的最大功率；③R_2 上消耗的最大功率。

解析：①$R_2 = 2$ Ω 时，外电阻等于内电阻，电源输出功率最大为 2.25 W；②R_1 是定值电阻，电流越大功率越大，所以 $R_2 = 0$ 时 R_1 上消耗的功率最大为 2 W；③把 R_1 也看成电源的一部分，等效电源的内阻为 6 Ω，所以，当 $R_2 = 6$ Ω 时，R_2 上消耗的功率最大为 1.5 W。

答：略。

例 2 直线 OAC 为某一直流电源的总功率 P 总随电流 I 变化的图线，抛物线 OBC 为同一直流电源内部热功率 P_r 随电流 I 变化的图线，若 A、B 对应的横坐标为 2 A，那么线段 AB 表示的功率为（　　）W，$I = 2$ A 对应的外电阻是（　　）Ω。

解析：由图 10-12 知，当 $I = 3$ A 时 $P_总 = P_r = 9$ W，由 $P = IE$ 得：$E = 3$ V，由 $P = I^2 r$ 得：$r = 1$ Ω。

当 $I = 2$ A 时，电源的总功率 $P_总 = IE = 6$ W，

$P_r = I^2 r = 4$ W。

电源的输出功率 $P_出 = P_总 - P_r = 2$ W

$R = P_出 / I_2 = 0.5$ Ω。

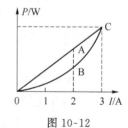

图 10-12

物理天地

高压直流输电技术

高压直流输电由将交流电变换为直流电的整流器、高压直流输电线路以及将直流电变换为交流电的逆变器三部分构成，因此从结构上看，高压直流输电是交流—直流—交流形式的电力电子换流电路。高压直流输电也是目前电力电子技术在电力系统应用中最为全面、最为复杂的系统，已成为一门关于电力电子技术应用的专门学科。近 10 年才投入使用。

欧姆生平简介

欧姆，德国物理学家，1787 年生于德国。欧姆曾在埃尔兰根大学求学，由于经济困难，于 1806 年中途辍学，去外地当家庭教师。1811 年他重新回到埃尔兰根取得博士学位。在埃尔兰根教了三个学期的数学，因收入菲薄，不得不去班堡中等学校教书。1833 年他被聘为纽伦堡工艺学校物理教授。1841 年伦敦皇家学会授予他勋章。1849 年他当上了慕尼黑大学物理教授。1854 年，欧姆在德国曼纳希逝世。

用处多多的半导体

导电能力介于导体和绝缘体之间的一些物质，如硅、锗等，就称为半导体。半导体还有许多奇特的性质，使得人们对它另眼相看。当外界条件变化时，比如当温度发生变化、半导体受到压力或者光照，半导体的导电能力（电阻）就会改变，而且非常灵敏。人们利用这个性质来检测各种微小变化。例如，用对热敏感的半导体做成的温度计，可以测量物体温度 $1‰$ ℃的变化。半导体的最大用途就是做成各种电子元件，再组合成各种电路，完成人们交给的任务。由于半导体多是一些物质的晶体，所以这样的电路也称为晶体管电路，无论在收音机、电视机还是各种电子仪器里面，都能看到这样的电路。在没有半导体的时候，人们使用的是电子管，它体积大，号店多，仪器要做的很大，而使用晶体管电路就大大减小了体积和能量消耗，性能还有很大提高。现在，人们又研究出了半导体集成电路，做成的仪器体积就更小了。

超导

人们把处于超导状态的导体称之为"超导体"。超导体的直流电阻率在一定的低温下突然消失，被称为零电阻效应。导体没有了电阻，电流流经超导体时就不发生热损耗，电流可以毫无阻力地在导线中形成强大的电流，从而产生超强磁场。

超导现象早在 1911 年就为世人所知。目前我国关于超导技术的各项研发均已步入正轨，且进入产业化运作，现已普遍运营在电力行业、通信领域、军事领域以及医疗领域等。

在我国关于超导的研发中，超导材料经营经历了低温到高温的研发，第一代材料已经研究成熟，第二代材料由于其成本低更适用于产业化运作而被市场看好；超导产品品类逐渐增加，现已进行产业化运作的有超导电缆、超导限流器、超导滤波器、超导储能等。虽然与国际尚有一定的差距，但部分领域的研发已经处于国际先进水平。

第十一章 磁 场

第一节 简单的磁现象

学习目标

(1) 知道磁体有吸铁(镍、钴)性和指向性。

(2) 知道磁极间的相互作用。

(3) 知道磁化现象。

问题引入

在初中我们已接触了一些有关磁的知识,生活中有哪些与磁有关的现象和应用?

主要知识

(一) 磁体的基本性质

(1) 磁铁能吸引铁、钴、镍等物质,磁铁的这种性质称为磁性。

具有磁性的物体称为磁体。

(2) 两极性:磁体各部分的磁性强弱不同,磁体上磁性最强的部分称为磁极,它的位置在磁体的两端。

说明:可以自由转动的磁体,静止后总是指向南北方向,世界各地都是如此。为了区别这两个磁极,就把指南的磁极称为南极,或称 S 极;另一个指北的磁极称为北极,或称 N 极。

(3) 指向性:可以自由转动的磁体,静止后总是指向南北方向。磁体上的两个磁极,一个称为南极(S 极),另一个称为北极(N 极)。

(二) 磁极间的相互作用是:同名磁极互相排斥,异名磁极互相吸引

我们已经认识了磁体的许多磁现象,磁体可分为天然磁体和人造磁体,通常人们看到和使用的磁体都是人造磁体,它们都能长期保持磁性,通称为永磁体。

(三) 磁化和磁性材料

1. 磁化

使原来没有磁性的物体获得磁性的过程称为磁化。

铁和钢制的物体都能被磁化。

2. 磁性材料

（1）常见软磁磁芯有：

铁、钴、镍三种铁磁性元素是构成磁性材料的基本组员。按（主要成分、磁性特点、结构特点）制品形态分类：

① 粉芯类：磁粉芯，包括：铁粉芯、铁硅铝粉芯、高磁通量粉芯（High Flux）、坡莫合金粉芯（MPP）、铁氧体磁芯。

② 带绕铁芯：硅钢片、坡莫合金、非晶及纳米晶合金。

（2）常见的铁磁性金属有：Fe、Ni、Co，某些稀土元素以及由 Fe、Ni、Co 组成的合金等。

（3）常见的亚铁磁性物质有：尖晶石型晶体、石榴石型晶体等几种结构类型的铁氧体，稀土钴金属之间的化合物和一些过渡金属。

（四）磁体分类

（1）按形状分：条形磁体、小磁针、蹄形磁体、柱形磁体等。

（2）按保持时间的长短分：永磁体和软磁体。

铁棒被磁化后，磁性容易消失，称为软磁体。钢被磁化后，磁性能够长期保持，称为硬磁体或永磁体，钢是制造永磁体的好材料。

（3）按形成过程分：天然磁体和人造磁体。

（五）磁感线

为了形象地反映电场的方向性，我们引进了电场线的概念。同理，在研究磁场时，我们引进磁感线来反映磁场的方向性，磁感线是一些有方向的曲线，在这些曲线上，每一点的切线方向都跟该点的磁场方向相同（即为小磁针的北极指向）。利用磁感线，就可以比较直观地描述磁场的方向性。

不同的磁场，磁感线的空间分布是不一样的，常见的磁场的磁感线空间分布情况如下：

1. 磁感线的定义

在磁场中画出一些曲线，使曲线上每一点的切线方向都跟这点的磁感应强度的方向一致，这样的曲线称为磁感线。

2. 特点

（1）磁感线是闭合曲线，磁铁外部的磁感线是从北极出来，回到磁铁的南极，内部是从南极到北极。

（2）每条磁感线都是闭合曲线，任意两条磁感线不相交。

（3）磁感线上每一点的切线方向都表示该点的磁场方向。

（4）磁感线的疏密程度表示磁感应强度的大小。

注意：① 磁场中并没有磁感线客观存在，而是人们为了研究问题的方便而假想的。

② 区别电场线和磁感线的不同之处：电场线是不闭合的，而磁感线则是闭合曲线。

（六）几种常见的磁场

用铁屑模拟磁感线的演示实验，可以直观地明确条形磁铁、蹄形磁铁、通电直导线、通电环形电流、通电螺线管以及地磁场（简化为一个大的条形磁铁）各自的磁感线的分布情况（磁感线的走向及疏密分布）。

　　常见的磁感线：如图 11-1 中条形磁铁(图(a))、蹄形磁铁(图(b))、通电直导线(图(c))、通电环形电流(图(d))、通电螺线管以及地磁场(简化为一个大的条形磁铁)(图(e))、辐向磁场(图(f))、还有二同名磁极和二异名磁极的磁场。

　　(1) 条形、蹄形磁铁，同名、异名磁极的磁场周围磁感线的分布情况(图(a)、图(b))。

　　(2) 电流的磁场与安培定则

　　1) 直线电流周围的磁场

　　① 直线电流周围的磁感线：是一些以导线上各点为圆心的同心圆，这些同心圆都在跟导线垂直的平面上(图(c))。

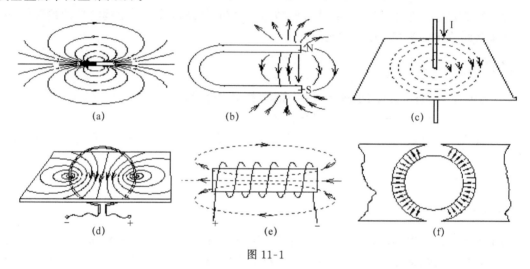

图 11-1

　　② 直线电流的方向和磁感线方向之间的关系可用安培定则(也称右手螺旋定则)来判定：用右手握住导线，让伸直的大拇指所指的方向跟电流的方向一致，弯曲的四指所指的方向就是磁感线的环绕方向。

　　2) 环形电流的磁场

　　① 环形电流磁场的磁感线：是一些围绕环形导线的闭合曲线，在环形导线的中心轴线上，磁感线和环形导线的平面垂直(图(d))。

　　② 环形电流的方向跟中心轴线上的磁感线方向之间的关系也可以用安培定则来判定：让右手弯曲的四指和环形电流的方向一致，伸直的大拇指所指的方向就是环形导线中心轴线上磁感线的方向。

　　3) 通电螺线管的磁场

　　① 通电螺线管磁场的磁感线：和条形磁铁外部的磁感线相似，一端相当于南极，一端相当于北极；内部的磁感线和螺线管的轴线平行，方向由南极指向北极，并和外部的磁感线连接，形成一些环绕电流的闭合曲线(图(e))

　　② 通电螺线管的电流方向和它的磁感线方向之间的关系，也可用安培定则来判定：用右手握住螺线管，让弯曲四指所指的方向和电流的方向一致，则大拇指所指的方向就是螺线管的北极(螺线管内部磁感线的方向)。

　　注意：电流磁场(和天然磁铁相比)的特点：磁场的有无可由通断电来控制；磁场的极性可以由电流方向变换；磁场的强弱可由电流的大小来控制。

第二节　电流的磁场　安培定则

学习目标

（1）了解奥斯特、安培等科学家的实验研究对人们认识电磁场现象所引起的重要作用。

（2）会用磁感线描绘直线电流、环形电流及通电螺线管的磁场。

（3）学会用安培定则判定直线电流、环形电流及通电螺线管的磁场方向。

问题引入

哪位物理学家发现了通电导体周围存在磁场？

主要知识

电流的磁效应

磁铁并不是磁场的唯一来源。1820年，丹麦物理学家奥斯特做过下面的实验：放在导线旁边的小磁针，当导线通过电流时会受到力的作用而偏转。这说明通电导体周围存在磁场，即电流具有磁效应。磁场的强弱和通电导体的电流大小、距离远近有关，电流越大，磁场越强；离导体越近，磁场越强。磁场的方向可以用安培定则（也称为右手螺旋定则）来判断。

（一）直线电流的磁场（图11-2）

直线电流的磁场的磁感线是以导线上各点为圆心的同心圆，这些同心圆都在与导线垂直的平面上，如图11-2(a)所示。

磁感线方向与电流的关系用安培定则判断：用右握住通电直导体，让伸直的大拇指指向电流方向，那么，弯曲的四指所指的方向就是磁感线的环绕方向，如图11-2(b)所示。

（二）通电螺线管的磁场

通电螺线管表现出来的磁性类似条形磁铁，一端相当于N极，另一端相当于S极。通电螺线管的磁场方向判断方法是：用右握住通电螺线管，让弯曲的四指指向电流方向，那么，大拇指所指的方向就是磁场方向，即大拇指指向通电螺线管的N极，如图11-3所示。

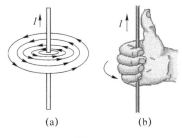

图11-2

图11-3

（三）环形电流的磁场

如图 11-4 所示是环形电流的磁场。环形电流磁场的磁感线是一些围绕环形导线的闭合曲线。在环形导线的中心轴线上,磁感线和环形导线的平面垂直。环形电流的方向跟它的磁感线方向之间的关系也可以用安培定则来判定:让弯曲的四指和环形电流的方向一致,那么伸直的大拇指所指的方向就是环形导线中心轴线上的磁场 N 极的方向。

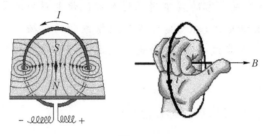

图 11-4

第三节　磁感应强度　磁通量

学习目标

（1）理解磁感应强度的物理意义及其单位,了解一些磁感应强度数值。

（2）知道什么是匀强磁场及匀强磁场磁感线的分布。

（3）理解磁通量的概念,知道磁通量与磁感应强度的关系。

问题引入

在上一节中,对磁场强弱与方向的描绘是通过磁感线来实现的,磁感线是定性描述的磁场。那么如何定量描述磁场的强弱和方向?

我们引入一个新的物理量—磁感应强度。

主要知识

（一）磁感应强度

（1）定义（磁感应强度的大小）:穿过垂直于磁感线的单位面积的磁感线条数等于该处的磁感应强度（B）。

应注意单位面积、垂直、条数。

比一比:图 11-5 所示的区域内磁感应强度的大小?

结论:磁感应强度大的地方,磁感线密,磁场强。

磁感应强度小的地方,磁感线疏,磁场弱。

物理意义:它是描述磁场强弱和方向的物理量,只与磁场本身有关。

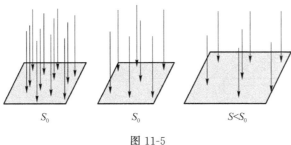

图 11-5

（2）单位：特斯拉(T)

（3）方向：磁场方向规定为磁感应强度的方向，即：小磁针静
止时北极所指的方向，即磁感应强度的方向。（图 11-6）

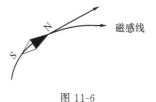

图 11-6

（4）定义式：$B=F/IL$

例 1　一根长为 0.1 m，电流强度为 2.0 A 的通电导线放置于
水平方向的、磁感应强度为 1 T 的匀强磁场中。求该导线水平放
置以及竖直放置时（图 11-7），所受磁场力各为多大？

解析：水平放置时，磁场力为零。竖直放置时，磁场力最大，大小可由 $B=(F/IL)$ 变形得
到：$F=BIL=0.2$ N。

（5）匀强磁场：各点的磁感应强度大小和方向都相同的磁场，称为匀强磁场。

在匀强磁场中，磁感线是一组平行且等距的直线

如图 11-8 所示，两个靠得很近的异名磁极间的磁场，长的通电螺线管内部的磁场都可近
似认为是匀强磁场。

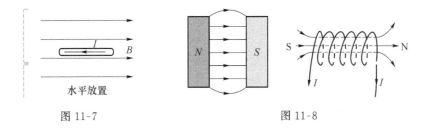

水平放置

图 11-7　　　　　　　　　　　　　　　图 11-8

（二）磁通量

在电磁学和磁技术应用中，只考虑磁场的强弱（磁感应强度）往往是不够的，有时还要研究
穿过某一面积的磁感线的变化，为此，物理学上引入一个新的物理量——磁通量。

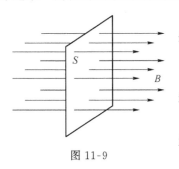

图 11-9

（1）定义：我们把磁场中穿过磁场某一面积 S 的磁感线的
条数称为穿过该面积的磁通量，用符号：Φ。

（2）单位：韦伯 Wb

问题 1：在匀强磁场中，如图 11-9 所示，磁感线垂直穿过面
积为 S 的平面的磁通量？

问题 2：在磁感应强度为 B 的匀强磁场中，如图 11-10 所
示，磁感线平行于面积 S，则穿过平面 S 的磁通量为多少？

问题 3：在磁感应强度为 B 的匀强磁场中，当面积为 S 的平面与磁场方向不垂直时，如图 11-11 所示，穿过平面 S 的磁通量又怎么计算？

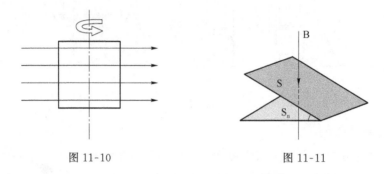

图 11-10   图 11-11

（3）磁通量的计算公式：

$$\phi = BS\cos\alpha$$

式中，α 为 S 与垂直于 B 的平面间的夹角。

当 $\alpha=0$ 时，$\phi=BS$。

当 $\alpha=90°$ 时，$\phi=0$。

条件：匀强磁场。

从以下三幅图比较磁通量的大小，总结出改变磁通量的方法。

（4）改变磁通量的方法有哪些？

改变平面面积（图 11-12）。

改变磁感应强度（图 11-13）。

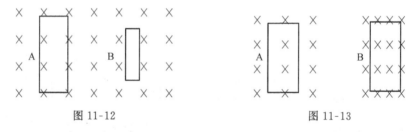

图 11-12   图 11-13

改变平面在磁场中的位置（图 11-14）。

思考：如图 11-15，磁铁靠近线圈时，穿过线圈的磁通量怎么变？

针对训练 2：如图 11-16 所示，当线框从左到右经过磁场时，磁通量怎么变化？

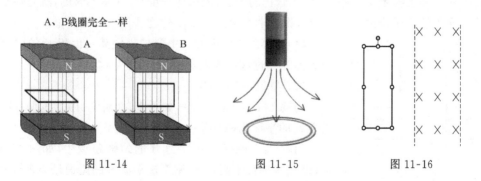

A、B线圈完全一样

图 11-14   图 11-15   图 11-16

思考:有一电磁铁,截面积为 5 cm²,已知垂直穿过此面积的磁通量为 2×10^{-4} Wb,求该截面处的磁感应强度? 请思考结果的物理意义?

(5)磁通密度:磁感应强度表示穿过垂直磁感线的单位面积的磁通量,磁感应强度又称磁通密度。

第四节　磁场对电流的作用

学习目标

(1)掌握磁场对电流作用力的计算方法。

(2)掌握判断安培力方向的左手定则。

问题引入

通电导体在磁场中是否受到的力的作用? 这个力称为什么力? 它的大小和方向如何判定?

举例:一根长为 0.1 m,电流强度为 2.0 A 的通电导线放置于水平方向的、磁感应强度为 1 T 的匀强磁场中。求该导线水平放置以及竖直放置时,如图 11-17 所示,所受磁场力各为多大?

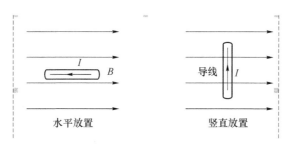

图 11-17

主要知识

电流所受到的磁场力通常称为安培力。这节课我们主要研究安培力的大小和方向。

(一) 通电直导线垂直放入匀强磁场中

我们知道一个电流强度为 I 的电流元垂直放入磁场中某一点,若电流所受安培力为 F,则该处磁感应强度大小 $B = F/(IL)$。显然,电流元在磁场中会受到 $F = BIL$ 的安培力。如果磁场为匀强磁场,即磁场中各点的磁感应强度的大小和方向全相同,则上述公式也适用于长通电导线。

(1)电流强度为 I,长为 L 的通电导线,垂直放入磁感应强度大小为 B 的匀强磁场中,则该导线所受安培力的大小　$F = BIL$。

注意:$F = BIL$ 公式成立的适用条件是通电导线要垂直放置于匀强磁场中。

（2）通电导线垂直放在匀强磁场中,所受安培力方向的判定方法——左手定则。

如图 11-18 所示,分别改变磁场方向和电流方向,观察安培力 F 方向的变化情况。

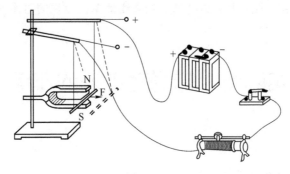

图 11-18

分析与概括:

通过实验,我们发现导线所受安培力的方向既与磁场方向有关,又与电流方向有关。而且安培力的方向总是既垂直于磁场方向又垂直于电流方向。

安培力的方向的判定方法——左手定则:

（1）伸开左手,大拇指跟四指垂直,且在同一个平面内。

（2）让磁感线垂直穿过手心。

（3）使四指指向电流方向,则拇指指向安培力的方向。

例1 已知匀强磁场方向垂直黑板向里,且磁感应强度 $B=0.5$ T,导线中通入电流强度 $I=0.2$ A 的电流,其方向如图 11-19 所示。若导线长 $L=0.2$ m,求:该导线所受安培力的大小及方向。

解析:因导线是垂直放入匀强磁场中,所以安培力大小 $F=BIL=0.02$ N。安培力的方向满足左手定则:在纸平面内且垂直于导线斜向上,如图 11-19 所示。

（二）通电导线斜放入匀强磁场中

（1）当电流方向与磁场方向不垂直时,求导线所受安培力的大小,如图 11-19 所示。

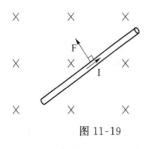

图 11-19

第一种方法:我们已经知道当电流方向垂直磁场方向时,$F=BIL$;当电流方向平行于磁场方向时,$F=0$。所以可把磁感应强度 B 进行分解,分解为垂直电流方向的磁感应强度分量 $B_{垂直}$ 和平行于电流方向的分量 $B_{平行}$,而求出 $B_{垂直}$ 对导线的作用力即可,如图 11-20 所示。

因为 $B_{垂直}=B\sin\theta$,$B_{平行}=B\cos\theta$

而 $F_{垂直}=ILB_{垂直}$,$F_{平行}=0$

所以 $F=F_{垂直}=ILB\sin\theta=BIL\sin\theta$ 其中 θ 角为磁场方向与电流方向的夹角。

第二种方法:

既然磁场对平行放入其中的通电导线作用力为零,那么我们也可把电流 I 分解为 $I_{平行}$、$I_{垂直}$ 两个分量。求出磁场对 $I_{垂直}$ 的作用力的大小,即是磁场对整个通电导线的作用力大小,如图 11-21 所示。

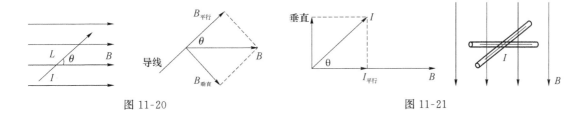

图 11-20   图 11-21

因为 $I_{垂直}=I\sin\theta$；$I_{平行}=I\cos\theta$ 而 $F_{垂直}=BLI_{垂直}$；$F_{平行}=0$

所以 $F=F_{垂直}=BLI\sin\theta=BIL\sin\theta$，其中 θ 角是电流强度与磁场方向的夹角。

综上所述，当电流方向与磁场方向不垂直而是成 θ 角时，导线所受安培力的大小 $F=BIL\sin\theta$。该公式普遍适用于任何方向放置在匀强磁场中的通电导线的受力情况。

讨论：

(1) 当电流方向与磁场方向的夹角 $\theta=0°$ 时，$F=0$。

(2) 当 $\theta=90°$ 时，$F=BIL$。

(3) 当 $0°<\theta<90°$ 时，$0<F<BIL$。

(2) 斜放于匀强磁场中的通电导线所受安培力的方向。

再次演示前面的实验：

将导线在竖直平面内转一个角度，使磁场方向不再和电流方向垂直。

观察发现：虽然电流方向转了一个角度，但安培力方向并未改变，仍然垂直于 B 与 I 所决定的竖直平面。

概括总结：

任意方向放于匀强磁场中的通电导线所受安培力的方向总是垂直于磁场方向与电流方向所决定的平面，但电流方向与磁场方向不一定垂直。

例 2   电流强度为 I 的通电导线放置于磁感应强度为 B 的匀强磁场中，导线所受安培力为 F，则下列说法正确的是(   )。

A. 匀强磁场中通电导线所受安培力 F，磁感应强度 B 及电流 I，三者在方向上一定互相垂直

B. 若 I、B 方向确定，则 F 方向唯一确定

C. 若 F 与 B 方向确定，则 I 方向唯一确定

D. 若 F 与 B 方向确定，则 I 方向不唯一确定，但 I 一定在与 F 垂直的平面内

E. 若 F 与 I 方向确定，则 B 方向唯一确定

F. 若 F 与 I 方向确定，则 B 方向不唯一确定，但 B 一定在与 F 垂直的平面内

答案：B、D、F 正确。

通过学习，我们知道放入匀强磁场中的通电导线所受安培力的大小由磁感应强度大小 B、电流强度大小 I 以及磁场方向与电流方向的夹角 θ 三方面因素决定。而导线所受安培力的方向一定同时垂直于磁场方向和电流方向，即安培力垂直于磁场方向与电流方向所决定的平面，但磁场方向与电流方向不一定互相垂直。

说明：(1) 在本节中磁感应强度 B 只由磁场本身决定，而导线所受安培力 F 由 B、I、L、θ 共同决定。

(2) $F=BIL$ 公式除了适用于匀强磁场中的通电导线外，也适用于非匀强磁场中的电流。

物理天地

核磁共振

在恒定的磁场中,自旋的原子核将绕外加磁场做回旋转动(进动),在此基础上再加一个固定频率的电磁波,并调节外加磁场的强度,使进动频率与电磁波频率相同,这时原子核进动与电磁波产生共振,就称为核磁共振。核磁共振时,原子核会吸收电磁波的能量,不同分子中原子核的化学环境不同,将会有不同的共振频率,产生不同的共振谱。记录这种波谱可判断该原子在分子中所处的位置及相对数目。

磁悬浮列车

磁悬浮列车是目前世界上技术最先进、已经进入实用阶段的新型列车,具有许多优越性。第一,速度高,时速可达 500 千里以上。第二,安全、平稳、舒适。第三,爬坡能力强。第四,列车与轨道之间摩擦和冲击很小,可以延长设备寿命,降低营运、维修和耗能费用。第五,基本上没有噪声和空气污染。

世纪的主力大炮——电磁炮

电磁炮是利用电磁发射技术制成的一种先进的动能杀伤武器,与传统的大炮将火药燃气压力作用于弹丸不同,电磁炮是利用电磁系统中电磁场的作用的力,其作用的时间要长得多,可大大提高弹丸的速度和射程,因而引起了世界各国军事家们的关注。电磁炮在未来武器的发展计划中,已成为越来越重要的部分。

电磁阀

电磁阀(Electromagnetic Valve)是用电磁控制的工业设备,是用来控制流体的自动化基础元件,属于执行器,并不限于液压、气动。用在工业控制系统中调整介质的方向、流量、速度和其他的参数。电磁阀可以配合不同的电路来实现预期的控制,而控制的精度和灵活性都能够保证。电磁阀有很多种,不同的电磁阀在控制系统的不同位置发挥作用,最常用的是单向阀、安全阀、方向控制阀、速度调节阀等。

电磁阀按动作方式分类,其主要分三类:

(1)直动型;(2)先导型;(3)反冲型;

直动型电磁阀:该电磁阀结构简单,由线圈、定铁心、动铁心、阀体组成。只适合通径小或压力低的工况下使用。

先导型电磁阀:比较适合于大口径,高压力工况下使用。

反冲型电磁阀:是集直动式和先导式结构为一体的电磁阀。它既可以在介质无压力的工况下靠线圈的吸力打开主阀塞,又可以在介质压力较高的工况下,适合介质压力从零到几公斤的范围下使用,并且也适合较大的电磁阀通径。特别要主要的是,反冲型电磁阀必须水平安装!口径较小的反冲型电磁阀也可以垂直安装,但用户要特别提出。

第十二章　电磁感应　交变电流

第一节　电磁感应现象

学习目标

(1) 理解电磁感应现象和电磁感应产生的条件。

(2) 熟练运用楞次定律判断感应电流的方向。

(3) 了解电磁感应现象中的能量转换。

问题引入

英国科学家法拉第经过十年坚持不懈地努力,终于取得重大突破,在 1831 年发现了利用磁场产生电流的条件和规律。这种由磁场产生电流的现象后来被称为电磁感应现象。他的这一发现进一步揭示了电与磁的内在联系,为建立完整的电磁理论奠定了坚实的基础。

主要知识

(一) 电磁感应现象

(1) 电磁感应现象:由变化的磁场使闭合电路产生电流的现象,称为电磁感应现象。

(2) 感应电流:由电磁感应产生的电流,称为感应电流。

(二) 产生电磁感应现象的条件:闭合电路中的磁通量发生变化。

下面通过三个实验说明感应电流产生的条件。

实验一:如图 12-1 所示,闭合回路中的一部分导体在磁场中做切割磁感线运动。

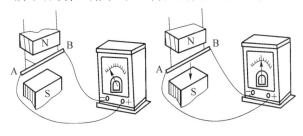

图 12-1

实验结论

闭合回路中的一部分导体做切割磁感线运动的本质是闭合回路中磁通量的变化。

实验二:如图 12-2 所示,磁铁上下运动,使穿过线圈的磁通量发生变化。

实验三:如图 12-3 所示,双螺线管实验。A 螺线管相对于 B 螺线管上下运动,或者改变滑动变阻器阻值,使穿过线圈的磁通量发生变化。

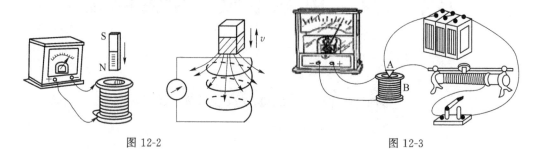

图 12-2   图 12-3

结论:不论是闭合电路的一部分导体切割磁感线运动,还是闭合电路中的磁场发生变化,只要穿过闭合电路的磁通量发生变化,闭合电路中就有感应电流产生。

重点:

产生感应电流的条件是穿过闭合电路的磁通量发生变化,这里关键要注意"闭合"与"变化"两词:

(1)电路必须是闭合的,电路不闭合,电流就不可能产生。

(2)在闭合电路中有磁通量穿过但不变化,即使磁场很强,磁通量很大,也不会产生感应电流。

(3)引起磁通量变化的原因:B 发生变化;或 S 发生变化;或 B 和 S 的夹角发生变化。

(三)感应电流的方向

闭合回路中一部分导体做切割磁感线运动时,产生的感应电流的方向可用右手定则确定。

1. 右手定则

伸开右手,使拇指与其余四指垂直,且都与手掌在同一平面内,让磁感线垂直穿入手心,拇指指向导线运动方向,则四指所指的方向就是导线中感应电流的方向,如图 12-4 所示。

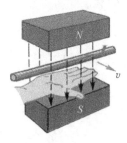

闭合回路中的磁通量发生变化时,回路中感应电流的方向遵循什么规律?

如图 12-5 所示,观察磁铁 N 极在插入线圈和拔出线圈的过程中,闭合电路中感应电流的方向相同吗?

现象:产生的感应电流的方向不同。

观察:N 极和 S 极插入和拔出过程中,穿过线圈的磁通量 Φ 的变化有什么不同?产生的感应电流的磁场方向与 Φ 的变化有什么关系?

将上述实验结果分析填入表 12-1 中。

图 12-4

表 12-1　实验结果分析

原磁场 B 的方向	↓	↓	↑	↑
磁通量 Φ 的变化	增加	减少	增加	减少
$I_{感}$ 的磁场 B' 的方向	↑	↓	↓	↑
B' 与 B 方向的关系	相反	相同	相反	相同

实验结论

（1）当原磁场穿过闭合电路的磁通量增加时,感应电流的磁场就和原磁场方向相反。

（2）当原磁场穿过闭合电路的磁通量减少时,感应电流的磁场就和原磁场方向相同。

2. 楞次定律

闭合回路中产生的感应电流的方向,总是使它的磁场阻碍穿过线圈的原磁通量的变化。

用楞次定律确定感应电流方向的步骤如下:

（1）明确闭合电路中原来的磁场方向;

（2）确定穿过线圈的原磁通量是增加还是减少;

（3）根据楞次定律确定感应电流的磁场方向;

（4）根据安培定则确定感应电流的方向。

例 1　如图 12-5 所示,当磁铁的 N 极插入线圈时,试确定感应电流的方向。

解析:（1）当磁铁 N 极插入线圈时,线圈中原磁场的方向向下。

（2）穿过线圈的磁通量是增加的。

（3）由楞次定律知感应电流产生的磁场要阻碍原磁通量的增加,因此感应电流产生的磁场方向与原磁场方向相反,即感应电流产生的磁场的方向向上。

（4）根据安培定则可以确定,感应电流的方向如图 12-5 中箭头所示。

从另外一个角度来认识楞次定律:

当磁铁插入线圈时磁铁和线圈的磁极是同名磁极相对,当磁铁从线圈中拔出时磁铁和线圈的磁极是异名磁极相对。所以,当磁铁下落时,两者相斥;当拔出磁铁时,两者相吸。两者间的相互作用力总是阻碍导体和磁体间的相对运动。

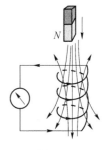

图 12-5

（四）电磁感应现象中的能量转换

实验一、二是机械能→电能

方式:外力移动导体(或磁铁)做功。

应用:发电机。

实验三是电能→电能

方式:由一个螺线管转移给另一个螺线管。

应用:变压器。

结论:在电磁感应现象中,不同形式的能量在相互转换过程中能量守恒。

例 2 试判断下述说法的正确性:

(1)当线圈中的磁通量发生变化时,一定有感应电流产生。(×)

(2)当线圈中的磁通量很大时,就有感应电流。(×)

(3)线圈中没有感应电流,是因为线圈中没有磁场。(×)

(4)闭合线圈中感应电流的磁场总是与原磁场的方向相反。(×)

(5)当闭合线圈中的磁通量发生变化时,线圈中就有感应电流产生。(√)

例 3 画出图 12-6 中感应电流的方向:

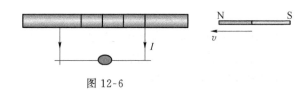

图 12-6

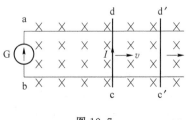

图 12-7

例 4 如图 12-7 所示,abcd 是一个金属框架,cd 是可动边,框架平面与磁场垂直。当 cd 边向右滑动时,请分别用右手定则和楞次定律来确定 cd 中感应电流的方向。

答:当 cd 边在框架上向右做切割磁感线滑动时,用右手定则可以确定感应电流的方向是由 c 指向 d。

同样,当 cd 边向右滑动时,穿过 abcd 回路的磁通量在增加,根据楞次定律,感应电流产生的磁场将阻碍原磁通量的增加,所以它的方向与原磁场的方向相反,即垂直纸面向外,又根据安培定则可知,感应电流的方向仍是由 c 指向 d。

第二节 法拉第电磁感应定律

学习目标

(1)理解法拉第电磁感应定律。

(2)理解计算感应电动势的两个公式 $E=BLv$ 和 $E=\Delta\Phi/\Delta t$ 的区别和联系,并应用其进行计算。对公式 $E=BLv$ 的计算,只限于 L 与 B、v 垂直的情况。

问题引入

(1) 产生感应电流的条件是什么？

(2) 闭合电路中产生持续电流的条件是什么？

在电磁感应中，有感应电流说明有感应电动势存在，让我们一起来研究感应电动势的产生。

主要知识

(一) 感应电动势 E

产生感应电动势的那部分导体相当于电源。

在电磁感应现象中，不管电路是否闭合，只要穿过电路的磁通量发生变化，电路中就产生感应电动势。

(1) 当电路闭合时，电路中才可能产生感应电流，其强弱取决于感应电动势的大小和闭合电路的电阻。

(2) 当电路断开后，没有感就电流，但仍有感应电动势。

感应电动势的大小与哪些因素有关？

实验一（图 12-8）：

将磁铁迅速插入和慢慢插入时。

① 电流计偏转的角度有何不同？反映电流大小有何不同？感应电动势大小如何？

② 将磁铁迅速插入和慢慢插入时，磁通量的变化是否相同？

③ 换用强磁铁，迅速插入，电流表的指针偏转如何？说明什么？

以上现象说明什么问题？

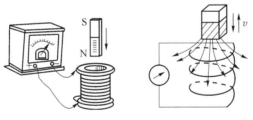

图 12-8

小结：

(1) 磁通量变化越快，感应电动势越大，在同一电路中，感应电流越大，反之，越小。

(2) 磁通量变化快慢的意义：

① 在磁通量变化 $\Delta\Phi$ 相同时，所用的时间 Δt 越少，即变化越快；反之，则变化越慢。

② 在变化时间 Δt 一样时，变化量 $\Delta\Phi$ 越大，表示磁通量变化越快；反之，则变化越慢。

③ 磁通量变化的快慢，可用单位时间内的磁通量的变化，即磁通量的变化率来表示。

实验二（图 12-9）：

磁通量的变化率也可以用导体切割磁感线的快慢（速度）来表示（即速度大，单位时间内扫过的面积大）。

导体 ab 迅速切割时,指针偏转角度大,反映感应电流大,感应电动势大;导体慢慢切割时,指针偏转角度小,反映电流小,感应电动势小。

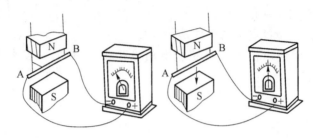

图 12-9

由两实验得:感应电动势的大小,完全由磁通量的变化率决定。

(二) 法拉第电磁感应定律

(1) 磁通量的变化率即磁通量的变化快慢,用 $\Delta\Phi/\Delta t$ 表示,其中 $\Delta\Phi=\Phi_2-\Phi_1$,$\Delta t=t_2-t_1$。

(2) 法拉第电磁感应定律的内容:

感应电动势的大小跟穿过这一电路的磁通量的变化率成正比。

(3) 公式(感应电动势的大小)

$E=K\dfrac{\Delta\Phi}{\Delta t}$,其中 k 为比例常数。

当式中各量都取国际单位制时,k 为 1。

若闭合线圈是一个 n 匝线圈,相当于 n 个电动势为 $\Delta\Phi/\Delta t$ 的电源串联,

此时 $E=n\dfrac{\Delta\Phi}{\Delta t}$

注意:(1) 电动势的单位是 V,讨论 1 V=1 Wb/s。

(2) 磁通量的变化率 $\Delta\Phi/\Delta t$ 与 Φ、$\Delta\Phi$ 无直接的决定关系。

(3) 引起 $\Delta\Phi$ 的变化的原因有两:$\Delta\Phi=\Delta B\cdot S$,$\Delta\Phi=B\cdot\Delta S$

所以 $E=\Delta\Phi/\Delta t$ 也有两种:

即 $E=\Delta B\cdot S/\Delta t$、$E=B\cdot\Delta S/\Delta t$

(三) 导体做切割磁感线运动时产生感应电动势大小

如图 12-10 所示,矩形线圈 abcd 处于匀强磁场中,磁感应强度为 B,线框平面跟磁感线垂直,线框可动部分 ab 的长度是 l,运动速度的大小是 v,速度方向跟 ab 垂直,同时也跟磁场方向垂直。

这个问题中,穿过闭合回路中的磁通量发生变化是由矩形的面积变化引起的,因此我们先

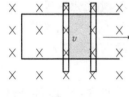

图 12-10

计算 Δt 时间内的面积变化量 ΔS。在 Δt 时间内,可动部分由位置 ab 运动到 a_1b_1,闭合电路所包围的面积增量为图中阴影部分,而 aa_1 的长度正好是 Δt 时间内导体 ab 运动的距离 $v\Delta t$,因此

$$\Delta S=lv\Delta t$$
$$\Delta\phi=B\Delta S=Blv\Delta t$$

所以：$E=\dfrac{\Delta\phi}{\Delta t}=\dfrac{Blv\Delta t}{\Delta t}=Blv$

这个公式表示，在匀强磁场中，当磁感应强度、导线、导线的运动方向三者垂直时，感应电动势等于磁感应强度 B、导线长度 l、导线运动速度 v 的乘积。

式中的速度 v 如果瞬时速度，则得电动势就是瞬时电动势，如果是平均速度，则求得的 E 就是平均电动势。

注意：此式适用于 B、L、v 两两垂直时，若不是呢，此式如下修正？

$E=BLV\sin\theta$

思考：如图 12-11 所示，L 是用绝缘导线绕制的线圈，匝数为 100，由于截面积不大，可以认为穿过各匝线圈的磁通量是相等的，设在 0.5 秒内把磁铁的一极插入螺线管，这段时间里穿过每匝线圈的磁通量由 0 增至 1.5×10^{-5} Wb。这时螺线管产生的感应电动势有多大？如果线圈和电流表总电阻是 3 Ω，感应电流有多大？

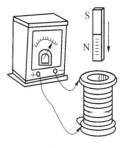

注意：向线圈插入磁铁的过程中，磁通量的增加不会是完全均匀的，可能有时快些，有时慢些，因此我们这里算出的磁通量变化率实际上是平均变化率，感应电动势和感应电流也都是平均值。

图 12-11

课堂练习：有一个 $1\,000$ 匝的线圈，在 0.4 s 内穿过它的磁通量从 0.02 Wb 增加到 0.08 Wb，求线圈中的感应电动势。如果线圈的电阻为 10 Ω，把它跟一个电阻为 990 Ω 的电热器串联成闭合回路，通过电热器的电流多大？

答案：150 V；0.15 A

例2　如图 12-12 所示，设匀强磁场的磁感应强度 B 为 0.10 T，切割磁感线的导线的长度 l 为 40 cm，线框向左匀速运动的速度 v 为 5.0 m/s，整个线框的电阻 R 为 0.5 Ω，试求：

① 感应电动势的大小。②感应电流的大小。

解析：①线框中的感应电动势

$E=Blv=0.10\times0.40\times5.0$ V $=0.20$ V

② 线框中的感应电流

$I=E/R=0.20/0.50$ A $=0.40$ A

例3　如图 12-13 所示，用均匀导线做成一个正方形线框，每边长为 0.2 cm，正方形的一半放在和线框垂直的向里的匀强磁场中，当磁场的变化为每 0.1 s 增加 1 T 时，线框中感应电动势是多大？

解析：$\dfrac{\Delta B}{\Delta t}=\dfrac{1}{0.1}$ T/s $=10$ T/s

由法拉第电磁感应定律：$E=\dfrac{\Delta\phi}{\Delta t}=\dfrac{\Delta BS}{\Delta t}=\dfrac{\Delta Bl^2}{\Delta t}{}^{}=0.2$V

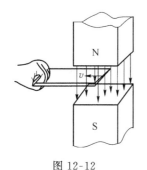

图 12-12

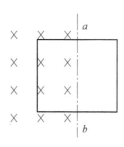

图 12-13

第三节　交变电流

学习目标

（1）掌握描述交变流电的物理量、图像及变化规律，重点理解有效值的概念。

（2）理解为什么电感对交变电流有阻碍作用，掌握用感抗来表示电感对交变电流阻碍作用的大小，知道感抗与哪些因素有关。

（3）理解交变电流能通过电容器，理解为什么电容器对交变电流有阻碍作用。掌握用容抗来表示电容对交变电流阻碍作用的大小，了解容抗与哪些因素有关。

问题引入

1831 年法拉第发现了电磁感应现象，为人类进入电气化时代打开了大门。今天我们使用的电灯、微波炉等家用电器中的交流电是怎样产生并且怎样送到我们的家庭中来的呢？这就是这一章节要学习的主要内容，先看"交变电流的产生"。

主要知识

（一）交变电流基本概念

1. 交变电流的产生和变化规律

如图 12-14 所示，电流强度的大小和方向都做周期性的变化，这种电流称为交流电。大小改变方向不变的电流不是交流。交变电流的变化规律矩形线圈在匀强磁场中匀速转动的四个过程：

（线圈 bc、da 始终在平行磁感线方向转动，因而不产生感应电动势，只起导线作用）。

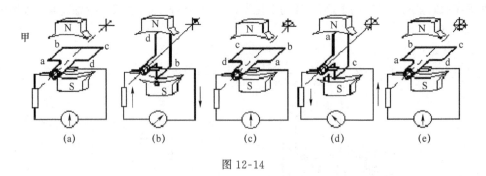

图 12-14

（1）线圈平面垂直于磁感线（图(a)），ab、cd 边此时速度方向与磁感线平行，线圈中没有感应电动势，没有感应电流。这时线圈平面所处的位置称为中性面。中性面的特点：线圈平面与磁感线垂直，磁通量最大，感应电动势最小为零，感应电流为零。

(2) 当线圈平面逆时针转过 90°时(图(b)),即线圈平面与磁感线平行时,ab、cd 边的线速度方向都跟磁感线垂直,即两边都垂直切割磁感线,这时感应电动势最大,线圈中的感应电流也最大。

(3) 再转过 90°时(图(c)),线圈又处于中性面位置,线圈中没有感应电动势。

(4) 当线圈再转过 90°时,处于图(d)位置,ab、cd 边的瞬时速度方向,跟线圈经过图(b)位置时的速度方向相反,产生的感应电动势方向也跟在(图(b))位置相反。

(5)再转过 90°线圈处于起始位置(图(e)),与图(a)位置相同,线圈中没有感应电动势。

小结:垂直于磁场的平面称为中性面。线圈位于中性面时,穿过线圈的磁通量最大,但磁通量的变化率为零,此位置线圈中的感应电动势为零,且每经过中性面一次感应电流的方向改变一次。线圈每转一周,两次经过中性面,感应电流的方向改变两次。

2. 线圈中的感应电动势的大小如何变化呢?

如图 12-15 所示,在场强为 B 的匀强磁场中,矩形线圈边长为 L,逆时针绕中轴匀速转动,角速度为 ω,从中性面开始计时,经过时间 t。线圈转动的线速度为 $v=\omega L/2$,转过的角度为 $\theta=\omega t$,此时 ab 边线速度 v 与磁感线的夹角也等于 ωt,此时 ab 边中的感应电动势为 e_{ab}同理,cd 边切割磁感线的感应电动势为 e_{cd}:

$$e_{ab}=BLv=Bl\omega\frac{1}{2}\sin\omega t=\frac{1}{2}Bl^2\omega\sin\omega t$$

$$e_{cd}=BLv=Bl\omega\frac{1}{2}\sin\omega t=\frac{1}{2}Bl^2\omega\sin\omega t$$

就整个线圈来看,因 ab、cd 边产生的感应电势方向相同,是串联,所以

$$e=Bl^2\omega\sin\omega t=BS\omega\sin\omega t$$

如图 12-16 所示,当线圈平面跟磁感线平行时,即 $\omega t=\frac{\pi}{2}$,这时感应电动势最大值 $E_m=BS\omega$

$$e=Bl^2\omega\sin\omega t=BS\omega\sin\omega t$$

感应电动势的瞬时表达式为 $e=E_m\sin\omega t$

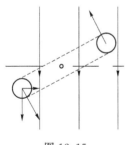
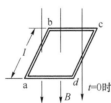
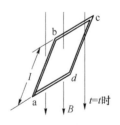

图 12-15   图 12-16

可见在匀强磁场中,匀速转动的线圈中产生的感应电动势是按正弦规律变化的。即感应电动势的大小和方向是以一定的时间间隔做周期性变化。当线圈跟外电路组成闭合回路时,设整个回路的电阻为 R,则电路的感应电流的瞬时值为表达式:$i=\dfrac{e}{R}=\dfrac{E_m}{R}\sin\omega t$。

感应电流瞬时值表达式 $i=I_m\sin\omega t$ 这种按正弦规律变化的交变电流称为正弦式电流。

交流电的电动势瞬时值和穿过线圈面积的磁通量的变化率成正比。当线圈在匀强磁场中匀速转动时,线圈磁通量也是按正弦(或余弦)规律变化的,若从中性面开始计时,$t=0$ 时,磁

通量最大,ϕ 应为余弦函数,此刻变化率为零(切线斜率为零),$t = \dfrac{T}{4}$ 时,磁通量为零,此刻变化率最大(切线斜率最大),因此从中性面开始计时,感应电动势的瞬时表达式是正弦函数,如图 12-17(a)、(b)所示分别是 $\phi = \phi_{m} \cos \omega t$ 和 $e = E_{m} \sin \omega t$。

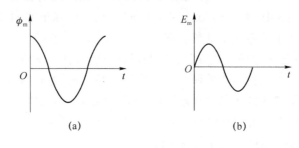

图 12-17

(3) 交流电的图像(图 12-18)

交流电的变化规律还可以用图像来表示,由前面的甲图中线圈转动过程中电动势和电流变化情况,在直角坐标系中,横轴表示线圈平面跟中性面的夹角(或者表示线圈转动经过的时间 t),纵坐标表示感应电动势 e(感应电流 i)。

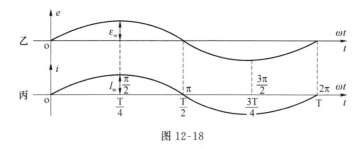

图 12-18

如图 12-19(b)、(c)、(e)所示电流都属于交流,其中按正弦规律变化的交流称为正弦交流。如图(b)所示。而图(a)、(d)为直流,其中图(a)为恒定电流。

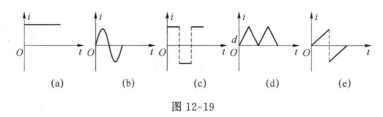

图 12-19

(二) 交变电流基本概念

1. 表征交变电流大小物理量

(1) 瞬时值:对应某一时刻的交流的值,用小写字母表示,e、u 表示电压,i 表示电流。

(2) 最大值:即最大的瞬时值,用大写字母表示,如 U_{m}、I_{m}、E_{m}。$E_{m} = nsB\omega$,$I_{m} = E_{m}/R$。

注意:线圈在匀强磁场中绕垂直于磁感线方向的轴匀速转动时,所产生感应电动势的峰值为 ,$E_{m} = NBS\omega$,即仅由匝数 N,线圈面积 S,磁感强度 B 和角速度 ω 四个量决定。与轴的具体位置,线圈的形状及线圈是否闭合都是无关的。

（3）有效值：

物理意义：描述交流电做功或热效应的物理量。

定义：跟交流热效应相等的恒定电流的值称为交流的有效值。

正弦交流的有效值与峰值之间的关系是：$E=\dfrac{E_m}{\sqrt{2}}$ $I=\dfrac{I_m}{\sqrt{2}}$ $U=\dfrac{U_m}{\sqrt{2}}$。注意：正弦交流的有效值和峰值之间具有 $E=\dfrac{E_m}{\sqrt{2}}$，$U=\dfrac{U_m}{\sqrt{2}}$，$I=\dfrac{I_m}{\sqrt{2}}$ 的关系，非正弦（或余弦）交流无此关系，但可按有效值的定义进行推导，如对于正负半周最大值相等的方波电流，其热效应和与其最大值相等的恒定电流是相同的，因而其有效值即等于其最大值。即 $I=I_m$。

交流用电器的额定电压和额定电流指的是有效值；交流电流表和交流电压表的读数是有效值。对于交流电若没有特殊说明的指有效值。

在求交流电的功、功率或电热时必须用交流电的有效值。

（4）瞬时值、峰值（最大值）、有效值、平均值在应用上的区别

瞬时值指交流电某一时刻的值。常用来计算线圈某时刻的受力情况。

峰值是交流变化中的某一瞬时值，对纯电阻电路来说，没有什么应用意义。若对含电容电路，在判断电容器是否会被击穿时，则需考虑交流的峰值是否超过电容器的耐压值。

交流的有效值是按热效应来定义的，对于一个确定的交流来说，其有效值是一定的。而平均值是由公式 $\overline{E}=n\dfrac{\Delta\phi}{\Delta t}$ 确定的，其值大小由某段时间磁通量的变化量来决定，在不同的时间段里是不相同的。如对正弦交流，其正半周或负半周的平均电动势大小为 $\overline{E}=\dfrac{n\cdot2Bs}{T/2}=\dfrac{2nBs\omega}{\pi}$，而一周期内的平均电动势却为零。在计算交流通过电阻产生的热功率时，只能用有效值，而不能用平均值。在计算通过导体的电量时，只能用平均值，而不能用有效值。

在实际应用中，交流电器铭牌上标明的额定电压或额定电流都是指有效值，交流电流表和交流电压表指示的电流、电压也是有效值，解题中，若题示不加特别说明，提到的电流、电压、电动势时，都是指有效值。

2. 表征交变电流变化快慢的物理量

（1）周期 T：电流完成一次周期性变化所用的时间。单位：s。

（2）频率 f：一秒内完成周期性变化的次数。单位：Hz。

（3）角频率 ω：就是线圈在匀强磁场中转动的角速度。单位：rad/s。

（4）角速度、频率、周期的关系：$\omega=2\pi f=\dfrac{2\pi}{T}$。

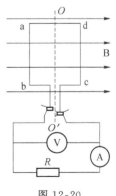

图 12-20

例1 如图 12-20 所示，交流发电机的矩形线圈 abcd 中，ab＝cd＝50 cm，bc＝ad＝30 cm，匝数 $n=100$，线圈电阻 $r=0.2\ \Omega$，外电阻 $R=4.8\ \Omega$。线圈在磁感强度 $B=0.05T$ 的匀强磁场中绕垂直于磁场的转轴 OO' 匀速转动，角速度 $\omega=100\pi$ rad/s。

（1）求产生感应电动势的最大值；

（2）若从图示位置开始计时，写出感应电流随时间变化的函数表达式；

（3）交流电压表和交流电流表的示数各为多少？

（4）此发电机的功率为多少？

（5）从图示位置起，转过 90°过程中，平均电动势多大？通过线框截面电量多大？

（6）从图示位置起，转过 90°过程中，外力做功多少？线框上产生的焦耳热为多少？

解析：本题涉及交流电的最大值，瞬时值和有效值及平均值，解题时要注意不要混淆概念，要选择好相应的公式。电表上的示数应是外电路的电压和电流的有效值，功率及功、能的计算也要用有效值。

（1）设 $ab=l_1$，$bc=l_2$，则交流电动势的最大值为

$E_m=nBl_1l_2\omega=235.5$ V

（2）根据闭合电路欧姆定律，电流的最大值

$$I_m=\frac{E_m}{R+r}=47.1 \text{ A}$$

在图示位置时，电流有最大值，则电流的瞬时值表达为 $i=I_m\cos\omega t$，

代入数值得 $i=47.1\cos100\pi t$ A

（3）电流的有效值为 $I=\frac{\sqrt{2}}{2}I_m=33.3$ A

路端电压的有效值为 $U=IR=160$ V。这样，电压表的示数为 160 V，电流表的示数为 33.3 A。

（4）电动势的有效值为 $E=\frac{\sqrt{2}}{2}E_m=167$ V

则发电机的功率为 $P=IE=5\,561$ W。

（5）平均电动势 $\overline{E}=n\frac{\Delta\varphi}{\Delta t}=n\frac{BS-0}{\frac{\pi}{2}/\omega}=n\frac{Bl_1l_2}{\frac{\pi}{2w}}=150$ V

通过线框截面电量 $q=\overline{I}\cdot t=\frac{\overline{E}}{R+r}t=n\frac{\Delta\varphi}{\Delta t}\cdot\frac{1}{R+r}t=n\frac{\Delta\varphi}{R+r}=n\frac{Bl_1l_2}{R+r}=15$ C

（6）外力通过克服安培力做功，将其他形式能转化为电能。

$\therefore W=E_{电}=IEt=IE\left(\frac{\pi}{2}/\omega\right)=27.8$ J

线框上产生焦耳热 $Q=I^2rt=I^2r\left(\frac{\pi}{2}/w\right)=1.11$ J

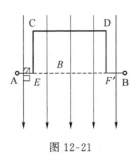

图 12-21

例 2 如图 12-21 所示，在匀强磁场中有一个"⊓"形导线框可绕 AB 轴转动，已知匀强磁场的磁感强度 $B=\frac{5\sqrt{2}}{\pi}$ T，线框的 CD 边长为 20 cm、CE、DF 长均为 10 cm，转速为 50 r/s，若从图示位置开始计时（1）写出线框中感应电动势的瞬时值表达式。（2）若线框电阻 $r=3$ Ω，再将 AB 两端接"6 V、12 W"灯泡，小灯泡能否正常发光？若不能，小灯泡实际功率多大？

解析：（1）注意到图示位置磁感线与线圈平面平行，瞬时值表达式应为余弦函数，先求出最大值和角频率。

$\omega=2\pi n=100\pi$ rad/s

$E_m=BS\omega=\frac{5\sqrt{2}}{\pi}\times0.2\times0.1\times100\pi=10\sqrt{2}$ (V)

所以电动势瞬时表达式应为 $E = 10\sqrt{2}\cos 100\pi t (\mathrm{V})$。

（2）小灯泡是纯电阻电路，其电阻为 $R = \dfrac{u_{\text{额}}^2}{p_{\text{额}}} = \dfrac{6^2}{12} = 3\ \Omega$

首先求出交流电动势有效值 $E = \dfrac{E_{\mathrm{m}}}{\sqrt{2}} = 10(\mathrm{V})$ 此后即可看成恒定电流电路。显然由于 $R = r$，$U_{\text{灯}} = \dfrac{E}{2} = 5\ \mathrm{V}$，小于额定电压，不能正常发光。其实际功率是

$$P = \frac{U^2}{R} = \frac{5^2}{3} = \frac{25}{3} = 8.3\ \mathrm{W}$$

★（三）电感对交变电流的影响

（1）对感抗的理解：感抗是表示电感对交变电流阻碍作用大小的物理量。感抗的大小与自身的自感系数、交变电流的频率有关，可用公式 $X_{\mathrm{L}} = 2\pi f L$ 表示，不作计算要求，单位是欧姆。可见，交流电的频率越大，线圈的自感系数越大，感抗就越大。

（2）电感对交变电流的阻碍作用：交变电流通过线圈时，电流的大小和方向都不断变化，线圈中就必然会产生自感电动势。自感电动势的作用就是阻碍引起自感电动势的电流的变化，这样就形成了对交变电流的阻碍作用。

（3）电感在交流电路中的作用：据电感线圈匝数的不同。可分为两种。

① 低频扼流圈

构造：线圈绕在闭合铁心上，线圈匝数多，自感系数很大。

作用：对低频交变电流有很大的阻碍作用。即"通直流、阻交流"。

② 高频扼流圈

构造：线圈绕在铁氧体芯上，线圈匝数少，自感系数小。

作用：对低频交变电流阻碍小，对高频交变电流阻碍大。即"通低频、阻高频"。

（四）电容器对交变电流的影响

（1）交变电流是怎样通过电容器的？

将电容器的两极接在电压恒定的直流电源两端，电路中没有持续的电流，这是由于电容器两极间充有绝缘的电介质。但如果把电容器接在交变电流两端，则电路里会有持续的电流，好像交变电流"通过"了电容器。这里特别要注意，在这种情况下电路中的自由电荷也并没有通过电容器两极间的绝缘电介质，而是在交变电压的作用下，当电源电压升高时，电容器充电，电路中形成充电电流，当电源电压降低时，电容器放电，电路中形成放电电流，在交变电源的一周期内，电容器要交替进行充电、放电，反向充电、反向放电，电路中就有了持续的交变电流，就好像电流通过了电容器。

（2）对容抗的理解：容抗是表示电容对交变电流阻碍作用大小的物理量。容抗的大小与自身的电容、交变电流的频率有关，可用 $X_{\mathrm{C}} = \dfrac{1}{2\pi f C}$ 来表示。不要求计算，单位是欧姆，Ω。

（3）电容对交变电流的阻碍作用：电容对交变电流产生阻碍的原因是，对导线中形成电流的自由电荷来说，当电源的电压推动它们向某一方向做定向移动的时候，电容器两极板上积累

的电荷却反抗它们向这个方向做定向移动,这就产生了对交变电流的阻碍。

(4) 电容器在交流电路中的作用有:

① 隔直电容器:通交流、隔直流。

② 旁路电容器:通高频、阻低频。

第四节 变 压 器

学习目标

(1) 了解变压器的构造,理解互感现象是变压器的工作基础.掌握什么是理想变压器,掌握理想变压器的原、副线圈的电压与匝数的关系,并能应用它分析解决问题。

(2) 掌握理想变压器中电流与匝数、功率的关系,并能应用它分析解决问题,了解常见的几种变压器。

问题引入

在实际使用中,常常需要不同电压的交流电,如表 12-2 所示。

表 12-2 不同电压的交流电

用电器	额定工作电压	用电器	额定工作电压
随身听	3 V	机床上的照明灯	36 V
扫描仪	12 V	防身器	3 000 V
手机充电器	4.2 V	黑白电视机显像管	几万伏
录音机	6 V	彩色电视机显像管	十几万伏

平常的民用交流电电压是 220 V,那该怎么办呢?

主要知识

(一) 变压器的原理

1. 变压器的构造

如图 12-22 所示为变压器的结构图,原线圈接电源,副线圈接负载,两个线圈都绕在叠合而成的硅钢片上,硅钢片都涂有绝缘漆。

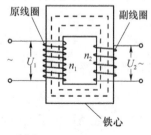

2. 变压器的工作原理

变压器的变压原理是电磁感应。当原线圈上加交流电压 U_1 时,原线圈中就有交变电流,它在铁心中产生交变的磁通量,在原、副线圈中都要产生感应电动势。如果副线圈是闭合的,则副线圈中将产生交变的感应电流,它也在铁心中产生交变磁通量,在原、副线圈中同样要引起感应电动势。由于这种互相感应的互感现象,原、副线圈间虽然不相连,电能却可以通过磁场从原线圈传递到副线圈。其能量转换方式为:原线圈电能→磁场能→副线圈电能。

说明:(1)互感现象是变压器工作的基础:变压器通过闭合铁心,利用互感现象实现了电能向磁场能再到电能的转化。

(2)变压器是依据电磁感应工作的,因此只能工作在交流电路中,如果变压器接入直流电路,原线圈中的电流不变,在铁心中引不起磁通量的变化,没有互感现象出现,变压器起不到变压作用。

3. 理想变压器的规律

(1)理想变压器的特点:

① 变压器铁心内无漏磁;

② 原副线圈不计电阻,即不产生焦耳热。

(2)电动势关系:由于互感现象,没有漏磁,原、副线圈中具有

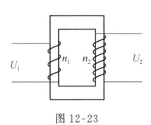

相同的磁通量的变化率 $\dfrac{\Delta\phi}{\Delta t}$。如图 12-23 根据法拉第电磁感应定律,原线圈中 $E_1 = n_1\dfrac{\Delta\phi}{\Delta t}$,副线圈中 $E_2 = n_2\dfrac{\Delta\phi}{\Delta t}$,所以有 $\dfrac{E_1}{E_2} = \dfrac{n_1}{n_2}$。

图 12-23

(3)电压关系:由于不计原、副线圈的电阻,因而 $U_1 = E_1$,$U_2 = E_2$。所以有 $\dfrac{U_1}{U_2} = \dfrac{n_1}{n_2}$。这与实验探究得到的规律相同。

若 $n_1 < n_2$,$U_1 < U_2$,就是升压变压器;若 $n_1 > n_2$,$U_1 > U_2$,就是降压变压器。

输出电压 U_2 由输入电压 U_1 和 n_1,n_2 共同决定,即 $U_2 = \dfrac{U_1 n_2}{n_1}$。

(4)电流关系:由于不存在各种能量损失,所以变压器的输出功率等于输入功率,$P_1 = P_2$,用 U、I 代换得:$U_1 I_1 = U_2 I_2$,所以有 $\dfrac{I_1}{I_2} = \dfrac{U_2}{U_1}$,再由 $\dfrac{U_1}{U_2} = \dfrac{n_1}{n_2}$ 得:$\dfrac{I_1}{I_2} = \dfrac{n_2}{n_1}$,这就是电流与匝数的关系,原、副线圈中的电流与匝数成反比,即 $I_2 = \dfrac{I_1 n_1}{n_2}$。

(5)电功率关系:输入功率 P_1 由输出功率 P_2 决定,负载需要多少功率。原线圈端就输入多少功率。

说明:(1)由 $\dfrac{I_1}{I_2} = \dfrac{n_2}{n_1}$ 知,对于只有一个副线圈的变压器:电流与匝数成反比。因此,变压器高压线圈匝数多而通过的电流小,可用较细的导线绕制,低压线圈匝数少而通过的电流大,应用较粗的导线绕制。

(2)变压器的输入功率决定于输出功率,即用多少给多少。同理输入电流决定于输出电流,若副线圈空载,输出电流为零,输出功率为零,则输入电流为零,输入功率为零。

(3)变压器能改变交流电压、交变电流,但不改变功率和交变电流的频率,输入功率总等于输出功率,副线圈中交变电流的频率总等于原线圈中交变电流的频率。

(4)变压器的电流关系也是有效值(或最大值)间的关系。

4. 当变压器有多个副线圈组成时,电压、电流与匝数关系

如图 12-24 所示,原线圈匝数为 n_1,两个副线圈匝数分别为 n_2 和 n_3,相应电压分别为 U_1、U_2 和 U_3,相应的电流分别为 I_1、I_2、I_3,根据理想变压器的工作原理可得

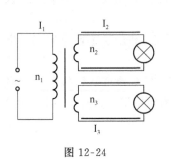

图 12-24

$$\frac{U_1}{U_2}=\frac{n_1}{n_2} \qquad ①$$

$$\frac{U_1}{U_3}=\frac{n_1}{n_3} \qquad ②$$

$$\frac{U_2}{U_3}=\frac{n_2}{n_3} \qquad ③$$

根据 $P_入=P_出$ 得 $I_1U_1=I_2U_2+I_3U_3$ ④

将①③代入④式得 $I_1U_1\dfrac{n_1}{n_2}=I_2U_2+I_3U_3\cdot\dfrac{n_2}{n_3}$

整理得 $I_1n_1=I_2n_2+I_3n_3$ ⑤

以上①②③④⑤式即为多个副线圈的理想变压器的电压与匝数的关系和电流与匝数的关系。

说明:变压器的电压关系对有一个或几个副线圈的变压器都成立,而电流关系只适用于有一个副线圈的变压器,若为多个副线圈,电流关系要从功率关系(输入功率总等于输出功率)得出,即 $U_1I_1=U_2I_2+U_3I_3+\cdots$

根据 $\dfrac{U_1}{n_1}=\dfrac{U_2}{n_2}=\dfrac{U_3}{n_3}$ 知:电流与匝数关系为 $n_1I_1=n_2I_2+n_3I_3+\cdots$

5. 负载发生变化引起变压器电压、电流变化的判断方法

(1) 负载增多,不等于电阻变大。负载增多对应用电器增多,消耗功率增大,其总电阻减小。

(2) 有关负载发生变化时,电流和电压如何变化的判断,先要由 $\dfrac{U_1}{U_2}=\dfrac{n_1}{n_2}$ 判断 U_2 是否变化,再根据 U_2 及负载电阻变大变小的情况,由欧姆定律确定线圈中的电流 I_2 的变化情况;最后再由 $P_入=P_出$ 判断原线圈中电流的变化情况。

6. 线圈串、并联的分析和计算方法

对于线圈的串、并联,与电阻的串、并联相类似,一方面要判断两线圈两接头的连接关系,另一方面还要判断两线圈的线向关系。

判断方法:可假定某时刻一线圈中有某一流向的电流,例如,图 12-25 中两线圈,将 b、c 相连,a、d 作为输出端,假设电流从 a 端流入,则两线圈电流反向,故两线圈磁通量相抵消,故其匝数为两线圈匝数差。

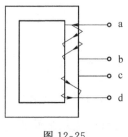

图 12-25

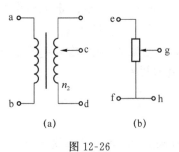

(a)   (b)

图 12-26

7. 变压器与分压器

变压器(图 12-26(a))和分压器(图 12-26(b)所示)都能起到改变电压的作用,但两者又有着本质的区别。为了帮助同学们澄清对这两种仪器的模糊认识,更好地理解和应用它们来解决实际问题,现将两者的区别简述如下。

(1) 变压器是一种电感性仪器,是根据电磁感应原理工作的;而分压器是一种电阻性仪器,是根据电阻串联分压原理工作的。

（2）变压器只能改变交流电压，不能改变直流电压；而分压器既能改变交流电压，也可以改变直流电压。

（3）变压器可以使交流电压升高或降低；而分压器不能使电压升高。

（4）对于理想变压器，电压与线圈匝数成正比，即 $U_{ab} : U_{cd} = n_1 : n_2$

而对于分压器，电压与其电阻成正比，即 $U_{ef} : U_{gh} = n_{ef} : n_{gh}$

（5）若在 cd 间，gh 间分别接入负载电阻 R_0 后，对于变压器，U_{cd} 不随 R_0 的变化而变化；而对于分压器，U_{gh} 将随 R_0 的增大而增大，随 R_0 的减小而减小。

（6）理想变压器工作时，穿过铁心的磁通量是一定的，线圈两端的电压遵循法拉第电磁感应定律

$$E_1 = n_1 \frac{\Delta \phi}{\Delta t}, E_2 = n_2 \frac{\Delta \phi}{\Delta t}$$

而分压器工作时，回路电流为定值，遵循欧姆定律

$$U_{ef} = IR_{ef}, U_{gh} = IR_{gh}$$

（7）理想变压器的输入功率随输出功率的变化而变化，即随之增大而增大，随之减小而减小，且始终相等，$P_入 = P_出$；而分压器空载时输入功率 $P_入 = I^2 R_{ef}$ 不变。

例1 一台理想变压器，其原线圈 2 200 匝，副线圈 440 匝，并接一个 1 000 Ω 的负载电阻，如图 12-27 所示。

（1）当原线圈接在 44 V 直流电源上时，电压表示数为_____ V，电流表示数为_____ A。

（2）当原线圈接在 220 V 交流电源上时，电压表示数为_____ V，电流表示数为_____ A。此时输入功率为_____ W，变压器效率为_____。

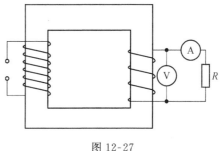

图 12-27

解析：（1）原线圈接在直流电源上时，由于原线圈中的电流恒定，所以穿过原、副线圈的磁通量不发生变化，副线圈两端不产生感应电动势，故电压表示数为零，电流表示数也为零。

（2）由 $\frac{U_2}{U_1} = \frac{n_2}{n_1}$ 得

$$U_2 = U_1 \frac{n_2}{n_1} = 220 \times \frac{440}{2\ 200} \text{ V} = 44 \text{ V（电压表读数）}$$

$$I_2 = \frac{U_2}{R} = \frac{44}{100} \text{ A} = 0.44 \text{ A（电流表读数）}$$

$$P_入 = P_出 = I_2 U_2 = 0.44 \times 44 \text{ W} = 19.36 \text{ W}$$

效率 $\eta = 100\%$。

答案：（1）0　0　（2）44　0.44　19.36　100%

特别提示：（1）变压器只能改变交流电压，不能改变直流电压。

（2）理想变压器，效率当然是 100%。

（3）交流电压表与电流表的示数均为有效值。

（4）输入功率取决于输出功率，即用多少给多少？

例2 如图 12-28 所示,一理想变压器原、副线圈匝数比为 3∶1,副线圈接三个相同的灯泡,均能正常发光,若在原线圈所在电路上再串联一相同灯泡 L,则(设电源有效值不变)

A. 灯 L 与三灯亮度相同   B. 灯 L 比三灯都暗

C. 灯 L 将会被烧坏   D. 无法判断其亮度情况

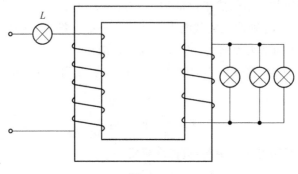

图 12-28

解析:由于电源有效值不变,设为 U,当在原线圈所在电路上再串联一相同灯泡 L 时,灯 L 与线圈分压,设原线圈两端的电压为 U_1,则 $U_1 = U - U_L$,其中 U_L 为灯泡 L 两端电压,$U_L = I_1 R_L$,设此时接入副线圈的每只灯泡中的电流为 I,则副线圈输出电流 $I_2 = 3I$,据电流与匝数关系 $\dfrac{I_1}{I_2} = \dfrac{n_2}{n_1} = \dfrac{1}{3}$ 得 $I_1 = \dfrac{n_2}{n_1} \cdot I_2 = I$,即四只灯泡中的电流相同,故亮度相同。

答案:A。

特别提示:当原线圈所在电路串联入灯泡 L 后,原线圈两端的电压不再等于电源电压,而是与电灯 L 分压。此时原线圈类似于一非纯电阻用电器,其两端电压可据电源电压及串联的用电器的分压情况计算。

(二) 电能的输送(变压器的应用)

1. 高压送电的原因

输送的功率 $P_{输} = U_{输} \cdot I_{输}$,所以输电线上的电流强度 $I_{输} = P_{输}/U_{输}$。

输电线的总电阻 $R = \rho \dfrac{l}{S}$,l 为输电线的总长度,输电线上损失的功率 $P_{损} = I_{输}^2 R$。

远距离送电输电线的电阻不可忽略,在导线上损失的电能不可忽略,在输电线损失的功率是发热功率:$P_{损} = I_{输}^2 R$。$R = \rho \dfrac{l}{S}$,减小电阻:选用 ρ 小的,l 不可变 S 不能无限加大,只有减小输送电流。在输送功率一定时,U 越大,I 越小,损失越小。千万注意输送电流,$I \neq \dfrac{U}{R}$,应是 $I = \dfrac{P}{U}$。$P_{损} = \dfrac{P^2}{U^2} \cdot R$,$P,R$ 一定,U 越大,损失功率越小。

2. 远距离输电线路组成:

如图 12-29 所示,远距离输电线路组成如下:

发电机→升压变压器→输电线→降压变压器→用户

升压变压器输入电压 U_1,输出电压 U_2 表示。

升压变压器输入电流 I_1，输出电流 I_2 表示。

升压变压器的输入功率 P_1，输出功率 P_2 表示。

升压变压器主线圈 n_1，副线圈 n_2。

降压变压器输入电压 U_3，输出电压 U_4 表示。

降压变压器输入电流 I_3，输出电流 I_4 表示。

降压变压器的输入功率 P_3，输出功率 P_4 表示。

降压变压器主线圈 n_3，副线圈 n_4。

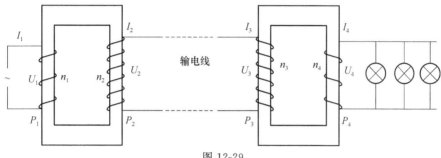

图 12-29

有以下关系：

(1) 电压之间的关系：$\dfrac{U_1}{U_2}=\dfrac{n_1}{n_2}$　$\dfrac{U_3}{U_4}=\dfrac{n_3}{n_4}$　$U_2=U_{线}+U_3$

(2) 电流之间的关系：$\dfrac{I_1}{I_2}=\dfrac{n_2}{n_1}$　$\dfrac{I_3}{I_4}=\dfrac{n_4}{n_3}$　$I_2=I_{线}=I_3$

(3) 功率之间的关系：$P_1=P_2$　$P_3=P_4$　$P_2=P_{线}+P_3$

(4) 输电电流：$I_{线}=\dfrac{P_2}{U_2}=\dfrac{P_3}{U_3}=\dfrac{U_2-U_3}{R_{线}}$

(5) 输电导线上损耗的电功率：$P_{线}=I_{线}\,U_{线}=I_{线}^2\,R_{线}=\left(\dfrac{P_2}{U_2}\right)^2 R_{线}$

(6) 输电效率：$\eta=\dfrac{P_{用}}{P_{总}}\times100\%=\dfrac{P_4}{P_1}\times100\%$

(7) 损耗与总功率关系：$\dfrac{P_{损耗}}{P_{总}}=\dfrac{P_{线}}{P_1}=\dfrac{I_{线}^2\,R_{线}}{U_1 I_1}$

注意：远距离输电中电流之间的关系最简单，I_2、$I_{线}$、I_3 中只要知道一个，另两个总和它相等。因此求输电线上的电流往往是这类问题的突破口。

输电线上的功率损失和电压损失也是需要特别注意的。分析和计算时都必须用 $P_{线}=I_{线}^2\,R_{线}$，$U_{线}=I_{线}\,R_{线}$，而不能用 $P_{线}=\dfrac{U_{线}^2}{R_{线}}$。

输电电压提高到原来的 n 倍，输电导电线上损失功率减为原来的 $\dfrac{1}{n^2}$。

(三) 常用变压器的种类与特点常用变压器的分类可归纳如下

1. 按相数分

(1) 单相变压器：用于单相负荷和三相变压器组。

(2) 三相变压器：用于三相系统的升、降电压。

2．按冷却方式分

（1）干式变压器：依靠空气对流进行冷却，一般用于局部照明、电子线路等小容量变压器。

（2）油浸式变压器：依靠油作冷却介质、如油浸自冷、油浸风冷、油浸水冷、强迫油循环等。

3．按用途分

（1）电力变压器：用于输配电系统的升、降电压。

（2）仪用变压器：如电压互感器、电流互感器、用于测量仪表和继电保护装置。

（3）试验变压器：能产生高压，对电气设备进行高压试验。

（4）特种变压器：如电炉变压器、整流变压器、调整变压器等。

4．按绕组形式分

（1）双绕组变压器：用于连接电力系统中的两个电压等级。

（2）三绕组变压器：一般用于电力系统区域变电站中，连接三个电压等级。

（3）自耦变电器：用于连接不同电压的电力系统。也可做为普通的升压或降后变压器用。

 物理天地

物理学家：法拉第

法拉第是英国物理学家、化学家，也是著名的自学成才的科学家。1791 年 9 月 22 日萨里郡纽因顿一个贫苦铁匠家庭。因家庭贫困仅上过几年小学，13 岁时便在一家书店里当学徒。由于他爱好科学研究，专心致志，受到英国化学家戴维的赏识，1813 年 3 月由戴维举荐到皇家研究所任实验室助手。这是法拉第一生的转折点，从此他踏上了献身科学研究的道路。1815 年 5 月回到皇家研究所在戴维指导下进行化学研究。法拉第主要从事电学、磁学、磁光学、电化学方面的研究，并在这些领域取得了一系列重大发现。1820 年奥斯特发现电流的磁效应之后，法拉第于 1821 年提出"由磁产生电的大胆设想，并开始了艰苦的探索。1821 年 9 月他发现通电的导线能绕磁铁旋转以及磁体绕载流导体的运动，第一次实现了电磁运动向机械运动的转换，从而建立了电动机的实验室模型。接着经过无数次实验的失败，终于在 1831 年发现了电磁感应定律。这一划时代的伟大发现，使人类掌握了电磁运动相互转变以及机械能和电能相互转变的方法，成为现代发电机、电动机、变压器技术的基础。在电与磁的统一性被证实之后，法拉第决心寻找光与电磁现象的联系。1845 年他发现了原来没有旋光性的重玻璃在强磁场作用下产生旋光性，使偏振光的偏振面发生偏转，此即磁致光效应，成为人类第一次认识到电磁现象与光现象间的关系。法拉第是电磁场理论的奠基人，他首先提出了磁力线、电力线的概念，在电磁感应、电化学、静电感应的研究中进一步深化和发展了力线思想，并第一次提出场的思想，建立了电场法、磁场的概念，否定了超距作用观点。爱因斯坦曾指出，场的思想是法拉第最富有创造性的思想，是自牛顿以来最重要的发现。麦克斯韦正是继承和发展了法拉第的场的思想，为之找到了完美的数学表示形式从而建立了电磁场理论。法拉第对科学坚韧不拔的探索精神，为人类文明进步纯朴无私的献身精神，连同他的杰出的科学贡献，永远为后人敬仰。

尼古拉·特斯拉

尼古拉·特斯拉(Nikola Tesla,1856 年—1943 年),塞尔维亚裔美籍发明家、机械工程师和电机工程师。他被认为是电力商业化的重要推动者,并因主持设计了现代广泛应用的交流电力系统而最为人知。19 世纪末,20 世纪初,他对电力学和磁力学做出了杰出贡献。他的专利和理论工作依据现代交变电流电力系统,包括多相电力分配系统和交流电发电机,帮助了他带起了第二次工业革命。成就是 1882 年,他继爱迪生发明直流电(DC)后不久,发明了"高频率"(15 000 Hz)交流发电机(于 1891 年获得专利),并创立了多项电力传输技术。尼古拉·特斯拉与达·芬奇一并被世界公认为两大旷世奇才,被人们称为交流电之父、无线电之父,他的很多研究成果至今还是美国军方的绝密资料。1943 年 1 月 7 日在纽约人旅馆(The New Yorker Hotel)孤独地死于心脏衰竭,享年 87 岁。特斯拉一生致力于全世界而不是为特定某个国家效力。

第十三章 几何光学

第一节 光的直线传播

学习目标

（1）了解光在同一种均匀介质中沿直线传播。

（2）记住光在真空中的传播速度 $C=3.0\times10^5$ km/s$=3.0\times10^8$ m/s。

（3）能用光的直线传播原理解释影的形成、小孔成像和日食月食的形成。

问题引入

日食、月食和哥伦布的故事：

尽管日食、月食都可以用光的直线传播这一原理来解释。但因这是在遥远的天体上发生的事情，人们对这一现象了解得很晚。不仅很多动物由于少见多怪对此表示惊惶，就连人最初也感到恐惧，归之于迷信，称为"天狗吃日"或"天狗吃月"。相传，意大利航海家哥伦布（1492年）在远航中落难于伊斯帕尼奥拉岛，当地人不给他吃的，正巧，他算定了此时即要发生月食，于是，他把岛上的人召集在一起，告诉他们，如果不供给他食物，上帝会发怒的，上帝要把月亮变黑，夺去你们的光明，这时，月全蚀开始，天空逐渐变黑，最后一片黑暗，岛上的人害怕极了，急忙给哥伦布送来最好的食物，此时，哥伦布对他们说，上帝宽恕了他们，于是月亮逐渐复圆，最后明光满月，岛上的人对哥伦布敬若神明，一直供给他最好的食物。

主要知识

（1）光源：能够发光的物体。

（2）点光源：忽略发光体的大小和形状，保留它的发光性（力学中的质点，理想化）。

（3）光能：光是一种能量，光能可以和其他形式的能量相互转化（使被照物体温度升高，使底片感光、热水器电灯、蜡烛、太阳万物生长靠太阳、光电池）。

（4）光线：用来表示光束的有向直线称为光线，直线的方向表示光束的传播方向，光线实际上不存在，它是细光束的抽象说法（类比：磁感线，电场线）。

（5）实像和虚像

点光源发出的同心光束被反射镜反射或被透射镜折射后，若能会聚在一点，则该会聚点称为实像点；若被反射镜反射或被透射镜折射后光束仍是发散的，但这光束的反向延长线交于一点,则该点称为虚像点。实像点构成的集合称为实像,实像可以用光屏接收,也可以用肉眼直接观察;虚像不能用光屏接收,只能用肉眼观察。

(6) 光在同一种均匀介质中是沿直线传播的

注意前提条件:在同一种介质中,而且是均匀介质。否则,可能发生偏折。如光从空气斜射入水中(不是同一种介质);"海市蜃楼"现象(介质不均匀)。

光的直线传播是一个近似的规律。当障碍物或孔的尺寸和波长可以比拟或者比波长小时,将发生明显的衍射现象,光线将可能偏离原来的传播方向。

例 1 某人身高 1.8 m,沿一直线以 2 m/s 的速度前进,其正前方离地面 5 m 高处有一盏路灯,试求人的影子在水平地面上的移动速度。

解析: 如图 13-1 所示,设人在时间 t 内由开始位置运动到 G 位置,人头部的影子由 D 点运动到 C 点。

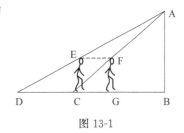

三角形 ABC∽FGC,有 $\dfrac{CF}{FA}=\dfrac{FG}{AB-FG}$

因为三角形 ACD∽AFE,所以有

$\dfrac{CF}{FA}=\dfrac{CD-EF}{EF}$

图 13-1

由以上各式可以得到 $\dfrac{CD-EF}{EF}=\dfrac{FG}{AB-FG}$

即 $\dfrac{S_影-2t}{2t}=\dfrac{1.8}{5-1.8}$ 解得 $S_影=3.125\,t$。

可见影的速度为 3.125 m/s。

第二节   光 的 反 射

学习目标

(1) 理解反射定律的确切含义,并能用来解释光现象和计算有关的问题。

(2) 掌握平面镜成像规律。

问题引入

太阳、电灯、蜡烛等物体发出的光会射到我们的眼睛里,就能看见这些物体了,许多不会发光的物体为什么也能被我们看见呢?水中月,镜中花都是光的反射现象,生活中的反射现象数不胜数,让我们一起来研究光的反射。

主要知识

(一) 什么是光的反射现象

光射到物体表面时传播方向发生改变且回到原介质中的现象。

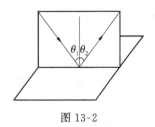

图 13-2

（二）反射定律

光射到两种介质的界面上后返回原介质时,其传播规律遵循反射定律。反射定律的基本内容包含如下三个要点(图 13-2)：

（1）反射光线、法线、入射光线共面。

（2）反射光线与入射光线分居法线两侧。

（3）反射角等于入射角,即 $\theta_1 = \theta_2$。

（三）平面镜成像的特点

平面镜成的像是正立等大的虚像,像与物关于镜面对称。

（四）光路图作法

根据成像的特点,在作光路图时,可以先画像,后补画光路图。

（五）充分利用光路可逆

在平面镜的计算和作图中要充分利用光路可逆(眼睛在某点 A 通过平面镜所能看到的范围和在 A 点放一个点光源,该点光源发出的光经平面镜反射后照亮的范围是完全相同的)。

（六）利用边缘光线作图确定范围

例 1　如图 13-3 所示,画出人眼在 S 处通过平面镜可看到障碍物后地面的范围。

解析：先根据对称性做出人眼的像点 S',再根据光路可逆,设想 S 处有一个点光源,它能通过平面镜照亮的范围就是人眼能通过平面镜看到的范围。图中画出了两条边缘光线。

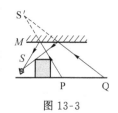

图 13-3

第三节　光 的 折 射

学习目标

（1）了解光的折射现象。

（2）理解光从空气射入水或其他介质中的折射规律。

（3）掌握光的折射定律、折射率。

问题引入

筷子在水中变弯折了;去游泳时,看到清澈见底的湖水,跳下去时才发现很深。想知道是怎么回事吗? 通过本节的学习,就能够解释这些问题。

主要知识

（一）光的折射

光从一种介质斜射入另一介质时传播方向发生偏折，这种现象称为光的折射。

（二）光的折射特点

在遥远的古代科学家们就开始研究光的折射现象了。公元 2 世纪古希腊天文学家托勒密通过实验得到：A. 折射光线跟入射光线和法线在同一平面内；B. 折射光线和入射光线分居在法线的两侧；

如今，可以总结出：

（1）三线共平面，法线居中间；两角不相等，空气中角大。

（2）光折射时光路是可逆的。

德国物理学家开普勒在托勒密的基础上继续有关光的折射的研究，可惜没有得到最终的折射定律。

最后在经历了 1500 年的辛苦探索后，在 1621 年，由荷兰数学家斯涅耳找到了光的折射定律，即入射角和折射角之间的关系。

在折射现象中，入射角增大，折射角也在增大，但是折射角个入射角之间的关系不是简单的正比关系。

（三）光的折射定律

入射角的正弦跟折射角的正弦成正比。$\dfrac{\sin i}{\sin r} = n$

如果用 n 来表示这个比例常数，就有

这就是光的折射定律，也称斯涅耳定律。

（1）折射率 n

光从一种介质射入另一种介质时，虽然入射角的正弦跟折射角的正弦之比为一常数 n，但是对不同的介质来说，这个常数 n 是不同的，如图 13-4 所示。

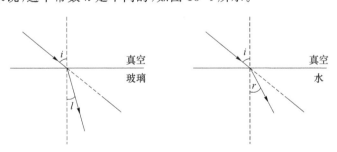

图 13-4

常数 n 是与介质有关的物理量，反映了介质的光学性质，与 i 和 r 无关，对于确定的介质，n 是定值。

物理学把光从真空（空气）射入某种介质发生折射时，入射角 i 的正弦与折射角 r 的正弦比值 n，称为这种介质的折射率。

折射率无单位。

几种常见物质的折射率。

酒精	1.36	金刚石	2.42
玻璃	1.5~1.9	二硫化碳	1.63
水晶	1.55	水	1.33
乙醚	1.35	空气	1.000 28

（2）折射率的意义

不同介质的折射率不同，介质的折射率反映了介质对光的偏折程度。

折射率越大，介质使光偏离原来传播方向的程度就越大。

玻璃的折射率较大，入射角一样时，折射角较小，即光偏离原来传播方向的程度较大。

（3）折射的原因

光在不同介质中的传播速度是不同的。

光从真空射入介质中时，由于传播速度减小，传播方向也要发生偏折，光在介质中的传播速度越小，偏折程度越大。

（4）介质的折射率与光速的关系

理论和实验的研究都证明：某种介质的折射率，等于光在真空中的速度 c 跟光在这种介质中的速度之比。

$$n = \frac{c}{v}$$

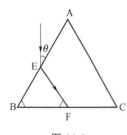

图 13-5

例 1　如图 13-5 所示，有一束平行于等边三棱镜截面 ABC 的单色光从空气射向 E 点，并偏折到 F 点，已知入射方向与边 AB 的夹角为 $\theta=30°$，E、F 分别为边 AB、BC 的中点，则（　　）。

A. 该棱镜的折射率为 $\sqrt{3}$

B. 光在 F 点发生全反射

C. 光从空气进入棱镜，波长变小

D. 从 F 点出射的光束与入射到 E 点的光束平行

解析：在 E 点做出法结线可知入射角为 $60°$，折射角为 $30°$，折射率为 $\sqrt{3}$；由光路的可逆性可知，在 BC 边上的入射角小于临界角，不会发生全反射，B 错；由公式 $\lambda_介 = \frac{\lambda_{空气}}{n}$，可知 C 对；三棱镜两次折射使得光线都向底边偏折，不会与入射到 E 点的光束平行，故 D 错。

例 2　如图 13-6 所示，透明材料做成一长方体形的光学器材，要求从上表面射入的光线可能从右侧面射出，那么所选的材料的折射率应满足（　　）。

A. 折射率必须大于 $\sqrt{2}$

B. 折射率必须小于 $\sqrt{2}$

C. 折射率可取大于 1 的任意值

D. 无论折射率是多大都不可能

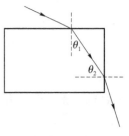

图 13-6

解析：从图 13-6 中可以看出，为使上表面射入的光线经两次折射后从右侧面射出,θ_1 和 θ_2 都必须小于临界角 C,即 $\theta_1 < C$,$\theta_2 < C$,而 $\theta_1 + \theta_2 = 90°$,故 $C > 45°$,$n = 1/\sin C < \sqrt{2}$,选 B 答案。

第四节 全 反 射

学习目标

(1) 知道光疏介质、光密介质、全反射、临界角的概念。

(2) 理解全反射的条件,能计算有关问题和解释相关现象。

(3) 了解光导纤维的工作原理和光导纤维在生产、生活中的应用。

问题引入

光亮的铁球在阳光下很刺眼,将铁球在点燃蜡烛上全部熏黑,然后把它浸没在盛有清水的烧杯中,放在水中的铁球变得比在阳光下更亮。把球取出,熏黑的铁球依然如故,如何来解释这种现象呢? 通过这节课的学习,你将明白其中的奥妙。

主要知识

(一) 光疏介质与光密介质

两种介质相比,光在其中的传播速度较大的称为光疏介质;较小的称为光密介质。

(二) 全反射现象

(1) 现象:光从光密介质进入到光疏介质中时,随着入射角的增加,折射光线远离法线,强度越来越弱,但是反射光线在远离法线的同时强度越来越强,当折射角达到 90° 时,折射光线认为全部消失,只剩下反射光线,这种现象称为全反射。

(2) 条件:①光从光密介质射向光疏介质;② 入射角达到临界角,即 $\theta_1 \geqslant C$。

(3) 临界角:折射角为 90°(发生全发射)时对应的入射角,$\sin C = \dfrac{1}{n}$。

说明:此公式是在光由介质射入空气(或真空)时才成立。

例 1 直角三棱镜的顶角 $\alpha = 15°$,棱镜材料的折射率 $n = 1.5$,一细束单色光如图 13-7 所示垂直于左侧面射入,试用作图法求出该入射光第一次从棱镜中射出的光线。

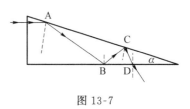

图 13-7

解析:由 $n = 1.5$ 知临界角大于 30° 小于 45°,边画边算可知该光线在射到 A、B、C、D 各点时的入射角依次是 75°、60°、45°、30°,因此在 A、B、C 均发生全反射,到 D 点入射角才第一次小于临界角,所以才第一次有光线从棱镜射出。

(三) 全反射的应用

(1) 全反射棱镜:截面为等腰直角三角形的棱镜,利用全反射改变光的方向。

横截面是等腰直角三角形的棱镜称为全反射棱镜。选择适当的入射点,可以使入射光线

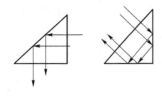

图 13-8

经过全反射棱镜的作用在射出后偏转 90°或 180°(图 13-8),要特别注意两种用法中光线在哪个表面发生全反射。

(2) 光导纤维:由折射率较大的内芯和折射率较小的外套组成,光传播时在内芯与外套的界面上发生全反射。

全反射的一个重要应用就是用于光导纤维(简称光纤)。光纤有内、外两层材料,其中内层是光密介质,外层是光疏介质。光在光纤中传播时,每次射到内、外两层材料的界面,都要求入射角大于临界角,从而发生全反射。这样使从一个端面入射的光,经过多次全反射能够没有损失地全部从另一个端面射出。

例 2 如图 13-9 所示,一条长度为 $L=5.0$ m 的光导纤维用折射率为 $n=\sqrt{2}$ 的材料制成。一细束激光由其左端的中心点以 $\alpha=45°$ 的入射角射入光导纤维内,经过一系列全反射后从右端射出。求:(1)该激光在光导纤维中的速度 v 是多大?(2)该激光在光导纤维中传输所经历的时间是多少?

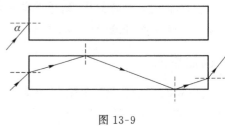

图 13-9

解析:(1) 由 $n=c/v$ 可得 $v=2.1\times10^8$ m/s。

(2) 由 $n=\sin\alpha/\sin r$ 可得光线从左端面射入后的折射角为 30°,射到侧面时的入射角为 60°,大于临界角 45°,因此发生全反射,同理光线每次在侧面都将发生全反射,直到光线达到右端面。由三角关系可以求出光线在光纤中通过的总路程为 $s=2L/\sqrt{3}$,因此该激光在光导纤维中传输所经历的时间是 $t=s/v=2.7\times10^{-8}$ s。

(四) 光的折射和色散

一束白光经过三棱镜折射后形式色散,构成红橙黄绿蓝靛紫的七条彩色光带,形成光谱。光谱的产生表明白光是由各种单色光组成的复色光,各种单色光的偏转角度不同。

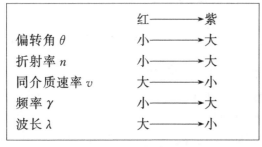

	红————→紫
偏转角 θ	小————→大
折射率 n	小————→大
同介质速率 v	大————→小
频率 γ	小————→大
波长 λ	大————→小

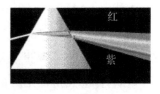

图 13-10

 物理天地

光速的测定

法国物理学家斐索是第一个不借助天文观察来测量光速的人。他采用旋转齿轮的方法测定光速为 342 539.21 km/s,这个数值与当时公认的数值相差甚小。傅科采用了旋转平面镜的方法,测得光速为 2.98×10^8 m/s,并分析实验误差不可能超过 5×10^5 m/s。他还发现光速在水中比在空气中小,证明了波动说的观点是正确的。迈克耳孙继承了博科的实验思想,用旋转八面棱镜法测得了准确的光速值 299 796 km/s。

汽车反光膜

汽车的反光膜是利用光学原理,能把光线逆反射回到光源处的一种特殊结构的 PVC 膜。由耐候性能良好的薄膜层,微小玻璃珠层,聚焦层,反射层,粘胶层及剥离层构成。由于反射是微小玻璃珠层在起作用,所以在较大的角度范围内反射率相差不大。但是微小玻璃珠反射回来的光是发散的,发散的光再通过聚焦层聚焦,然后反射回光源处。聚焦层是又无数个微小的凸透镜组成。

光导纤维

直到 1960 年,美国科学家 Maiman 发明了世界上第一台激光器后,为光通信提供了良好的光源。随后二十多年,人们对光传输介质进行了攻关,终于制成了低损耗光纤,从而奠定了光通信的基石。从此,光通信进入了飞速发展的阶段。

前香港中文大学校长高锟于 1965 年在一篇论文中提出以石英基玻璃纤维作长程信息传递,将带来一场通信业的革命,并提出当玻璃纤维损耗率下降到 20 分贝/公里时,光导纤维通信(即现在所谓的光纤通信)就会成功。引发了光导纤维的研发热潮,1970 年康宁公司最先发明并制造出世界第一根可用于光通信的光纤,使光纤通信得以广泛应用。被视为光纤通信的里程碑之一,高锟也因此被国际公认为"光纤之父",高锟也因此获得 2009 年诺贝尔物理学奖。

彩虹

彩虹,又称天虹,简称为"虹",是气象中的一种光学现象。当太阳光照射到空气中的水滴,光线被折射及反射,在天空上形成拱形的七彩光谱,雨后常见。形状弯曲,通常为半圆状。色彩艳丽。东亚、中国对于七色光的最普遍说法(按波长从大到小排序):红、橙、黄、绿、蓝、靛、紫。很多时候会见到两条彩虹同时出现,在平常的彩虹外边出现同心,但较暗的副虹(又称"霓")。副虹是阳光在水滴中经两次反射而成。当阳光经过水滴时,它会被折射、反射后再折射出来。在水滴内经过一次反射的光线,便形成人们常见的彩虹(主虹)。若光线在水滴内进行了两次反射,便会产生第二道彩虹(霓)。

第十四章　光　的　本　性

第一节　光的干涉与衍射

学习目标

（1）了解有关光的本性的认识发展过程；知道牛顿代表的微粒、惠更斯的波动说一直到光的波粒二象性这一人类认识光的本性的历程。

（2）理解光现象及其产生的条件；知道双缝干涉的装置、干涉原理及干涉条纹的宽度特征，会用肥皂膜观察薄膜干涉现象。

（3）理解光的衍射；知道光的衍射现象及观察明显衍射现象的条件，知道单缝衍射的条纹与双缝干涉条纹之间的特征区别。

问题引入

由机械波的干涉现象引入：什么是干涉现象，稳定的干涉现象有什么特征，一切波都能发生干涉现象，干涉是波特有的现象，要得到稳定干涉现象需是相干波源。

主要知识

在学习机械波时我们知道，干涉和衍射是波的基本特征，那么，波的干涉需要什么条件呢？

两列波发生干涉是有条件的，只有两列频率相同的波相互叠加，才可使某些区域振动加强，某些区域振动减弱，并且振动加强和振动减弱的区域相互间隔。

那么如果是两列光波，选用频率相同的波，例如：两个波源均用红色激光光源，让它们同时照射到某个区域，该区域有明暗相间的干涉条纹吗？

没有，由于光波很短，任何两个独立的光源发出的光相叠加均不能产生干涉现象，只有利用特殊的方法从同一光波分离出两列光波，才能保证两列波的振动是完全相同的，才能发生干涉现象。

目前学习的干涉有两种：一种是双缝干涉，另一种是薄膜干涉。这两种均是利用"分光"的方法而获得的相干波源。

（一）双缝干涉

双缝干涉实验是怎样获得相干波源的？

让一束单色光（例如红光）投到一个有孔的屏上，如图 14-1 所示，这个小孔就成了一个"点光源"。光从小孔出来后,就射到第二个屏的两个小孔上,这两个小孔离得很近,约为 0.1 mm,而且与前有关小孔的距离相等,这样在任何时刻从前一个小孔发出的光波都会同时传到这两个小孔,这两个小孔就成了两个振动情况总是相同的波源。

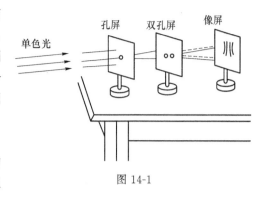

图 14-1

那么,明暗相间的条纹又是怎样形成的呢?

对照机械波的情况,如果两列波在相叠加的区域传播的路程差为一个波长的整数倍时,该区域的振动就加强,如果两列波在叠加区域传播的路程差为半波长的奇数倍时,该区域的振动就减弱。

如图 14-2 所示,甲图中 P 点在 S_1S_2 的中垂线上,所以,两列波的路程差 $\triangle s=0$。所以,振动被加强,为明条纹。

乙图中,在 P 点上方的 P_1 点,屏上与狭缝 S_1、S_2 的路程差 $\Delta s=\lambda$ 又出现明条纹。

丙图中,在 P_1 点的上方还可以找到 $\Delta s=2\lambda$ 的 P_2 点,在该点上方还能找到路程差为 3λ、4λ…的点,在这些地方振动均被加强。同样,在 P 点的下方也能找到路程差为 λ、2λ、3λ…的点。

如图 14-3 所示,在甲图中,在 P 与 P_1 之间一定有一个 Q_1 点,S_1、S_2 点到该点的路程差为 $\lambda/2$,该点为振动减弱的点,同理,无论在 P 点的上方还是在 P 点的下方均能找到路程差为半波长的奇数倍的点,这些点均为暗条纹,这样就形成了明暗相间的条纹。

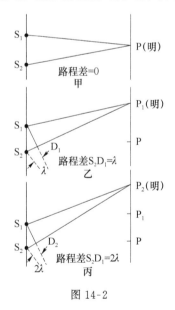

图 14-2

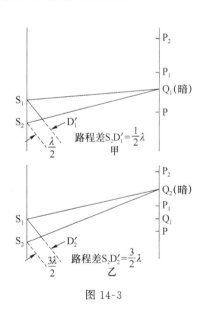

图 14-3

白光的干涉条纹,为什么中间条纹为白色,而中央亮条纹的边缘出现了色彩?

这是因为白光是由不同颜色的单色光复合而成的,而不同色光的波长不同,在狭缝间的距离和狭缝与屏的距离不变的条件下,光波的波长越长,各条纹之间的距离越大,条纹间距与光波的波长成正比。各色光在双缝的中垂线上均为亮条纹,故各色光重合,为白色。各色光产生的条纹宽度不同,所以,中央亮条纹的边缘处出现了彩色条纹。

刚才提到在狭缝间的距离和狭缝与屏的距离不变的条件下,如果假设其他条件不变,将像屏稍微向双缝屏移动或远离双缝屏移动,像屏上的条纹是不是就模糊不清了呢?

像屏上仍有清晰的干涉条纹,因为仍可以在像屏上找到两列波的路程差为 0、λ、2λ、3λ…$n\lambda$ 的点,也仍可找到两列波的路程差为 $\lambda/2$、$3\lambda/2$…$(2n-1)\lambda/2$ 的点。

(二) 薄膜干涉

下面对薄膜干涉再提几个问题,第一,薄膜干涉是由哪两列波叠加而产生的?

当光这时到薄膜上时,光从薄膜的前后(或上下)两个表面反射回来,形成两列波,由于它们是从同一光源发出的,这两列波的波长和振动情况相同,为两列相干光波。

将肥皂膜竖直放在点燃的洒有钠盐的酒精灯附近,这时你看到的干涉条纹是什么样的?为什么形成这样的条纹?

我们看到的干涉条纹基本上是水平的明暗相间的黄色条纹。呈现黄色是因为酒精灯火焰中放入了钠盐,呈基本水平的条纹是因为,肥皂膜竖直放置,由于重力的作用肥皂膜形成了上薄下厚的楔形,在薄膜的某些地方,前后表面反射光出来恰好是波峰与波峰叠加或波谷与波谷叠加,使光的振动加强,形成黄色的亮条纹;在另外一些地方,两列反射光恰好是波峰与波谷叠加,使光的振动相抵消,形成暗条纹。由于楔形表面的同一厚度基本在一水平线上,所以,我们看到的干涉条纹基本是水平的。

薄膜干涉在技术上有哪些应用?

(1) 利用光的干涉可以检验光学玻璃表面是否平。

(2) 现代光学仪器的镜头往往镀一层透明的氟化镁表面。

为什么要在镜头上涂一层氟化镁薄膜呢? 它怎么起到增加透射光的作用呢?

现代光学装置,如摄像机、电影放映机的镜头,都是由多个透镜或棱镜组成的,进入这些装置的光,在每个镜面上都有 $10\%\sim20\%$ 的光被反射,如果一个装置中有 5 个透镜或棱镜,那么将会有 50% 的光被反射,若在镜的表面涂上一层增透膜,就可大大减少了光的反射,增强光的透射强度,提高成像质量。

氟化镁薄膜应镀多厚? 为什么? 镀了膜的光学器件与未镀膜的光学器件在外表上有什么区别? 为什么?

氟化镁薄膜的厚度应为光在氟化镁中波长的 $1/4$,两个表面的反射光的路程差为半波长的奇数倍时,两列反射光相互抵消。所以,膜厚为光在氟化镁中波长的 $1/4$,是最薄的膜。

镀了膜的光学器件与未镀膜的光学器件在外表上是有区别的。镀膜的光学器件呈淡紫色,因为在通常情况下,入射光为白光,增透膜只能使一定波长的光反射时相互抵消,不可能使白光中所有波长的光反射时抵消。在选增透膜时,一般是使对人眼灵敏的绿光在垂直入射时相互抵消,这时光谱边缘部分的红光和紫光并没有相互抵消,因此涂有增透膜的光学器件呈淡紫色。

(三) 光的衍射

光的波动性的另一个特征就是光的衍射现象,我们知道,光的衍射是光离开直线路径绕到障碍物阴影里的现象。那么我们平时为什么不易见到光的衍射呢?

因为光的波长很短,只有十分之几微米,而平时障碍物或孔的尺寸远大于光的波长,所以不易见到光的衍射。

实验:在不透明的屏上装有一个宽度可调的单缝,用氦氖激光光源照射,在缝的后面适当位置放一个屏,当单缝较宽时,光沿着直线方向通过缝,在光屏上可以看到一条跟缝宽度相当的亮线;把单缝宽度调小一些,可以看到屏上亮线的宽度也随之减小。而单缝的宽度调得很窄时,光通过单缝后就明显地偏离了直线传播的方向,照到屏上相当宽的地方,并且出现了明暗相间的条纹,再调小缝宽,明暗相间的条纹也随之变得清晰、细小。这个实验说明了什么?

说明以往我们所说的光沿直线传播只是一种近似的规律,只有在光的波长比障碍物小得多的情况下,光才可以看作是直进的。在障碍物的尺寸可以跟光的波长相比甚至比光的波长还小的时候,衍射现象就变得十分明显了。所以,障碍物或孔的大小可以与光的波长相比或比光波的波长还小就是光产生明显的衍射现象的条件。

光波发生干涉现象时产生干涉条纹,光波发生衍射现象时产生衍射条纹,那么,干涉和衍射本质上有什么相同和不同之处吗?双缝干涉条纹与单缝衍射条纹有什么区别呢?

干涉和衍射本质上都是光波的叠加,都证明了光的波动性,但两者有所不同。首先干涉是两列相干光源发出的两列光波的叠加;衍射是许多束光的叠加。稳定的干涉现象必须是两列相干波源,而衍射的发生无须此条件,只是,当障碍物或孔与光的波长差不多或还要小的时候,衍射才明显。干涉和衍射的图样也不同,以双缝干涉和单缝衍射的条纹为例,干涉图样由等间距排列的明暗相间的条纹(或彩色条纹)组成,衍射图样是由不等距的明暗相间(中央亮条纹最宽)的条纹或光环(中央为亮斑)组成。

例1 一束白光在真空中通过双缝后在屏上观察到的干涉条纹,除中央白色亮纹外,两侧还有彩色条纹,其原因是( )。

A. 各色光的波长不同,因而各色光分别产生的干涉条纹的间距不同

B. 各色光的速度不同,因而各色光分别产生的干涉条纹的间距不同

C. 各色光的强度不同,因而各色光分别产生的干涉条纹的间距不同

D. 上述说法都不正确

解析:白光包含各种颜色的光,它们的波长不同,在相同条件下做双缝干涉实验时,它们的干涉条纹间距不同,所以在中央亮条纹两侧出现彩色条纹,A 正确。

例2 对于光的衍射的定性分析,下列说法中不正确的是( )。

A. 只有障碍物或孔的尺寸可以跟光波波长相比甚至比光的波长还要小的时候,才能明显地产生光的衍射现象

B. 光的衍射现象是光波相互叠加的结果

C. 光的衍射现象否定了光的直线传播的结论

D. 光的衍射现象说明了光具有波动性

解析:光的干涉和衍射现象说明了光具有波动性,而小孔成像说明了光沿直线传播,而要出现小孔成像现象,孔不能太小,可见光的直线传播规律只是近似的,只有在光波波长比障碍物小得多的情况下,光才可以看成是直线传播的,所以光的衍射现象和直线传播并不矛盾,它们是在不同条件下出现的两种光现象,单缝衍射实验中单缝光源可以看成是无限多个光源排列而成,因此光的衍射现象也是光波相互叠加的结果。

答案:C。

例 3 如图 14-4 所示,在双缝干涉实验中,S_1 和 S_2 为双缝,P 是光屏上的一点,已知 P 点与 S_1、S_2 距离之差为 2.1×10^{-6} m,分别用 A、B 两种单色光在空气中做双缝干涉实验,问 P 点是亮条纹还是暗条纹?

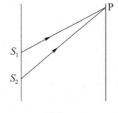

图 14-4

(1) 已知 A 光在折射率为 1.5 的介质中波长为 4×10^{-7} m;

(2) 已知 B 光在某种介质中波长为 3.15×10^{-7} m,当 B 光从这种质射向空气时,临界角为 $37°$;

(3) 若让 A 光照射 S_1,B 光照射 S_2,试分析光屏上能观察到的现象。

解析:(1) 设 A 光在空气中波长为 λ_1,在介质中波长为 λ_2,由 $n=\dfrac{c}{v}=\dfrac{\lambda_1}{\lambda_2}$,得 $\lambda_1=n\lambda_2=$

$1.5\times4\times10^{-7}$ m$=6\times10^{-7}$ m

根据路程差 $\Delta r=2.1\times10^{-6}$ m,所以 $N_1=\dfrac{\Delta r}{\lambda_1}=\dfrac{2.1\times10^{-6}}{6\times10^{-7}}=3.5$

由此可知,从 S_1 和 S_2 到 P 点的路程差是波长 λ_1 的 3.5 倍,所以 P 点为暗条纹。

(2) 根据临界角与折射率的关系 $\sin C=\dfrac{1}{n}$ 得 $n=\dfrac{1}{\sin 37°}=\dfrac{5}{3}$

由此可知,B 光在空气中波长 λ_3 为

$\lambda_3=n\lambda_介=\dfrac{5}{3}\times3.15\times10^{-7}$ m$=5.25\times10^{-7}$ m

路程差 Δr 和波长 λ_3 的关系为 $N_2=\dfrac{\Delta r}{\lambda_3}=\dfrac{2.1\times10^{-6}}{5.25\times10^{-7}}=4$

可见,用 B 光做光源,P 点为亮条纹。

(3) 若让 A 光和 B 光分别照射 S_1 和 S_2,这时既不能发生干涉,也不发生衍射,此时在光屏上只能观察到亮光。

答案:(1)暗条纹;(2)亮条纹;(3)略。

第二节 光的电磁本性

学习目标

(1) 了解光的电磁说的内容及其建立过程。

(2) 理解可见光是一定频率范围的电磁波。

(3) 了解红外线、紫外线、X 射线、γ 射线等不同频率的电磁波的特点及应用。

(4) 了解电磁波谱。

问题引入

(1) 用紫外线照射钱币时会看到平时看不到的字样,用来辨别钱币的真伪。

(2) 在伸手不见五指的漆黑的夜晚,响尾蛇不仅能够看见猎物,而且还能准确的捕捉猎物!

主要知识

(一) 光的电磁说

光的干涉、衍射现象证实光是一种波,但是,光波跟声波有明显的区别。光可以像机械波一样,在气体、液体或固体中传播,但光也可以在真空中传播,这是机械波无法做到的,并且光的传播速度比机械波的速度大得多。可见,光不是机械波。那么,光是一种什么波呢?

1. 光的电磁说的形成

英国物理学家麦克斯韦研究电磁波时,发现电磁波在真空中的传播速度跟光速相同。在这些研究的基础上,他明确提出"光是一种电磁波"的假说,这就是光的电磁说。

后来,德国物理学家赫兹于 1888 年用实验证实了麦克斯韦的预言,并证明电磁波和光波一样,也能发生反射、折射、干涉和衍射等现象,只是不同的电磁波具有不同的波长。

2. 光的电磁说

光本质上是一种电磁波。

光的电磁说的依据如下:

(1) 光和电磁波的传播速度相同,在真空中的速度都是 $C = 3 \times 10^8 \, \text{m/s}$。

(2) 传播时都不需要介质。

(3) 都具有波动性,具有反射、干涉、衍射等现象,都是横波。

光是电磁波,但并不是所有电磁波都能引起视觉,进入人眼能引起视觉的电磁波只是一个很窄的波段,这部分电磁波称为可见光。在可见光波范围以外,还存在着大量的看不见的射线,如红外线、紫外线、伦琴射线等,它们也是电磁波。

(二) 电磁波谱

1. 红外线

红外线的产生:一切物体(包括大地、人体、农作物和车船)都在不停地辐射红外线,物体的温度越高,辐射的红外线越强(波长越短),红外线是辐射,是热传递的方式之一。

(真空中)波长:$770 \, \text{nm} \sim 10^6 \, \text{nm}$。

显著作用:热作用。

重要应用:

(1) 红外线加热,这种加热方式优点是能使物体内部发热,加热效率高,效果好。

(2) 红外摄影,(远距离摄影、高空摄影、卫星地面摄影)这种摄影不受白天黑夜的限制。

(3) 红外线成像(夜视仪)可以在漆黑的夜间能看见目标。

(4) 红外遥感,可以在飞机或卫星上勘测地热,寻找水源、监测森林火情,估计农作物的长势和收成,预报台风、寒潮。

红外线检视器是利用红外线能穿透颜料的特性,揭示颜料层下隐藏的资料。利用红外线发射器、接收器及屏幕显示器,油画上炭笔初稿及已往曾经进行过的修复工作都能一一呈现于眼前。

红外线卫星云图显示 1999 年 9 月 16 日台风约克于清晨靠近香港时,中心的风眼清晰可见。

2. 紫外线

紫外线的产生:一切高温物体发出的光中都含有紫外线。有的仪器是专门发射紫外线的,可以进行防伪检测。

(真空中)波长:5 nm～400 nm。

显著作用:化学作用、荧光效应、杀菌消毒。

重要应用:

(1) 紫外照相,可辨别出很细微差别,如可以清晰地分辨出留在纸上的指纹。

(2) 照明和诱杀害虫的日光灯、黑光灯。

(3) 医院里病房和手术室的消毒。

(4) 治疗皮肤病、软骨病。

3. 伦琴射线

1895 年德国物理学家伦琴在研究阴极射线的性质时,发现阴极射线(高速电子流)射到玻璃壁上,管壁会发出一种看不见的射线,伦琴把它称为 X 射线。它的显著作用:穿透本领强。

重要应用:

① 工业上金属探伤;

② 医疗上透视人体。

4. γ 射线、无线电波

X 射线的"外边"——γ 射线

红外线的"外边"——无线电波

5. 电磁波谱将不同的电磁波按频率由低到高(波长由长到短)排成一列,构成电磁波谱,其顺序为无线电波,微波,红外线,可见光,紫外线,X 射线,γ 射线。从无线电波到 γ 射线,都是本质相同的电磁波,它们的行为服从共同的规律,另一方面由频率或波长的不同而又表现出不同的特性,如波长越长的无线电波,很容易表现出干涉、衍射等现象,随波长越来越短的可见光、紫外线、X 射线、γ 射线要观察到它们的干涉、衍射现象,就越来越困难了。

表 14-1　电磁波谱的排列、产生机理、特性、用途

波谱	无线电波	红外线	可见光	紫外线	X 射线	Y 射线
波长	长————————————————→短					
频率	低————————————————→高					
产生机理	振荡电路	原子外层电子受激发			原子内层电子受激发	原子核受激发
主要特性	波动性强	热效应	引起视觉	荧光效应	贯穿强	贯穿最强
应用	无线电技术	加热、遥感	照明、摄影	日光灯、杀菌消毒	检查探测,医用透视	工业探伤医用治疗

例 1　关于电磁波谱,下列说法中正确的是(　　　)。

A. γ 射线的频率一定大于 X 射线的频率

B. 紫外线的波长一定小于红外线的波长

C. 若某紫外线能使一金属发生光电效应,则所有的 X 射线均可使该金属发生光电效应

D. 紫外线光子的能量较大,它是原子内层电子受激发而产生的

解析:由电磁波谱中的频率关系可知:γ 射线的频率不一定大于 X 射线的频率,而紫外线的频率一定高于红外线的频率,所以,紫外线的波长一定小于红外线波长,紫外线的频率不一定低于 X 射线的频率,即紫外线光子的能量不一定比 X 射线光子的能量低。紫外线是由原子外层电子受激发而产生的。所以本题中只有 B 选项正确。

第三节　光电效应　波粒二象性

学习目标

(1) 知道什么是光电效应,理解光电效应的实验规律。

(2) 会利用光电效应方程计算逸出功、截止频率、最大初动能等物理量。

(3) 知道光的波粒二象性,知道物质波的概念。

问题引入

光一直被认为是最小的物质,虽然它是个最特殊的物质,但可以说探索光的本性也就等于探索物质的本性。历史上,整个物理学正是围绕着物质究竟是波还是粒子而展开的。

1882 年,德国天文学家夫琅和费首次用光栅研究了光的衍射现象。在他之后,德国另一位物理学家施维尔德根据新的光波学说,对光通过光栅后的衍射现象进行了成功的解释。

19 世纪中后期,在光的波动说与微粒说的论战中,波动说已经取得了决定性胜利。但人们在为光波寻找载体时所遇到的困难,却预示了波动说所面临的危机。

主要知识

(一) 基本概念

(1) 光电效应:金属及其化合物在光(包括不可见光)的照射下,释放电子的现象称为光电效应。

(2) 光电子:在光电效应现象中释放出的电子称为光电子。

(3) 光电流:在光电效应现象中释放出的光电子在外电路中运动形成的电流称为光电流。

(二) 光电效应的规律

(1) 任何一种金属,都有一个极限频率(又称红限,以 γ_0 表示),入射光的频率低于这个频率就不能发生光电效应。

(2) 光电子的最大初动能($E_{km} = \frac{1}{2}mv_m^2$)跟入射光的强度无关,只随入射光的频率的增大而增大。

(3) 从光开始照射,到释放出光电子,整个过程所需时间小于 3×10^{-9} s。

（4）当发生光电效应时，单位时间、单位面积上发射出的光电子数跟入射光的频率无关，跟入射光的强度成正比。

（三）光子说（爱因斯坦）

在空间传播的光是不连续的，而是一份一份的，每一份称为一个光子。

每个光子所具有的能量跟它的频率成正比，写作为

$$E = h\upsilon \quad 或 \quad E = h\frac{c}{\lambda}$$

式中：υ——光的频率；

λ——光的波长；

c——光在真空中的速度；

h——普朗克恒量，等于 6.63×10^{-34} J·S。

（四）实验和应用

（1）如图 14-5 所示，紫外线（或弧光灯的弧光中的紫外线）照射表面洁净的锌板，使锌板释放电子，从而使锌板、验电器带正电、验电器的指针发生偏转。

（2）光电管。如图 14-6 所示，光电管是光电效应在技术上的一种应用。它可以把光信号转变为电信号。

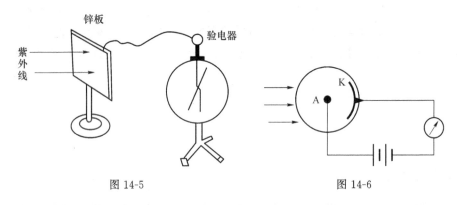

图 14-5   图 14-6

（五）爱因斯坦光电效应方程

（1）光子说：空间传播的光的能量是不连续的，是一份一份的，每一份称为一个光子。光子的能量为 $E = h\nu$，其中 h 是普朗克常量，其值为 6.63×10^{-34} J·s。

（2）光电效应方程：$E_k = h\nu - W_0$

式中，$h\nu$ 为入射光的能量，E_k 为光电子的最大初动能，W_0 是金属的逸出功。

（六）遏止电压与截止频率

（1）遏止电压：使光电流减小到零的反向电压 U_c。

（2）截止频率：能使某种金属发生光电效应的最小频率称为该种金属的截止频率（又称极限频率）。不同的金属对应着不同的极限频率。

（3）逸出功：电子从金属中逸出所需做功的最小值，称为该金属的逸出功。

（七）光的波粒二象性与物质波

1. 光的波粒二象性

（1）光的干涉、衍射、偏振现象证明光具有波动性。

（2）光电效应说明光具有粒子性。

（3）光既具有波动性，又具有粒子性，称为光的波粒二象性。

2. 物质波

（1）概率波

光的干涉现象是大量光子的运动遵守波动规律的表现，亮条纹是光子到达概率大的地方，暗条纹是光子到达概率小的地方，因此光波又称概率波。

（2）物质波

任何一个运动着的物体，小到微观粒子大到宏观物体都有一种波与它对应，其波长 $\lambda = \dfrac{h}{p}$，p 为运动物体的动量，h 为普朗克常量。

（八）光的本性的认识

1. 光的本性的认识过程

17 世纪的两种对立学说：牛顿的微粒说——光是实物粒子。

惠更斯的波动说——光是机械波。

19 世纪的两种学说：麦克斯韦（理论上）、赫兹（实验证实）——光是电磁波、光的波动理论。

爱因斯坦（光子说）、密立根（实验证实）——光是光子、光具有粒子性。

（2）光的波粒二象性。光既具有粒子性又具有波动性，两种相互矛盾的性质在光子身上得到了统一。

光在传播过程中，主要表现为波动性；大量光子表现出来的是波动性。而当光与物质相互作用时，主要表现为粒子性；少量光子表现出来的是粒子性。

例 1　某金属在一束绿光照射下，正好有电子逸出，在下述情况下逸出电子的多少和光电子的最大初动会发生什么变化？

（1）增大光强而不改变光的频率；

（2）用一束强度更大的红光代替绿光；

（3）用强度相同的紫光代替绿光。

解析：题目说正好有电子逸出，就是说绿光的频率正好等于这金属的极限频率。即

$$v_绿 = v_0$$

（1）增大光强而不改变光的频率，就意味着单位时间内入射到单位面积上的光子数增大，而每个光子的能量不变，因此逸出的光电子的初动能不变，而逸出的光电子数增多。

（2）虽然红光的强度更大，这仅仅意味着单位时间内入射到单位面积上的光子数增加得更多，但是每个红光的光子频率小于绿光的频率，也就是小于这一金属的极限频率，不能发生光电效应，故而无新电子逸出。

（3）紫光光子的能量大于绿光光子的能量,这两束光的强度相同,意味着单位时间内入射到单位面积上紫光的光子数小于绿光的光子数,因此金属表面逸出的光电子数减少,而逸出的光电子的最大初动能将增大。

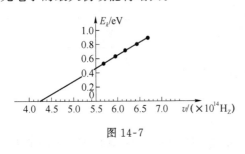

图 14-7

例 2 如图 14-7 所示是用光照射某种金属时逸出的光电子的最大初动能随入射光频率的变化图线（直线与横轴的交点坐标为 4.27,与纵轴交点坐标为 0.5）。由图可知（　　）。

A. 该金属的截止频率为 4.27×10^{14} Hz

B. 该金属的截止频率为 5.5×10^{14} Hz

C. 该图线的斜率表示普朗克常量

D. 该金属的逸出功为 0.5 eV

解析: 图线在横轴上的截距为截止频率,A 正确,B 错误;由光电效应方程 $E_k = h\nu - W_0$ 可知图线的斜率为普朗克常量,C 正确;金属的逸出功为 $W_0 = h\nu_c = \dfrac{6.63 \times 10^{-34} \times 4.27 \times 10^{14}}{1.6 \times 10^{-19}}$ eV=1.77 eV,D 错误。

答案: AC。

 物理天地

镀膜玻璃

镀膜玻璃按产品的不同特性,可分为以下几类:热反射玻璃、低辐射玻璃（Low-E）、导电膜玻璃等。热反射玻璃一般是在玻璃表面镀一层或多层诸如铬、钛或不锈钢等金属或其化合物组成的薄膜,使产品呈丰富的色彩,对于可见光有适当的透射率,对红外线有较高的反射率,对紫外线有较高吸收率,因此,也称为阳光控制玻璃,主要用于建筑和玻璃幕墙;低辐射玻璃是在玻璃表面镀由多层银、铜或锡等金属或其化合物组成的薄膜系,产品对可见光有较高的透射率,对红外线有很高的反射率,具有良好的隔热性能,主要用于建筑和汽车、船舶等交通工具,由于膜层强度较差,一般都制成中空玻璃使用;导电膜玻璃是在玻璃表面涂敷氧化铟锡等导电薄膜,可用于玻璃的加热、除霜、除雾以及用作液晶显示屏等。

增透膜（减反膜）

光学仪器中,光学元件表面的反射,不仅影响光学元件的通光能量;而且这些反射光还会在仪器中形成杂散光,影响光学仪器的成像质量。为了解决这些问题,通常在光学元件的表面镀上一定厚度的单层或多层膜,目的是为了减小元件表面的反射光,这样的膜称为光学增透膜（或减反膜）。当膜的厚度 $d = (2k+1)\dfrac{1}{4}\lambda$,则光线①和②重合时,出现干涉相消,从而减弱反射光的强度,增加透射光的强度,起到增透的作用。当然,要满足光线①和②的重合,必须要求光线垂直入射,所以,增透膜在光线垂直入射时效果最好,入射角很小时增透膜也有一定的增透作用,但不如垂直入射时效果好。

偏振及其应用

偏振是指横波的振动矢量（垂直于波的传播方向）偏于某些方向的现象。纵波只沿着与波一致的方向振动，所以没有偏振。

偏光式 3D 技术普遍用于商业影院和其他高端应用，它是偏振光的典型应用。在技术方式上和快门式是一样的，其不同的是被动接收所以也被称为属于被动式 3D 技术，辅助设备方面的成本较低，但对输出设备的要求较高，所以非常适合商业影院等需要众多观众的场所使用。不闪式就是利用此原理。

立体感产生的主要原因是左右眼看到的画面不同，左右眼位置不同所以画面会有一些差异。拍摄立体图像时就是用两个镜头一左一右。然后左边镜头的影像经过一个横偏振片过滤，得到横偏振光，右边镜头的影像经过一个纵偏振片过滤，得到纵偏振光。

立体眼镜的左眼和右眼分别装上横偏振片和纵偏振片，横偏振光只能通过横偏振片，纵偏振光只能通过纵偏振片。这样就保证了左边相机拍摄的东西只能进入左眼，右边相机拍摄到的东西只能进入右眼，于是乎就立体了。

第十五章　原子物理

第一节　原子的核式结构

学习目标

(1) 了解原子的定义、构成、原子的结构模型及其中量的关系。

(2) 原子结构模型的历史发展过程。

(3) 能够进行相关知识应用。

问题引入

生活中,我们会看到很多的东西,大到无限的宇宙,小到一块黑板、一支铅笔。那么这些东西是由什么构成的呢?

19 世纪末到 20 世纪 30 年代,对于电子、光谱的深入研究以及放射性现象、中子、质子的发现,引起物理观念的重大变革,创立了新的理论,导致人们对原子和原子核认识的升华。

主要知识

原子的结构是什么样子的。凡是提到一种物质或者一件东西,就像我们去认识一个人一样。首先要知道他叫什么名字,他的相貌、五官以及他的生活方式和生活规律一样。下面对原子也要展开剖析。

(一) 原子的定义

原子是化学变化中的最小粒子。由原子直接构成的物质有:金属、稀有气体、C 和 Si 等。

公元前 5 世纪,古希腊哲学家德谟克利特提出古代原子学说,他认为万物都是由不可分割的原子构成的。

1803 年,英国科学家道尔顿在德谟克利特的基础上作了进一步的完善,提出了近代原子学说。他补充了两点,说原子不能被创造也不能被毁灭;原子在化学变化中保持本性不变。这就是道尔顿模型,又称"原子球模型"。

1904 年,J. J. Thomson 提出原子中还存在着电子,为保持原子呈电中性,原子中不可避免应该是分布着带正电的微粒,电子镶嵌其中。形象得称为"葡萄干面包式"或"枣糕模型"。

1911 年,卢瑟福做了著名的 α 粒子散射实验。简单得说,α 粒子就相当于一个氦的原子核,当它轰击金箔时,有三种情况:(1) 大多数的粒子畅通无阻得通过了,说明原子核周围有大量的空间存在。

（2）极少数粒子发生偏转,同性相斥,证明原子核带正电。

（3）还有的是笔直得弹回,说明原子核的质量很大。如图 15-1 所示,所以说,卢瑟福的成就很伟大,他被称为近代原子核物理学之父。他还特别愿意分享,他的学生或者助手中获得诺贝尔奖的是最多的。

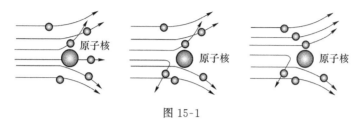

图 15-1

卢瑟福设计的巧妙的实验,他把铀、镭等放射性元素放在一个铅制的容器里,在铅容器上只留一个小孔。由于铅能挡住放射线,所以只有一小部分射线从小孔中射出来,成一束很窄的放射线。卢瑟福在放射线束附近放了一块很强的磁铁,结果发现有一种射线不受磁铁的影响,保持直线行进。第二种射线受磁铁的影响,偏向一边,但偏转得不厉害。第三种射线偏转得很厉害。

卢瑟福检验了在他学生的实验中反射回来的确是 α 粒子后,又仔细地测量了反射回来的 α 粒子的总数。测量表明,在他们的实验条件下,每入射约八千个 α 粒子就有一个 α 粒子被反射回来。用汤姆逊的实心带电球原子模型和带电粒子的散射理论只能解释 α 粒子的小角散射,但对大角度散射无法解释。多次散射可以得到大角度的散射,但计算结果表明,多次散射的概率极其微小,和上述八千个 α 粒子就有一个反射回来的观察结果相差太远。

汤姆逊原子模型不能解释 α 粒子散射,卢瑟福经过仔细的计算和比较,发现只有假设正电荷都集中在一个很小的区域内,α 粒子穿过单个原子时,才有可能发生大角度的散射。也就是说,原子的正电荷必须集中在原子中心的一个很小的核内。在这个假设的基础上,卢瑟福进一步计算了 α 散射时的一些规律,并且作了一些推论。这些推论很快就被盖革和马斯登的一系列漂亮的实验所证实,如图 15-2 所示。

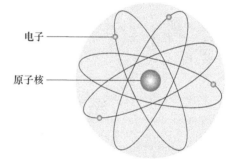

图 15-2

（二）原子结构

原子是由原子核及核外围绕原子核高速运动的电子组成。

$$原子结构\begin{cases}核外电子（-）（每个电子带 1 个负电荷）\\原子核（+）\begin{cases}质子（每个质子带 1 个正电荷）\\中子（不带电）\end{cases}夸克\end{cases}$$

（三）原子的结构模型中量的关系？

原子的质量和体积都很小。原子的半径一般在 10^{-10} 数量级,大多数的原子质量在 10^{-26} 千克数量级。原子中的电子的质量在整个原子质量中所占的比重极小,几乎可以忽略不计,原子的质量主要集中在原子核上。因此,原子的相对原子质量≈质子数＋中子数。

根据原子组成的各微粒的带电性,可以得出:在原子中,核外电子数＝质子数＝核电荷数。

思考并填空

原子是由居于原子中心的_____和核外_____构成,由于原子核所带的电量和核外电子的电量_____、电性_____,因此整个原子_____电性。不同种类的原子,它们原子所含的_____数不同。

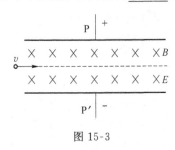

图 15-3

例 1 汤姆孙 1897 年用阴极射线管测量了电子的比荷(电子电荷量与质量之比),其实验原理如图 15-3 所示。电子流平行于极板射入,极板 P、P′间同时存在匀强电场 E 和垂直纸面向里的匀强磁场 B 时,电子流不会发生偏转;极板间只存在垂直纸面向里的匀强磁场 B 时,电子流穿出平行板电容器时的偏向角 $\theta=\frac{1}{15}$ rad。已知极板长 $L=3.0\times10^{-2}$ m,电场强度大小为 $E=1.5\times10^{4}$ V/m,磁感应强度大小为 $B=5.0\times10^{-4}$ T,求电子比荷。

解析:无偏转时,洛伦兹力和电场力平衡,则 $eE=evB$

只存在磁场时,有 $evB=m\dfrac{v^2}{r}$,由几何关系 $r=\dfrac{L}{\sin\theta}$

偏转角很小时,$r\approx\dfrac{L}{\theta}$

联立上述公式并代入数据得电子的比荷

$$\frac{e}{m}=\frac{E\theta}{B^2L}\approx1.3\times10^{11}\ \text{C/kg}。$$

答:略。

第二节　氢原子的能级结构

学习目标

(1) 了解原子的能级、跃迁、能量量子化以及基态和激发态等概念。

(2) 了解原子能量量子化的提出,理解原子发射与吸收光子的频率与能级差的关系。

(3) 知道氢原子的能级公式,以及能利用此分析一些有关原子能级的问题。

(4) 能用原子的能级结构解释氢原子光谱的不连续性。

问题引入

按照经典电磁理论,电子在绕核做加速运动过程中,要向外辐射电磁波,因此能量要减少,电子轨道半径也要变小,最终会落到原子核上,因而原子是不稳定的;电子在转动过程中,随着转动半径的缩小,转动频率不断增大。辐射电磁波的频率不断变化,因而大量原子发光的光谱应该是连续谱。然而事实上,原子是稳定的,原子光谱也不是连续谱而是线状谱。

主要知识

（一）能级结构的猜想

原子只能处于一系列不连续的稳定状态中。处于稳定状态的原子中的电子，虽做加速运动但不辐射能量，如图 15-4 所示。

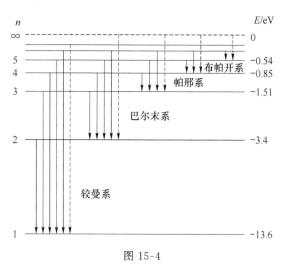

图 15-4

氢原子在各个能量状态下的能量值，称为它的能级。最低的能级状态，即电子在离核最近的轨道上（$r_1 = 0.53 \times 10^{-10}$ m）运动的状态称为基态（$E = -13.6$ eV）。处于基态的原子最稳定，其他能级称为激发态。

使原子丢失电子的过程称为电离。

说明：要使原子电离，外界必须对原子做功，使电子摆脱它与原子核之间的库仑力束缚。原子电离后的能量比它处于各种状态时的能量都要高。

光子的发射和吸收：原子从一种定态（能量为 E_1），跃迁到另一种定态（能量为 E_2），它辐射或吸收一定频率的光子，光子的能量由这两种定态的能级差决定 $\Delta E = h\gamma = E_2 - E_1$。

说明：若 $E_1 > E_2$，即从高能态向低能态跃迁，向外辐射光子；（原子光谱）

若 $E_1 < E_2$，即从低能态向高能态跃迁，要吸收光子。且只有当吸收光子的能量刚好等于两定态的能级差时，跃迁才能发生。

（二）玻尔模型（引入量子理论，量子化就是不连续性，整数 n 称为量子数。）

1. 玻尔的三条假设（量子化）

（1）轨道量子化：$r_n = n^2 r_1$　$r_1 = 0.53 \times 10^{-10}$ 降 m

（2）能量量子化：$E_n = \dfrac{E_1}{n^2}$　　$E_1 = -13.6$ eV

（3）原子在两个能级间跃迁时辐射或吸收光子的能量 $h\nu = E_m - E_n$

2. 从高能级向低能级跃迁时放出光子；从低能级向高能级跃迁时可能是吸收光子，也可能是由于碰撞（用加热的方法，使分子热运动加剧，分子间的相互碰撞可以传递能量）。原子从低能级向高能级跃迁时只能吸收一定频率的光子;而从某一能级到被电离可以吸收能量大于或等于电离能的任何频率的光子。(如在基态,可以吸收 $E \geqslant 13.6$ eV 的任何光子,所吸收的能量除用于电离外,都转化为电离出去的电子的动能)。

3. 玻尔理论的局限性。由于引进了量子理论(轨道量子化和能量量子化),玻尔理论成功地解释了氢光谱的规律。但由于它保留了过多的经典物理理论(牛顿第二定律、向心力、库仑力等),所以在解释其他原子的光谱上都遇到很大的困难。

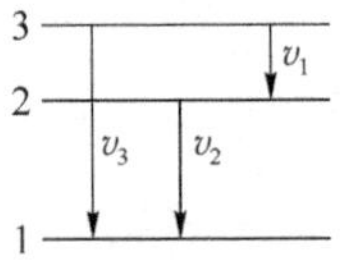

图 15-5

例 1 如图 15-5 所示,用光子能量为 E 的单色光照射容器中处于基态的氢原子。停止照射后,发现该容器内的氢能够释放出三种不同频率的光子,它们的频率由低到高依次为 ν_1、ν_2、ν_3,由此可知,开始用来照射容器的单色光的光子能量可以表示为:①$h\nu_1$;②$h\nu_3$;③$h(\nu_1+\nu_2)$;④$h(\nu_1+\nu_2+\nu_3)$ 以上表示式中( )。

A. 只有①③正确
B. 只有②正确
C. 只有②③正确
D. 只有④正确

解析:该容器内的氢能够释放出三种不同频率的光子,说明这时氢原子处于第三能级。根据玻尔理论应该有 $h\nu_3 = E_3 - E_1$,$h\nu_1 = E_3 - E_2$,$h\nu_2 = E_2 - E_1$,可见 $h\nu_3 = h\nu_1 + h\nu_2 = h(\nu_1 + \nu_2)$,所以照射光子能量可以表示为②或③。

答案:选 C。

(三)光谱和光谱分析

(1) 炽热的固体、液体和高压气体发出的光形成连续光谱。

(2) 稀薄气体发光形成线状谱(又称明线光谱、原子光谱)。

根据玻尔理论,不同原子的结构不同,能级不同,可能辐射的光子就有不同的波长。所以每种原子都有自己特定的线状谱,因此这些谱线也称元素的特征谱线。

根据光谱鉴别物质和确定它的化学组成,这种方法称为光谱分析。这种方法的优点是非常灵敏而且迅速。只要某种元素在物质中的含量达到 10^{-10} g,就可以从光谱中发现它的特征谱线。

第三节　天然放射现象　原子核

学习目标

(1) 知道放射现象的实质是原子核的衰变。

(2) 知道两种衰变的基本性质,并掌握原子核的衰变规律。

(3) 理解半衰期的概念。

(4) 了解原子核的组成,理解核子和同位素的概念。

问题引入

点石成金有没有可能? 或者能不能将一种元素变成另一种元素? 下面我们就要讨论放射性元素的衰变。

主要知识

人类认识原子核的复杂结构和它的变化规律,是从发现天然放射现象开始的。

1896 年,法国物理学家贝克勒尔发现,铀和含铀的矿物能够发出看不见的射线,这种射线可以穿透黑纸使照相底片感光。

居里和居里夫人在贝克勒尔的建议下,对铀和铀的各种矿石进行了深入研究,又发现了发射性更强的新元素。其中一种,为了纪念她的祖国波兰而命名为钋(Po),另一种命名为镭(Ra)。

(一) 天然放射现象

(1) 物质发射射线的性质称为放射性(radioactivity)。元素这种自发的放出射线的现象称为天然放射现象。具有放射性的元素称为放射性元素。

(2) 放射性不是少数几种元素才有的,研究发现,原子序数大于 82 的所有元素,都能自发的放出射线,原子序数小于 83 的元素,有的也具有放射性。

那这些射线到底是什么呢? 这就激发着人们去寻求答案:把放射源放入由铅做成的容器中,射线只能从容器的小孔射出,成为细细的一束。在射线经过的空间施加磁场,发现射线如图 15-6 所示。

如果 α 射线,β 射线都是带电粒子流的话,根据图判断,他们分别带什么电荷?

如果不用磁场判断,还可以用什么方法判断三种射线的带电性质?

射线分成三束,射线在磁场中发生偏转,是受到力的作用。这个力是洛伦兹力,说明其中的两束射线是带电粒子。

根据左手定则,可以判断 α 射线是正电荷,β 射线是负电荷。

带电粒子在电场中要受电场力作用,可以加一偏转电场,也能判断三种射线的带电性质,如图 15-7 所示。

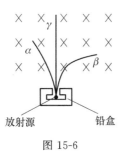
图 15-6
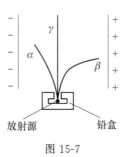
图 15-7

三种射线都是高速运动的粒子,能量很高,都来自于原子核内部,这也使我们认识到原子核蕴藏有巨大的核能,原子核内也有其复杂的结构。

(二) 原子核的衰变

原子核放出 α 或 β 粒子,由于核电荷数变了,它在周期表中的位置就变了,变成另一种原子核。我们把这种变化称为原子核的衰变。

科学、真实地将一种元素变成另一种元素,原来就是原子核的衰变。

铀 238 核放出一个 α 粒子后,核的质量数减少 4,核电荷数减少 2,变成新核——钍 234 核。那这种放出 α 粒子的衰变称为 α 衰变。

放出 α 粒子的衰变称为 α 衰变;放出 β 粒子的衰变称为 β 衰变。

这个过程可以用衰变方程式来表示:$^{238}_{92}\text{U} \rightarrow ^{234}_{90}\text{Th} + ^{4}_{2}\text{He}$

衰变方程式遵守的规律:

(1) 质量数守恒。

(2) 核电荷数守恒。

(进一步解释:守恒就是反应前后相等)

α 衰变规律:$^{A}_{Z}\text{X} \rightarrow ^{A-4}_{Z-2}\text{Y} + ^{4}_{2}\text{He}$

钍 234 核也具有放射性,它能放出一个 β 粒子而变成 $^{234}_{91}\text{Pa}$(镤),那它进行的是 β 衰变,请同学们写出钍 234 核的衰变方程式?

钍 234 核的衰变方程式:

$$^{234}_{90}\text{Th} \rightarrow ^{234}_{91}\text{Pa} + ^{0}_{-1}\text{e}$$

衰变前后核电荷数、质量数都守恒,新核的质量数不会改变但核电荷数应加 1

β 衰变规律:$^{A}_{Z}\text{X} \rightarrow ^{A}_{Z+1}\text{Y} + ^{0}_{-1}\text{e}$

β 衰变如果按衰变方程式的规律来写的话应该没有问题,但并不像 α 衰变那样容易理解,因为核电荷数要增加,为什么会增加?哪来的电子?

原子核内虽然没有电子,但核内的质子和中子是可以相互转化的。当核内的中子转化为质子时同时要产生一个电子

$$^{1}_{0}\text{n} \rightarrow ^{1}_{1}\text{H} + ^{0}_{-1}\text{e}$$

这个电子从核内释放出来,就形成了 β 衰变。

可以看出新核少了一个中子,却增加了一个质子,并放出一个电子。

γ 射线是由于原子核在发生 α 衰变和 β 衰变时原子核受激发而产生的光(能量)辐射,通常是伴随 α 射线和 β 射线而产生。γ 射线的本质是能量。

我们要理解 γ 射线的本质,不能单独发生。

(三) 半衰期

放射性元素的原子核,有半数发生衰变所需的时间,称为这种元素的半衰期。

$$m/m_0 = (1/2)^n$$

例如:氡每隔 3.8 天质量就减少一半。半衰期表示放射性元素的衰变的快慢,半衰期描述的对象是大量的原子核,不是个别原子核,这是一个统计规律。如图 15-8 元素的半衰期反映的是原子核内部的性质,与原子所处的化学状态和外部条件无关。

镭 226 → 氡 222 的半衰期为 1620 年;铀 238 → 钍 234 的半衰期为 4.5 亿年。

一种元素的半衰期与这种元素是以单质形式还是以化合物形式存在,或者加压,增温均不会改变。

我们已经知道,原子由原子核与核外电子组成。

那原子核内部又是什么结构呢?原子核是否可以再分呢?它是由什么微粒组成?用什么方法来研究原子核呢?

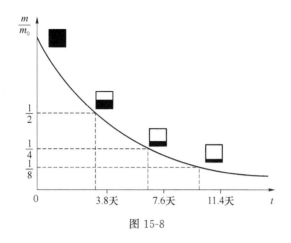

图 15-8

（四）原子核的组成

（1）卢瑟福用 α 粒子轰击氮核,发现质子。

（2）查德威克发现中子。发现原因:如果原子核中只有质子,那么原子核的质量与电荷量之比应等于质子的质量与电荷量之比,但实际却是,绝大多数情况是前者的比值大些,卢瑟福猜想核内还有另一种粒子。

质子带正电荷,电荷量与一个电子所带电荷量相等,$m_p = 1.672\ 623\ 1 \times 10^{-27}$ kg

中子不带电,$m_n = 1.674\ 928\ 6 \times 10^{-27}$ kg

数据显示:质子和中子的质量十分接近,统称为核子,组成原子核。

原子核的电荷数是不是电荷量?

原子核的质量数不是质量,原子核的质量几乎等于单个核子质量的整数倍,那这个倍数称为原子核的质量数。

原子核所带的电荷量总是质子电荷的整数倍,那这个倍数就称为原子核的电荷数。

可以归纳出:

（1）原子核的电荷数＝质子数＝核外电子数＝原子序数。

（2）原子核的质量数＝核子数＝质子数＋中子数。

（3）符号 $^A_Z X$ 表示原子核,X:元素符号;A:核的质量数;Z:核电荷数。

思考:一种铀原子核的质量数是 235,问:它的核子数,质子数和中子数分别是多少?

答:核子数是 235,质子数是 92,中子数是 143。

（五）同位素

1. 定义

具有相同质子数而中子数不同的原子,在元素周期表中处于同一位置,因而互称同位素。

2. 性质

原子核的质子数决定了核外电子数目,也决定了电子在核外的分布情况,进而决定了这种元素的化学性质,因而同种元素的同位素具有相同的化学性质。

氢有三种同位素:氕（通常所说的氢）,氘（也称重氢）,氚（也称超重氢）,符号分别是 ^1_1H,^2_1H,^3_1H。

碳有两种同位素,符号分别是${}^{12}_{6}\text{C}$,${}^{14}_{6}\text{C}$。

3. 放射性同位素的应用

(1) 利用其射线:α射线电离性强,用于使空气电离,将静电泄出,从而消除有害静电。γ射线贯穿性强,可用于金属探伤,也可用于治疗恶性肿瘤。各种射线均可使 DNA 发生突变,可用于生物工程,基因工程。

(2) 作为示踪原子。用于研究农作物化肥需求情况,诊断甲状腺疾病的类型,研究生物大分子结构及其功能。

(3) 进行考古研究。利用放射性同位素碳14,判定出土木质文物的产生年代。

例1 配平下列衰变方程。

$${}^{234}_{92}\text{U} \rightarrow {}^{230}_{90}\text{Th} + ({}^{4}_{2}\text{He})$$

$${}^{234}_{91}\text{U} \rightarrow {}^{234}_{91}\text{Pa} + ({}^{0}_{-1}\text{e})$$

例2 钍232(${}^{232}_{90}\text{Th}$)经过_____次α衰变和_____次β衰变,最后成为铅208(${}^{208}_{82}\text{Pb}$)

解析:因为α衰变改变原子核的质量数而β衰变不能,所以应先从判断α衰变次数入手:

$$\alpha \text{ 衰变次数} = \frac{232u - 208u}{4u} = 6$$

每经过1次α衰变,原子核失去2个基本电荷,那么,钍核经过6次α衰变后剩余的电荷数与铅核实际的电荷数之差,决定了β衰变次数:

$$\beta \text{ 衰变次数} = \frac{(90e - 2e \times 6) - 82e}{(-1)e} = 4$$

特别要注意:原子核衰变的快慢用半衰期表示,它是放射性元素的原子核有半数发生衰变所用的时间,完全由原子核自身的性质决定,与原子所处的化学状态和外部条件无关。

(六) 各种放射线的性质比较

种类	本质	质量(u)	电荷(e)	速度(c)	电离性	贯穿性
α射线	氦核	4	+2	0.1	最强	最弱,纸能挡住
β射线	电子	1/1 840	-1	0.99	较强	较强,穿几 mm 铅板
γ射线	光子	0	0	1	最弱	最强,穿几 cm 铅版

三种射线在匀强磁场、匀强电场、正交电场和磁场中的偏转情况比较:

图 15-9(a)、(b)所示,在匀强磁场和匀强电场中都是β比α的偏转大,γ不偏转;区别是:在磁场中偏转轨迹是圆弧,在电场中偏转轨迹是抛物线。图(c)中γ肯定打在 O 点;如果α也打在 O 点,则β必打在 O 点下方;如果β也打在 O 点,则α必打在 O 点下方。

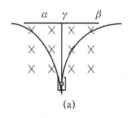

(a)

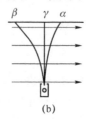

(b)

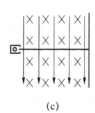

(c)

图 15-9

第四节　核反应　核能

学习目标

(1) 了解原子核的人工转变,核反应,以及如何用核反应方程表示核反应。

(2) 了解质量亏损的概念并会计算。理解爱因斯坦质能方程的物理意义,并能计算核。

问题引入

衰变是原子核的自发变化,那么,能不能用人工的方法使原子核发生变化呢? 如果可以,发生什么现象? 遵循怎样的规律?

主要知识

大亚湾核电站外观图及核反应堆;数据:1 kg 铀 235 燃烧释放出的原子核能相当于 2 500 吨优质煤燃烧时放出的热量,只需几千克铀 235 就足够上海市 24 小时的耗能供应。

卢瑟福在 1919 年,首先发现质子,第一次实现了原子核的人工转变。

(一) 核反应

核反应类型

(1) 衰变:α 衰变:$^{238}_{92}U \rightarrow ^{234}_{90}Th + ^{4}_{2}He$(核内 $2^{1}_{1}H + 2^{1}_{0}n \rightarrow ^{4}_{2}He$)

$\qquad\qquad\quad \beta$ 衰变:$^{234}_{90}Th \rightarrow ^{234}_{91}Pa + ^{0}_{-1}e$(核内 $^{1}_{0}n \rightarrow ^{1}_{1}H + ^{0}_{-1}e$)

$\qquad\qquad +\beta$ 衰变:$^{30}_{15}P \rightarrow ^{30}_{14}Si + ^{0}_{1}e$(核内 $^{1}_{1}H \rightarrow ^{1}_{0}n + ^{0}_{1}e$)

$\qquad\qquad\quad \gamma$ 衰变:原子核处于较高能级,辐射光子后跃迁到低能级。

(2) 人工转变:$^{14}_{7}N + ^{4}_{2}He \rightarrow ^{17}_{8}O + ^{1}_{1}H$(发现质子的核反应)

$\qquad\qquad\quad ^{9}_{4}Be + ^{4}_{2}He \rightarrow ^{12}_{6}C + ^{1}_{0}n$(发现中子的核反应)

$\qquad\qquad\quad ^{27}_{13}Al + ^{4}_{2}He \rightarrow ^{30}_{15}P + ^{1}_{0}n \quad ^{30}_{15}P \rightarrow ^{30}_{14}Si + ^{0}_{1}e$(人工制造放射性同位素)

核反应是一种客观变化。它遵守电荷数与质量数守恒两条规律。核反应方程是对核反应过程的抽象表达。核反应是原子核的变化,结果是产生了新的元素,"点石问金"的梦想在核反应中得以实现;而化学反应且是原子的重组,原子外层电子的得失,结果是生成了新的分子,并无新元素的产生。

思考:指出下列核反应方程的真伪,错误的加以纠正。

A. $^{14}_{7}N + ^{4}_{2}He \rightarrow ^{17}_{7}O +$ 质子

B. $^{14}_{7}N + ^{4}_{2}He \rightarrow ^{17}_{8}O + ^{1}_{1}H$

C. $^{9}_{4}Be + ^{4}_{2}He \rightarrow ^{13}_{6}C + \gamma$(光子)

D. $^{1}_{1}H + ^{1}_{0}n \rightarrow ^{2}_{1}H + \gamma$(光子)

质量数和电荷数守恒是判断核反应方程正确与否的必要条件。但是,人们是否可以用这两个条件来编写核反应方程呢? 如果不可以的话,应该采用什么办法来确定核反应的产物,检验核反应的真伪呢? 我们一起体验查德威克(英)在 1832 年是如何发现并确定"中子"的,如图 15-10 所示。

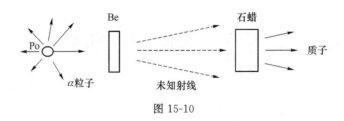

图 15-10

天然放射性元素 Po 放出 α 粒子，轰击铍(Be)原子核时，发出了一种未知射线，这种未知射线可以从石蜡(含碳)中打出质子($^1_1$H)。那么我们如何确定这种未知射线的本质特征呢？即确定它是否带电？如果带电的话，带的是正电还是负电？电荷数如何？质量数如何？

这种未知射线：

(1) 在空气中的速度小于光速 c 的 1/10 ⇒不是光子。

(2) 在电场或磁场中不会偏转⇒不带电。

(3) 与碳核和氢核(或其他核)发生弹性正碰，一定符合动量守恒定律和能量守恒定律。

最终结论：未知射线是质量近似等于质子质量但不带电的基本粒子——"中子"。

(二) 核能

核能——核反应中释放的能量。核能是从哪里来的？

爱因斯坦质能方程：$E = m \cdot c^2$ 中，E 表示物体的能量，m 表示物体的质量，c 表示真空中的光速。

(1) 物体具有的能量与它的质量成正比，物体的能量增大了，质量也增大；能量减小了，质量也减小。

(2) 任何质量为 m 的物体都具有大小相当于 mc^2 的能量。由于 c^2 非常大($9 \times 10^{16}\,\mathrm{m^2/s^2}$)，所以对质量很小的物体所包含(或具有)的能量是非常巨大的。对此，爱因斯坦说过："把任何惯性质量理解为能量的一种贮藏，看来要自然得多。"所以质量于能量实质上是相象的，它们只不过是同一事物的不同表示。

(3) 在国际单位制中，E、m、c 的单位分别取 J、kg 和 m/s。

(4) 由 $E = m \cdot c^2$ 得 $\Delta E = \Delta m \cdot c^2$，其蕴含着怎样的意义？$\Delta m$ 表示物体的质量亏损，ΔE 表示与 Δm 相当的能量。如果物体的能量减小了 ΔE，即向外释放 ΔE 的能量，它的质量就会亏损 $\Delta m = \dfrac{\Delta E}{c^2}$。理论和实验都表明，只有在核反应中，才可能发生质量亏损，因而伴随着巨大的能量向外辐射。例如，在中子和质子结合成氘核的过程中，由于发生了质量亏损，从而释放出了 2.2 MeV 的核能。

核能的计算步骤：

首先，写出正确的核反应方程；其次，计算核反应前后的质量亏损 Δm；然后，根据质能方程 $\Delta E = \Delta m \cdot c^2$，计算核能。

注意的几个问题：

(1) 记住以下单位换算关系

$$1\ \mathrm{MeV} = 10^6\ \mathrm{eV} \quad 1\ \mathrm{eV} = 1.602\ 2 \times 10^{-19}\ \mathrm{J}$$
$$1\ \mathrm{u}(原子质量单位) = 1.660\ 6 \times 10^{-27}\ \mathrm{kg}$$

(2) 1 u 相当于 9 351.5 MeV 的能量(自己证明)，这是计算核能经常用到的关系。

（3）如果在某些核反应中，物体的能量增加了，说明核反应中物体的质量不是亏损，而是增加了。例如，把氘核分解成独立的中子和质子时，应从外界吸收 2.2 MeV 的能量。即 $2.2\ \text{MeV} + {}_1^2\text{H} \rightarrow {}_0^1\text{n} + {}_1^1\text{H}$

（4）Δm 实际是物体静止质量的亏损。在相对论中，当物体的运动速度接近光速时，物体的质量，将随着速度的变化而变化（增大了）。

例 1　一个氢原子的质量为 $1.673\ 6 \times 10^{-27}$ kg，一个锂原子的质量为 $11.650\ 5 \times 10^{-27}$ kg，一个氦原子的质量为 $6.646\ 7 \times 10^{-27}$ kg。一个锂核受到一个质子轰击变为 2 个 α 粒子，（1）写出核反应方程，并计算该反应释放的核能是多少？（2）1 mg 锂原子发生这样的反应共释放多少核能？

解析：（1）${}_1^1\text{H} + {}_3^7\text{Li} \rightarrow 2{}_2^4\text{He}$ 反应前一个氢原子和一个锂原子共有 8 个核外电子，反应后两个氦原子也是共有 8 个核外电子，因此只要将一个氢原子和一个锂原子的总质量减去两个氦原子的质量，得到的恰好是反应前后核的质量亏损，电子质量自然消掉。由质能方程 $\Delta E = \Delta mc^2$ 得释放核能 $\Delta E = 2.76 \times 10^{-12}$ J

（2）1 mg 锂原子含锂原子个数为 $10^{-6} \div 11.650\ 5 \times 10^{-27}$，每个锂原子对应的释放能量是 2.76×10^{-12} J，所以共释放 2.37×10^8 J 核能。

例 2　静止的氡核 ${}_{86}^{222}\text{Rn}$ 放出 α 粒子后变成钋核 ${}_{84}^{218}\text{Po}$，α 粒子动能为 E_α。若衰变放出的能量全部变为反冲核和 α 粒子的动能，真空中的光速为 C，则该反应中的质量亏损为（　　　）。

A. $\dfrac{4}{218} \cdot \dfrac{E_a}{C^2}$　　　　B. 0　　　　C. $\dfrac{222}{218} \cdot \dfrac{E_a}{C^2}$　　　　D. $\dfrac{218}{222} \cdot \dfrac{E_a}{C^2}$

解析：由于动量守恒，反冲核和 α 粒子的动量大小相等，由 $E_k = \dfrac{p^2}{2m} \propto \dfrac{1}{m}$，它们的动能之比为 4∶218，因此衰变释放的总能量是 $\dfrac{222}{218} \cdot E_a$，由质能方程得质量亏损是 $\dfrac{222}{218} \cdot \dfrac{E_a}{C^2}$。

第五节　裂变与聚变

学习目标

（1）了解核力的概念、特点及自然界存在的四种基本相互作用。

（2）理解结合能的概念，知道稳定原子核中质子与中子的比例随着原子序数的增大而减小。

（3）了解核裂变的概念，知道重核裂变中能释放出巨大的能量，知道什么是链式反应。

（4）会计算重核裂变过程中释放出的能量。

（5）了解聚变反应的特点及其条件，了解可控热核反应及其研究和发展。

问题引入

在原子核那样狭小的空间里，带正电的质子之间的库仑斥力为万有引力的 10^{36} 倍，那么质子为什么能挤在一起而不飞散？会不会在原子核中有一种过去不知道的力，把核子束缚在一起了呢？下面就来学习这方面的内容。

主要知识

（一）核力与四种基本相互作用

20 世纪初人们只知道自然界存在着两种力：一种是万有引力，另一种是电磁力（库仑力是一种电磁力）。在相同的距离上，这两种力的强度差别很大。电磁力大约要比万有引力强 10^{36} 倍。

基于这两种力的性质，原子核中的质子要靠自身的引力来抗衡相互间的库仑斥力是不可能的。核物理学家猜想，原子核里的核子间有第三种相互作用存在，即存在着一种核力，是核力把核子紧紧地束缚在核内，形成稳定的原子核，后来的实验证实了科学家的猜测。

1. 核力的特点

（1）核力是强相互作用（强力）的一种表现。

（2）核力是短程力，作用范围在 1.5×10^{-15} m 之内。

（3）核力存在于核子之间，每个核子只跟相邻的核子发生核力作用，这种性质称为核力的饱和性。

除核力外，核物理学家还在原子核内发现了自然界的第四种相互作用—弱相互作用（弱力），弱相互作用是引起原子核 β 衰变的原因，即引起中子转变质子的原因。弱相互作用也是短程力，其力程比强力更短，为 10^{-18} m，作用强度则比电磁力小。

2. 四种基本相互作用力

弱力、强力、电磁力、引力和分别在不同的程度上发挥作用：

（1）弱力（弱相互作用）：弱相互作用是引起原子核 β 衰变的原因→短程力。

（2）强力（强相互作用）：在原子核内，强力将核子束缚在一起→短程力。

（3）电磁力：电磁力在原子核外，电磁力使电子不脱离原子核而形成原子，使原子结合成分子，使分子结合成液体和固体→长程力。

（4）引力：引力主要在宏观和宇观尺度上"独领风骚"。是引力使行星绕着恒星转，并且联系着星系团，决定着宇宙的现状→长程力。

（二）原子核中质子与中子的比例

随着原子序数的增加，稳定原子核中的中子数大于质子数。在元素周期表中，较轻的原子核质子数与中子数大致相等，但对于较重的原子核中子数大于质子数，越重的元素，两者相差越多。

若质子与中子成对地人工构建原子核，随原子核的增大，核子间的距离增大，核力和电磁力都会减小，但核力减小得更快。所以当原子核增大到一定程度时，相距较远的质子间的核力不足以平衡它们之间的库仑力，这个原子核就不稳定了；

若只增加中子，中子与其他核子没有库仑斥力，但有相互吸引的核力，所以有助于维系原子核的稳定，所以稳定的重原子核中子数要比质子数多。

由于核力的作用范围是有限的，以及核力的饱和性，若再增大原子核，一些核子间的距离会大到其间根本没有核力的作用，这时候再增加中子，形成的核也一定是不稳定的。因此只有200 多种稳定的原子核长久地留了下来。

（三）结合能与比结合能

由于核子间存在着强大的核力，原子核是一个坚固的集合体。要把原子核拆散成核子，需要克服核力做巨大的功，或者需要巨大的能量。例如用强大的 γ 光子照射氘核，可以使它分解为一个质子和一个中子。

从实验知道只有当光子能量等于或大于 2.22 MeV 时，这个反应才会发生。

相反的过程一个质子和一个中子结合成氘核，要放出 2.22 MeV 的能量。

这表明要把原子核分开成核子要吸收能量，核子结合成原子核要放出能量，这个能量称为原子核的结合能。

原子核越大，它的结合能越高，因此有意义的是它的结合能与核子数之比，称为比结合能，也称平均结合能。比结合能越大，表示原子核中核子结合得越牢固，原子核越稳定。

（1）结合能 E：把一个原子核中结合在一起的核子彻底分开需要吸收一定的能量，分开的核子接合成原子核会释放同样多的能量。这个能量称为结合能 E。

（2）比结合能 e：结合能与核子数的比值称为比结合能。$e = \dfrac{E}{n}$。

（3）不同原子核的比结合能是不同的，中等质量的原子核比结合能最大，轻核和重核的比结合能要小些。比结合能越大，表示原子核中核子结合得越牢固，原子核越稳定。因为比结合能越大，将每个核子分开所需的能量越大，如图 15-11 所示。

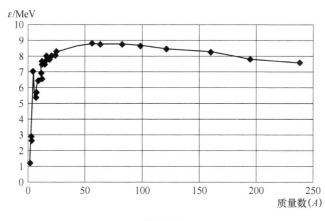

图 15-11

（4）核反应释放能量的计算方法：

$^{238}_{92}\text{U} \rightarrow {}^{234}_{90}\text{Th} + {}^{4}_{2}\text{He}$，设 $^{238}_{92}\text{U}$ 比结合能为 e_1，$^{234}_{90}\text{Th}$ 的比结合能为 e_2，$^{4}_{2}\text{He}$ 的比结合能为 e_3。则次核反应释放的能量为：$\Delta E = 234e_2 + 4e_3 - 238e_1$。

（四）核裂变

1. 定义

重核分裂成质量较小的核，释放出核能的反应，称为裂变。

并不是所有的核裂变都能放出核能，只有核子平均质量减小的核反应才能放出核能。

有的核反应，反应后生成物的质量比反应前的质量大，这样的核反应不放出能量，反而在

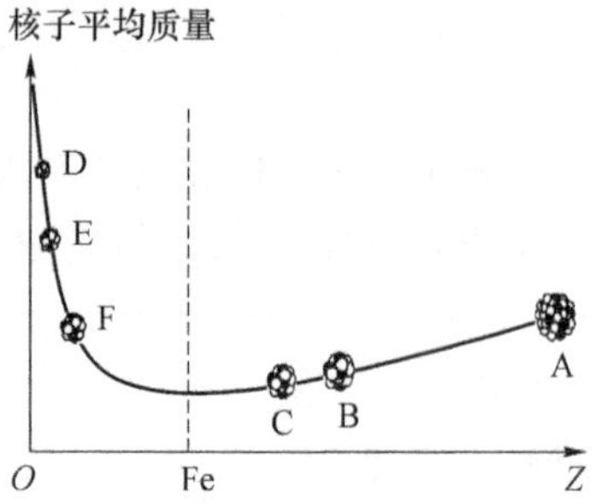

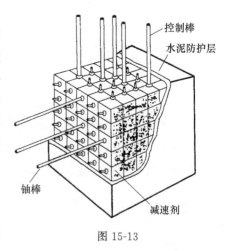

核子平均质量

图 15-12

反应过程中要吸收大量的能量。只有重核裂变和轻核聚变能放出大量的能量,如图 15-12 所示。

2. 铀核的裂变

(1)铀核的裂变的一种典型反应。

铀核的裂变的产物是多样的,最典型的一种核反应方程式是

$$^{235}_{92}U + ^{1}_{0}n \rightarrow ^{141}_{56}Ba + ^{92}_{36}Kr + 3^{1}_{0}n$$

(2)链式反应:

由重核裂变产生的中子使裂变反应一代接一代继续下去的过程,称为核裂变的链式反应。

(3)临界体积(临界质量):

通常把裂变物质能够发生链式反应的最小体积称为它的临界体积,相应的质量称为临界质量。

3. 裂变反应中的能量的计算

裂变前的质量:

$m_U = 390.313\ 9 \times 10^{-27}$ kg,$m_n = 1.674\ 9 \times 10^{-27}$ kg

裂变后的质量:

$m_{Ba} = 234.001\ 6 \times 10^{-27}$ kg,$m_{Kr} = 152.604\ 7 \times 10^{-27}$ kg,$3m_n = 5.024\ 7 \times 10^{-27}$ kg,

质量亏损:

$\Delta m = 0.357\ 8 \times 10^{-27}$ kg

$\Delta E = \Delta mc^2 = 0.357\ 8 \times 10^{-27} \times (3.0 \times 10^8)^2$ J $= 201$ MeV

知识总结:由重核裂变产生的中子使裂变反应一代接一代继续下去的过程,称为核裂变的链式反应。裂变物质能够发生链式反应的最小体积称为它的临界体积。铀核裂变的产物不同,释放的能量也不同。

4. 核电站

如图 15-13 所示,铀棒由浓缩铀制成,作为核燃料。

控制棒由镉做成,用来控制反应速度。减速剂由石墨、重水或普通水(有时叫轻水)做成,用来跟快中子碰撞,使快中子能量减少,变成慢中子,以便让 U235 俘获。冷却剂由水或液态的金属钠等流体做成,在反应堆内外循环流动,把反应堆内的热量传输出,确保反应堆的安全。水泥防护层用来屏蔽裂变产物放出的各种射线,防止核辐射。

5. 核能发电的优点、缺点

优点:(1)污染小;(2)可采储量大;(3)比较经济。

缺点:(1)一旦核泄漏会造成严重的核污染;(2)核废料处理困难。

例 1 下列核反应中,表示核裂变的是( )。

A. $^{238}_{92}U \rightarrow ^{234}_{90}Th + ^{4}_{2}He$

B. $^{14}_{6}C \rightarrow ^{14}_{7}N + ^{0}_{-1}e$

C. $^{235}_{92}U + ^{1}_{0}n \rightarrow ^{141}_{56}Ba + ^{92}_{36}Kr + 3^{1}_{0}n$

D. $^{9}_{4}Be + ^{4}_{2}He \rightarrow ^{12}_{6}C + ^{1}_{0}n$

图 15-13

解析:核反应中有四种不同类型的核反应,它们分别是衰变、人工转变、重核裂变、轻核聚变。其中衰变中有 α 衰变、β 衰变等。

$^{238}_{92}U \rightarrow ^{234}_{90}Th + ^{4}_{2}He$ 是 α 衰变,

$^{14}_{6}C \rightarrow ^{14}_{7}N + ^{0}_{-1}e$ 是 β 衰变,

$^{9}_{4}Be + ^{4}_{2}He \rightarrow ^{12}_{6}C + ^{1}_{0}n$ 是人工转变,只的 C 选项是重核裂变。

例 2 秦山核电站第一期工程装机容量为 30 万千瓦,如果 1 g 铀 235 完全裂变时产生的能量为 8.2×10^{10} J,并且假定产生的能量都变成了电能,那么,每年要消耗多少铀 235?(一年按 365 天计算)

解析:核电站每天的发电量为 $W = Pt = 3 \times 10^8 \times 24 \times 3\ 600$ J $= 2.592 \times 10^{13}$ J。

每年的发电量 $W_{总} = 365\ W = 9.46 \times 10^{15}$ J 而 1 g 铀完全裂变时产生的能量为 8.2×10^{10} J。

所以,每年消耗的铀的量为 $m = \dfrac{9.46 \times 10^{15}}{8.2 \times 10^{10}}$ kg $= 1.15 \times 10^2$ kg

答:略。

(五) 核聚变

看看比结合能曲线,就知道氢核的聚变反应能够比重核的裂变反应释放更多的核能。因为较轻的原子核比较重的原子核核子的平均质量更大,聚变成质量较大的原子核能产生更多的质量亏损,所以平均每个核子释放的能量就更大。

1. 氢的聚变反应

$^{2}_{1}H + ^{2}_{1}H \rightarrow ^{3}_{1}He + ^{1}_{1}H + 4$ MeV、$^{2}_{1}H + ^{3}_{1}H \rightarrow ^{4}_{2}He + ^{1}_{0}n + 17.6$ MeV

2. 释放能量

$\Delta E = \Delta m c^2 = 17.6$ MeV,平均每个核子释放能量 3 MeV 以上,为裂变反应释放能量的 3~4 倍。

微观上:参与反应的原子核必须接近到原子核大小的尺寸范围,即 10^{-15} m,要使原子核接近到这种程度,必须使它们具有很大的动能以克服原子核之间巨大的库仑斥力。

宏观上:要使原子核具有如此大的动能,就要把它加热到几百万摄氏度的高温。

聚变反应一旦发生,就不再需要外界给它能量,靠自身产生的热就可以维持反应持续进行下去,在短时间释放巨大的能量,这就是聚变引起的核爆炸。

热核反应在宇宙中时时刻刻地进行着,太阳和很多恒星的内部温度高达 10^7 K 以上,因而在那里进行着激烈的热核反应,不断向外界释放着巨大的能量。太阳每秒释放的能量约为 $3.8 \times 10^2 6$ J,地球只接受了其中的二十亿分之一。太阳在"核燃烧"的过程中"体重"不断减轻。它每秒有 7 亿吨原子核参与碰撞,转化为能量的物质是 400 万吨。科学家估计,太阳的这种"核燃烧"还能维持 90 亿~100 亿年。当然,与人类历史相比,这个时间很长很长!

20 世纪 40 年代,人们利用核聚变反应制成了用于战争的氢弹,氢弹是利用热核反应制造的一种在规模杀伤武器,在其中进行的是不可控热核反应,它的威力是原子弹的十几倍。

氢弹爆炸需要用原子炸药来引爆,以获得热核反应所需要的高温,而这些原子炸药又要用普通炸药来点燃。

3. 可控热核反应

聚变与裂变相比有很多优点。目前,人们还不能控制核聚变的速度,但科学家们正在努力研究和尝试可控热核反应,以使核聚变造福于人类。我国在这方面的研究和实验也处于世界领先水平。

例3 一个氘核和一个氚核发生聚变,其核反应方程是 ${}^2_1H + {}^3_1H \rightarrow {}^4_2He + {}^1_0n$,其中氘核的质量:$m_D = 2.014\ 102$ u、氚核的质量:$m_T = 3.016\ 050$ u、氦核的质量:$m_\alpha = 4.002\ 603$ u、中子的质量:$m_n = 1.008\ 665$ u,$1\ u = 1.660\ 6 \times 10^{-27}$ kg,$e = 1.602\ 2 \times 10^{-19}$ C,请同学们求出该核反应所释放出来的能量。

解析:根据质能方程,释放出的能量为

$$\Delta E = \Delta m c^2 = (m_D + m_T - m_\alpha - m_n)c^2 = \frac{0.018\ 6 \times 1.660\ 6 \times 10^{-27} \times (3 \times 10^8)^2}{1.602\ 2 \times 10^{-19}}\ \text{eV} = 17.6\text{MeV}$$

平均每个核子放出的能量约为 3.3 MeV,而铀核裂变时平均每个核子释放的能量约为 1 MeV。

聚变与裂变相比,这是优点之一,即轻核聚变产能效率高。

常见的聚变反应:${}^2_1H + {}^2_1H \rightarrow {}^3_2He + {}^1_1H + 4\ \text{MeV}$、${}^2_1H + {}^3_1H \rightarrow {}^4_2He + {}^1_0n + 17.6\ \text{MeV}$。在这两个反应中,前一反应的材料是氘,后一反应的材料是氘和氚,而氚又是前一反应的产物,所以氘是实现这两个反应的原始材料,而氘是重水的组成部分,在覆盖地球表面三分之二的海水中是取之不尽的。从这个意义上讲,轻核聚变是能源危机的终结者。

总结:聚变与裂变相比,这是优点之二,即地球上聚变燃料的储量丰富。如 1 L 海水中大约有 0.03 g 氘,如果发生聚变,放出的能量相当于燃烧 300 L 汽油。

聚变与裂变相比,优点之三,是轻核聚变反应更为安全、清洁。

实现核聚变需要高温,一旦出现故障,高温不能维持,反应就自动终止了。另外,氘和氚聚就反应中产生的氦是没有放射性的,放射性废物主要是泄漏的氚以及聚变时高速中子、质子与其他物质反应而生成的放射性物质,比裂就所生成的废物的数量少,容易处理。

我国在可控热核反应方面的研究和实验发展情况:

EAST 全超导托卡马克实验装置以探索无限而清洁的核聚变能源为目标,这个装置也被通称为"人造太阳",能够像太阳一样给人类提供无限清洁的能源。目前,由中科院等离子体物理研究所设计制造的 EAST 全超导非圆截面托卡马克实验装置大部件已安装完毕,进入抽真空降温试验阶段。我国的科学家就率先建成了世界上第一个全超导核聚变"人造太阳"实验装置,模拟太阳产生能量。

 物理天地

量子论

探索微观粒子运动所遵从的量子规律的初步理论,量子力学的先驱。量子论能够解释一些简学的原子、分子所发射的光谱和黑体辐射等现象,但由于它的半经典性质,其结果往往不能与实验很好符合。量子论的进一步发展导致量子力学的建立。现在量子论已被量子力学所代替。故有时称之为旧量子论,但由于它的直观性强,在解释某些现象时,还常被采用。人们有时也把研究微观运动的整个学科统称为量子论或量子物理学。

激光

激光是同种原子在同样的两个能级间发生跃迁生成的,其特性是:

(1) 是相干光。(由于是相干光,所以和无线电波一样可以调制,因此可以用来传递信息。光纤通信就是激光和光导纤维结合的产物。)

(2) 平行度好。(传播很远距离之后仍能保持一定强度,因此可以用来精确测距。激光雷达不仅能测距,还能根据多普勒效应测出目标的速度,对目标进行跟踪。还能用于在VCD或计算机光盘上读写数据。)

(3) 亮度高。能在极小的空间和极短的时间内集中很大的能量。(可以用来切割各种物质,焊接金属,在硬材料上打孔,利用激光作为手术刀切开皮肤做手术,焊接视网膜。利用激光产生的高温高压引起核聚变。)

粒子物理学

到了 19 世纪末,人们认识到物质由分子组成,分子由原子组成,原子由原子核和电子组成,原子核由质子和中子组成。20 世纪 30 年代以来,人们认识了正电子、μ 子、K 介子、π 介子等粒子。后来又发现了各种粒子的反粒子(质量相同而电荷及其他一些物理量相反)。现在已经发现的粒子达 400 多种,形成了粒子物理学。按照粒子物理理论,可以将粒子分成三大类:媒介子、轻子和强子,其中强子是由更基本的粒子——夸克组成。从目前的观点看,媒介子、轻子和夸克是没有内部结构的"点状"粒子。

用粒子物理学可以较好地解释宇宙的演化。

考古——碳十四断代法

碳十四测年法又称放射性同位素(碳素)断代法,一般写作 14C。14C 断代方法由美国芝加哥大学利比(Libby)教授于 1949 年提出。自然界存在三种碳的同位素:12C(98.9%)、13C(1.19%)、14C(10%),前两者比较稳定,而 14C 属低能量的放射性元素。14C 的产生和衰变处于平衡状态,其半衰期为 5 730±40 年(现在仍使用 5 568±30 年)。宇宙射线同地球大气发生作用产生了中子,当热中子击中 14N 发生核反应并与氧作用便产生了地球上的 14C。在大气环境中新生 14C 很快与氧结合成 $14CO_2$,并与原来大气中 CO_2 混合,参加自然界碳的交换循环。植物通过光合作用吸收大气中的 CO_2,动物又吃植物,因而所有生物都含有 14C。生物死后,尸体分解将 14C 带进土壤或大气中,大气又与海面接触,其中的 CO_2 又与海水中溶解的碳酸盐和 CO_2 进行交换。可见凡是和大气中进行过直接、间接交换的含碳物质都含 14C。同时 14C 又以 5 730 年的半衰期衰变减小;加上碳在自然界的循环交换中相当快,使得 14C 在世界各地的水平值基本一致。如果生物体一旦死亡,14C 得不到补充,其中的 14C 含量就按放射性衰变规律减少,经过 5730 年减少为原来的一半。因此可以计算出生物与大气停止交换的年代,即推算出生物死亡的年代。所以,一切死亡的生物体中的残存有机物以及未经风化的骨片、贝壳等都可用 14C 来测定年代。

参考文献

[1]　人民教育出版社物理编辑室.物理化学综合科及解题指导.北京.人民教育出版社.2015.

[2]　王金鱼.物理.北京.中国劳动社会保障出版社.2015.

[3]　王金鱼.物理习题册.北京.中国劳动社会保障出版社.2015.